わかりやすい
通信工学

羽鳥光俊 監修

菅原 彪
矢次健志
小林一夫
和泉 勲 編

コロナ社

監　修

東京大学名誉教授
国立情報学研究所名誉教授　　工学博士　羽　鳥　光　俊

編　集

菅　原　彪　　　矢　次　健　志
小　林　一　夫　　和　泉　　勲

執　筆

梅　澤　　　晃　　河　崎　隆　一
小　坂　貴美男　　田　口　文　明
竹　内　正　年

まえがき

　本書は，ダイオード，トランジスタやICなどの基本的な電子回路の働きを理解して，通信工学についてはじめて学ぶ方や基本に戻って再び学習される方を対象として，通信工学の基礎基本を深めていただくために執筆したものです。

　本書は通信機器の基本的な働きを学習できるように，場合によっては実用化されている回路と少し離れても回路動作の基本が理解できる回路を取り上げています。

　また，IC技術の開発が進み，電子回路の大部分がIC化されており，部品の細かい動作を示さなくても機器の働きが理解できるような場合は，ブロック図で解説してあります。

　通信法規については理解しやすいように，各章に必要に応じて記述しました。

　このような考えに基づいて知識を養うため，例題，問，練習問題を適宜配置しました。

　この編集方針を理解され，本書で通信工学の基礎基本を確実にマスターされ，さらに電気関係の国家試験や資格試験を目指す方々に活用していただければ幸いです。

　また，本書の内容につき，有賀嘉郎，石山晶一，内山宣延，岡田慎二，國久保浩二，小西隆一，齋藤勘司，津金平和，長屋克仁，長谷川文敏，藤原啓展，光森智明，山本智弘，吉原俊徳の皆さんより貴重なご意見をいただきました。お礼を申し上げます。

　2006年9月

著　者

目次

1 有線通信

1.1 通信システム ……… 2
    1.1.1 通信システムの概要 ………… 2
    1.1.2 通信システム ………… 4
    1.1.3 通信ネットワーク ………… 6

1.2 信号の伝送 ……… 13
    1.2.1 アナログ伝送とディジタル伝送 ………… 13
    1.2.2 通信の多重化方式 ………… 25

1.3 電話機と交換機 ……… 32
    1.3.1 電話機 ………… 32
    1.3.2 交換機 ………… 40

1.4 通信ケーブル ……… 50
    1.4.1 通信ケーブルの特性 ………… 50
    1.4.2 通信ケーブルの種類と構造 ………… 56

1.5 データ通信 ……… 61
    1.5.1 データ通信システム ………… 61
    1.5.2 データ伝送方式 ………… 68
    1.5.3 モデムと網制御装置 ………… 72
    1.5.4 伝送制御 ………… 75

1.5.5　プロトコルと階層モデル ………… 85
　　1.5.6　ISDN ………… 88
1.6　光通信 95
　　1.6.1　光半導体の特性 ………… 95
　　1.6.2　光ファイバによる光の伝搬と
　　　　　光ファイバの種類 ………… 101
　　1.6.3　光通信システム ………… 104
1.7　通信法規の概要 114
　　1.7.1　電気通信事業法の概要 ………… 114
　　1.7.2　有線電気通信法の概要 ………… 118
練習問題 120

2　無線通信

2.1　無線通信の概要 124
2.2　電波とアンテナ 126
　　2.2.1　電磁波の発生 ………… 126
　　2.2.2　電磁波と電波 ………… 128
　　2.2.3　電波の伝わり方 ………… 129
　　2.2.4　アンテナの動作原理 ………… 133
　　2.2.5　アンテナの特性 ………… 136
　　2.2.6　アンテナの実例 ………… 139
　　2.2.7　給電 ………… 141

2.3 無線機器 — 143

- 2.3.1 無線通信における電波 ……… 143
- 2.3.2 AM送信機の構成 ……… 146
- 2.3.3 AM受信機 ……… 151
- 2.3.4 SSB送信機 ……… 156
- 2.3.5 SSB受信機 ……… 156
- 2.3.6 FM送信機 ……… 157
- 2.3.7 FM受信機 ……… 159
- 2.3.8 FMステレオ ……… 164
- 2.3.9 送信機の性能 ……… 165
- 2.3.10 受信機の性能 ……… 168

2.4 無線通信のいろいろ — 170

- 2.4.1 固定通信 ……… 170
- 2.4.2 移動通信 ……… 171
- 2.4.3 衛星通信 ……… 175

2.5 無線応用 — 180

- 2.5.1 レーダ ……… 180
- 2.5.2 電波航法システム ……… 181

練習問題 — 187

3 画像通信

3.1 画像通信の概要 — 192

3.1.1　画像通信の構成 ………… *192*

　　　3.1.2　画像通信の原理 ………… *193*

3.2　ファクシミリ　　*194*

　　　3.2.1　画像の走査と同期 ………… *194*

　　　3.2.2　光電変換と記録変換 ………… *196*

　　　3.2.3　伝　送　方　式 ………… *197*

　　　3.2.4　信　号　処　理 ………… *198*

　　　3.2.5　カラーファクシミリ ………… *200*

3.3　テレビジョン　　*201*

　　　3.3.1　テレビジョンの概要 ………… *201*

　　　3.3.2　撮　像　装　置 ………… *203*

　　　3.3.3　走　　　　　査 ………… *203*

　　　3.3.4　映　像　信　号 ………… *205*

　　　3.3.5　カ　ラ　ー　信　号 ………… *208*

　　　3.3.6　カラーテレビジョン信号 ………… *210*

　　　3.3.7　周波数インタリービング ………… *211*

3.4　テレビジョン受像機の仕組み　　*213*

　　　3.4.1　テレビジョン受像機の構成 ………… *213*

　　　3.4.2　ディスプレイ ………… *214*

　　　3.4.3　信　号　系　回　路 ………… *219*

　　　3.4.4　偏　向　系　回　路 ………… *222*

　　　3.4.5　故　障　と　点　検 ………… *224*

3.5　ディジタルテレビジョン　　*225*

　　　3.5.1　ディジタルテレビジョンの概要 ………… *225*

　　　3.5.2　映像信号と音声信号のディジタル化 ………… *227*

3.5.3　高能率符号化と多重化 ………… *228*
　　　3.5.4　ディジタル変調 ………… *229*
　　　3.5.5　ディジタルテレビジョン受像機の構成 ………… *230*
　　　3.5.6　ディジタルテレビジョン放送方式 ………… *232*

3.6　ケーブルテレビシステム ─ *233*
　　　3.6.1　ケーブルテレビシステムの概要 ………… *233*
　　　3.6.2　ケーブルテレビシステムの構成 ………… *234*
　　　3.6.3　伝　送　方　式 ………… *236*
　　　3.6.4　ディジタルケーブルテレビ ………… *237*

3.7　マルチメディアの通信技術 ─ *239*
　　　3.7.1　マルチメディアの概要 ………… *239*
　　　3.7.2　マルチメディア通信の概要 ………… *242*
　　　3.7.3　マルチメディア通信の利用例 ………… *250*
　　　3.7.4　画像処理の技術 ………… *255*
　　　3.7.5　JPEGによる符号化 ………… *261*
　　　3.7.6　MPEGによる符号化 ………… *267*

練　習　問　題 ─ *273*

4　通信装置の入出力機器

4.1　情報のディジタル化 ─ *276*
　　　4.1.1　音　の　性　質 ………… *276*
　　　4.1.2　アナログとディジタル ………… *277*

4.1.3　A-D 変換と D-A 変換 ············ *279*
　　　4.1.4　音声の圧縮 ············ *284*
　　　4.1.5　立体音響 ············ *285*
4.2　入出力機器 ━━━━━━━━━━━━━━━━ *286*
　　　4.2.1　マイクロホン ············ *286*
　　　4.2.2　オーディオアンプ ············ *289*
　　　4.2.3　スピーカ ············ *296*
　　　4.2.4　画像入力機器 ············ *300*
　　　4.2.5　画像出力機器 ············ *304*
4.3　録音・再生機器 ━━━━━━━━━━━━━━ *307*
　　　4.3.1　コンパクトディスク ············ *307*
　　　4.3.2　書込み可能なディスク ············ *315*
　　　4.3.3　DVD ············ *318*
　　　4.3.4　ミニディスク ············ *321*
　　　4.3.5　半導体オーディオ ············ *326*

練習問題 ━━━━━━━━━━━━━━━━━━━━ *327*

付　　　録 ━━━━━━━━━━━━━━━━━━━ *328*
　　　1．ディジタル放送の概要 ············ *328*
　　　2．地上ディジタル放送 ············ *329*
　　　3．通信ネットワークの仕組み ············ *339*
　　　4．わが国の周波数区分の大略 ············ *340*
　　　5．通信技術の歴史 ············ *341*

問題の解答 ━━━━━━━━━━━━━━━━━━ *342*
索　　　引 ━━━━━━━━━━━━━━━━━━━ *344*

1 有線通信

　有線通信では，遠距離の通信を可能にすることや通信ケーブルを有効に利用することなどから，多重通信の方式が開発され，通信機器や通信ケーブルは高度化し，複雑化してきた。マイクロ波通信，PCM 通信，光通信が実用化するに伴い，有線通信回線と無線通信回線とを結んで通信回線を構成することが多くなった。さらに，コンピュータの発展に伴ってデータ通信が盛んになり，通信ケーブルのディジタル化が急速に進んだ。それに伴って，通信ネットワークも用途別のネットワークから，ディジタル技術により各種の通信サービスを一つのネットワークで提供するサービス総合ディジタル網へ，と移行しつつある。

　本章では，通信システム，電話，交換機能，多重通信，通信ケーブル，データ通信，光通信などの基本的な事柄について学ぶことにする。

1.1 通信システム

　従来の電気通信サービスは電話と電信が中心であり，そのための設備として，電話網と電信網が完成しているが，電気通信の需要が高まるにつれて，データ通信用の専用回線網やディジタルデータ網が充実してきた。初めこれらは，それぞれ独立の通信ネットワークとして発展した。しかし，コンピュータの急速な普及によって，データ通信の通信量が増加することになり，通信ネットワークのディジタル化による複合網，さらには高速・広帯域ネットワークのディジタル通信ネットワークへと発展してきている。

　ここでは，基本的な通信システムの構成や通信ネットワークの概要について学ぶことにする。

1.1.1　通信システムの概要

　一般に，通信とは，たがいに遠く離れた地点において，いろいろな情報を伝達することである。古くは，のろし，音，飛脚などが用いられていたが，現在では，情報を電気信号に変換して通信を行う**電気通信** (telecommunication) をいう。

　電気通信の基本は**電信** (telegraph) と**電話** (telephone) である。1837年にモールス (Samuel F. Morse) が電信機，1876年にベル (Alexander G. Bell) が電話機を考案し，実用化した。日本では，1869年に電信が，1889年に電話のサービスが開始された。

電信機は，モールス符号（Morse code）などの符号を用いて通信を行うものであるが，電話機は符号によるものではなく，音声そのもので通信を可能にした画期的なものであった。

これら電信と電話は，図 1.1 のように，情報を送る送信側と，情報を受け取る受信側との間を，通信ケーブルで接続して通信が行われる。このように，通信ケーブルを使った通信方式を**有線通信**という。

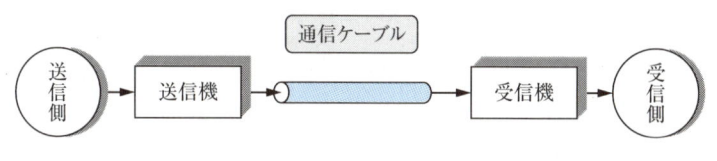

図 1.1 有線通信

また，電信と電話による情報伝達として，図 1.2 のように，送信機と受信機の間の空間にアンテナを使って電波として伝搬させ，この電波に情報を乗せて通信を行う方法がある。このような通信方式を**無線通信**といい，送信側で，音声や符号のような情報をいったん電波に変換する必要がある。

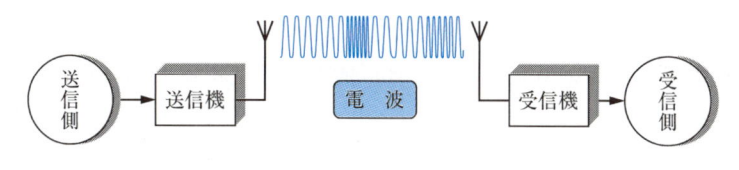

図 1.2 無線通信

このように，伝送したい情報を表す信号波[1]の変化に応じて，伝送しやすい高周波を変化させることを**変調**（modulation）といい，このとき用いられる高周波は，信号波を運搬する役割を持っているので，**搬送波**（carrier）という。また，受信側でもとの信号波を取り出すこ

---

[1] 変調信号ともいう。

とを**復調**（demodulation）という。この変調と復調の技術は，有線通信においても通信ケーブルの有効利用に重要な役割を果たしている。

電話の音声信号の周波数帯域は 300 ～ 3 400 Hz であるが，変調の技術を用いれば，多くの音声信号を一つの通信ケーブルで同時に伝送することができる。一つの通信ケーブルに多くの通話路を作って通信を行うことを**多重通信**（multiplex communication）といい，その方法には後で学ぶ周波数分割多重方式と時分割多重方式がある。

このように，無線通信に使われる変調の技術は有線通信でも利用されているので，有線通信と無線通信は本質的に区別がなくなったといえる。さらに，電話回線を例にとれば，都市内では通信ケーブルでつながっているが，都市間の回線は，マイクロ波などの無線や光ファイバケーブルなどで結ばれている場合が多い。

1.1.2 通信システム

通信システムの基本構成は情報伝達の目的によって異なるが，図 1.3 のようになる。

情報源（information source）は，情報を発生する人間またはコンピ

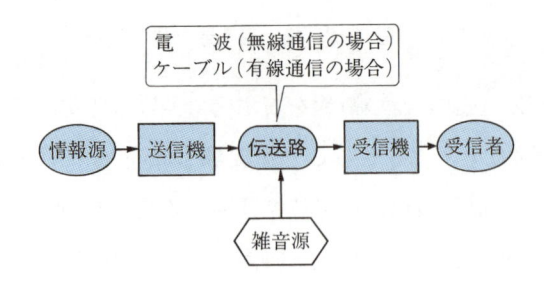

図 1.3　通信システムの基本構成

ュータのような機械をいい，その情報内容には，音声，符号，文字，図形，映像などがある。

送信機（transmitter）は，情報を伝送に適した電気信号に変換して，伝送路に送り出すためのものである。

伝送路（transmission line）は，情報を送信機から受信機まで，有線または無線を利用して伝達するものである。伝送路において雑音などの妨害を受けることもある。

受信機（receiver）は，伝送されてきた情報を受けて，送信機とは逆の操作によってもとの情報に戻して，受信者に伝達する。

受信者は，情報を受け取る人または機械をいう。

通信システムの中で最も普及しているのは電話システムであり，この場合，人間が情報源および受信者であり，送受信機が電話機になる。また，ファクシミリ[†1]のように，文字が情報源で人間が受信者である構成や，データ通信[†2]のように，コンピュータどうしの通信がある。

このように，通信システムにおいては，人間相互で直接に情報交換を行うほかに，図 1.4 のように，情報の内容に応じて，人間対機械，機械対機械の組み合わせで通信が行われる。

情報源では，音声であれば電話機で，データであればコンピュータで，電気信号に変換される。受信側では，電話機やコンピュータによってもとの音声やデータに戻される。これらの機器は，通信システムの中では，入力と出力のように両端に位置するので，一般に端末機器と呼んでいる。

送信機は，おもに変調や多重化を行う機能を持ち，受信機は，その

[†1] 3章「画像通信」で学ぶ。
[†2] 1.5節「データ通信」で学ぶ。

1. 有線通信

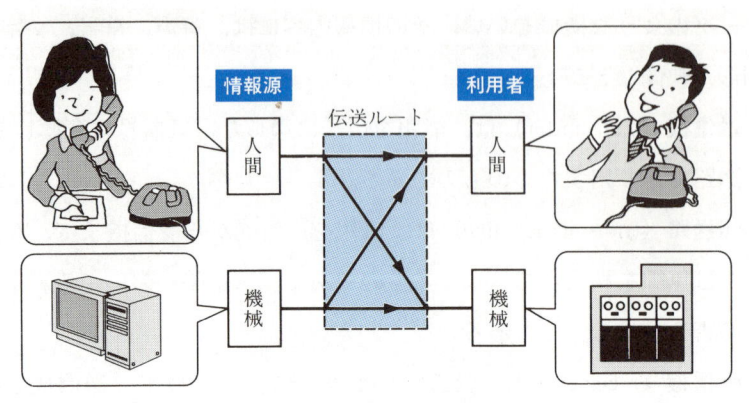

図 1.4 情報の送受

逆の復調や分離化を行う機能を持っている。また，伝送路として，空間を使う無線通信や，光ファイバを使う光通信では，電波や光に変換するための送受信機が必要になる。遠隔地への伝送では，信号が減衰して小さくなるので，途中に中継器と呼ばれる増幅器を挿入して信号を大きくしている。

問 1. 通信システムを構成する基本的な要素にはどのようなものがあるか述べなさい。

1.1.3　通信ネットワーク

1 通信ネットワークの概要　通信ネットワークは，情報源の送信機と送り先の受信機とを接続し，送り先の受信機に信号を送る役割を持っている。

　通信ネットワークは，信号を運ぶための伝送路，信号を確実に効率よく伝えるための伝送装置，送り先を選び出して接続する交換機などで構成される。通信ネットワークの構成は図 1.5 のようになり，人

1.1 通信システム

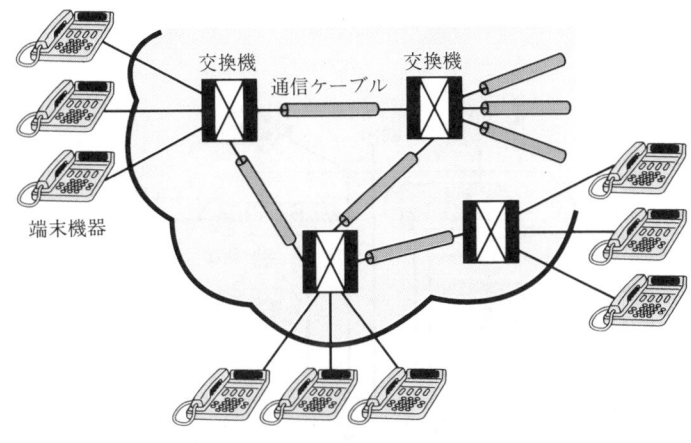

図 1.5 通信ネットワークの構成

間，機械などの送信者が音声，データ，画像などの情報を，端末機器から通信ネットワークを通して受信者の端末機器に送ることができる。

このとき，端末機器は，情報を通信ネットワークに適合する信号形態に変換する役割を持っている。

通信ネットワークには，図 1.6 のように，データ通信専用のデータ交換網[†1]など情報別に各種の通信ネットワークが存在する。加入者数約 6 000 万以上を持つ巨大な**電話網**（telephone network）は，ほとんど各種の通信ネットワークと接続されており，通信ネットワークの選択は電話番号の最初の 3 桁の市外局番で呼び出すことができる。

電話網の一部を利用した通信ネットワークには，ファクシミリ網，ビデオテックス網[†2]などがある。また，最近，急速に伸びている移動無線式の携帯電話や PHS（personal handyphone system）は独自の通信ネ

[†1] 1.5 節「データ通信」で学ぶ。
[†2] 一般の電話とテレビジョン受像機とを用いて，情報センタから会話形式で画像情報を得る通信ネットワークをいう。

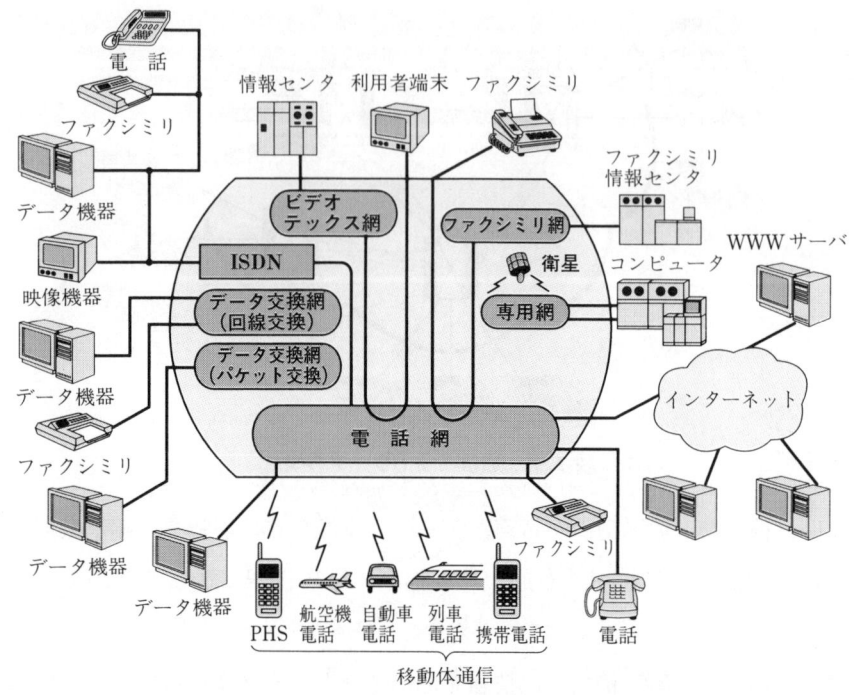

図 1.6 わが国のいろいろな通信ネットワーク

ットワークを持っている。さらに，コンピュータの普及に伴って出現したインターネット（internet）も独自の通信ネットワークを持って世界的規模で展開されている。

このように，わが国にはいろいろな通信ネットワークがはりめぐらされているが，端末機器の種類が異なるごとに通信ネットワークが異なることは，利用者にとって取り扱いが不便である。

そこで，すべての情報をディジタル化してディジタル信号で取り扱える通信ネットワーク，すなわち，一つの通信ネットワークで複数の通信サービスを同じように提供できるサービスの総合化を実現したのが **ISDN**[†1] (integrated services digital network) または**サービス総合デ**

[†1] 1.5.6項で学ぶ。

ィ**ジタル網**である。

　このように，電気通信は基本的には ISDN，さらには高速で安定したディジタル伝送方式の光ファイバケーブルを用いた広帯域 ISDN が通信ネットワークの基盤技術になっている。なお，世界的規模で最も普及している通信ネットワークはインターネットであり，単なる電子メールのやりとりだけでなく，音声，データ，画像などを取り扱うインターネットが主流となっていく傾向にある。

　問 2.　現在使われている通信ネットワークにはどのようなものがあるか述べなさい。

2　電　話　網　電話網の中では，不特定多数の発信者と受信者との間の通信が，同時に多数，全国的な広がりで行われている。電話網における伝送路と交換機の配置状況を見てみよう。

　一般に，通信ネットワークの構成の基本的な形態としては，図 1.7 のように，**網状網**[1] (mesh network) または**メッシュ網**と，**星状網** (star network) または**スター網**とがある。

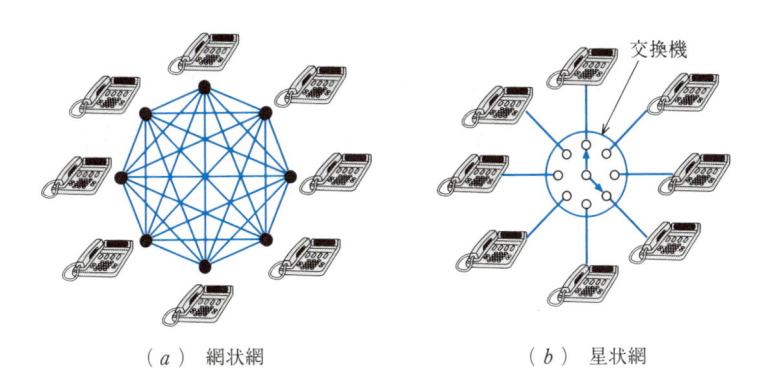

(a) 網状網　　　　　　　(b) 星状網

図 1.7　通信ネットワークの基本構成

---

[1] 通信者が 6 人であれば，15 本の通信回線が必要になる。n 人であれば必要な通信回線は，$n(n-1)/2$ 本になる。

網状網は端末相互間のすべてを直通回線で結んだ形であり，星状網は交換機を中継して結ばれた形になっている。伝送路の経費は星状網のほうが安いので，電話網では両者の有利な点を併せた複合網の形態がとられている。すなわち，通話の量を考慮して，交換機と伝送路の総経費が最小となるように，星状網の一部の交換網間に直通回線を設けた形態となっている。

（*a*）**市外電話網**　わが国の市外電話網は星状網を基本とした複合網が使用され，全国の区域を細分化し，各区域に交換機を配置している。細分化した最小の単位を**加入区域**（local service area，略して**LA**）といい，加入者線交換機能を有する加入者系と中継線交換機能を有する中継系の2段階で構成されている。

このように，段階をもたせて区域と交換機を配置する構成法を**帯域制**（zone system）といい，交換局の分け方を**局階位**（office rank）と呼んでいる。

図 1.8 は，市外帯域別の構成[†1]を示したもので，局階位は下位から**群局**（group unit center，略して**GC**），**中継局**（zone center，略して**ZC**）となっている。

GCには，**加入者線交換機**（local switch，略して**LS**）が設置されており，加入電話機から直接接続される。接続先が同一の加入区域内にない場合は，さらにZCへ接続する。

ZCには，**中継線交換機**（toll switch，略して**TS**）が設置されており，GCからの通信を集束し，他のZCやGCに中継する。

[†1] 従来の市外帯域構成は，上位局から下位局まで4段階となっていた。現在は，光ファイバ伝送路の拡充と大容量のディジタル交換機の導入によって，加入者交換機が大規模になり，交換網の階層は加入者系と中継系の2段階に簡略化された。

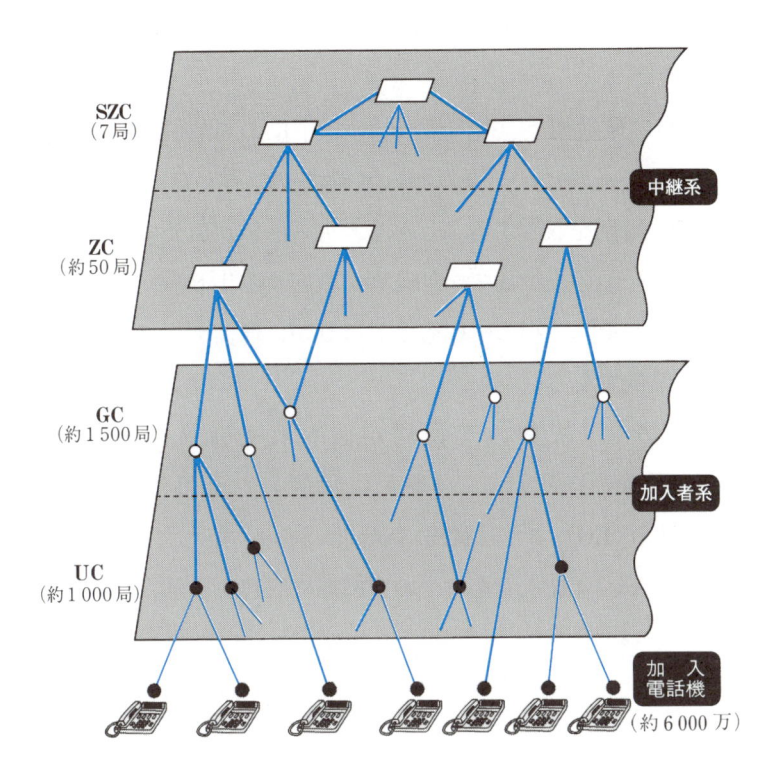

図 1.8 市外帯域制の構成

　また比較的通信頻度の少ない地域には GC が少ないため，GC の下位に**単位局**[†1]（unit center，略して **UC**）が設置されているところもある。UC は加入電話機から直接接続され，必要に応じて上位の GC に接続される。
　さらに ZC からの県間通信および国際通信の集束，中継を行うために**特定中継局**（special zone center，略して **SZC**）も設置されている。

---

†1　単位局は，約 1 000 局あるが，今後縮小される傾向にある。

したがって，GC，UC が加入者系であり，SZC，ZC が中継系である。

(*b*) **市内電話網**　市内帯域制の最下位の局階位である GC あるいは UC は，一般に，一つの加入区域に一つ置かれ，その加入区域のすべての電話を収容する。しかし，加入区域が広くて加入者が多い場合には，一つの交換局で全加入者を収容するよりも，複数の交換局に分け，それぞれ分担して収容するほうが，通信ケーブルが短くてすむので経済的である。

このように，複数の交換局が置かれた加入区域を**複局地** (multioffice area) といい，分割して設置した交換局を**分局** (local office，略して **LO**) または**従局**（satellite office，略して **SO**）という。これに対して，全加入者を一つの交換局に収容する加入区域を**単局地** (single-office area) という。

複局地の網状態は，分局数が少ない場合は網状網の形態がとられる。しかし，分局数が多くなると，市外電話網と同じ考え方で通話を中継する交換局を設けて，星状網としている。

問 3. 通信ネットワークの構成において，網状網と星状網の形態はどのように異なるか説明しなさい。

1.2 信号の伝送

　ある地点から離れた地点まで，音声，データ，画像などの情報の信号を，伝送路を通して正確に，かつ有効に送ることが必要である。そのために，情報は伝送路の特性と整合した形の信号に変換される。信号は，そのままの形では遠くまで伝わりにくい場合があるので，雑音やひずみの影響を受けない形に変えられる。また，伝送路敷設の経費節減のために，一つの伝送路を効率よく利用できるよう，複数の信号をまとめて送り出す多重操作が行われる。そのため，送信端では信号の形を変換して伝送し，受信端でもとの信号に戻す操作が必要である。

　多重化された信号は，同軸ケーブルや光ファイバケーブル，または無線によるマイクロ波通信回線によって，きわめて多くの通信量を同時に送ることができる。そのため，電話だけでなく，テレビジョン中継，データ通信，ファクシミリなどに広く利用されている。

　ここでは，通信ネットワークの中で，多重通信技術がどのように使われているか，その仕組みについて学ぶことにする。

1.2.1　アナログ伝送とディジタル伝送

　情報を取り扱う信号には，音声のように連続的に変化するアナログ信号とコンピュータのデータのように1，0の離散的な状態をとるデ

ィジタル信号がある。信号の伝送においてもアナログ伝送とディジタル伝送に分けられている。アナログ伝送では，伝送路に適合した形の変調操作が用いられ，ディジタル伝送では，信号の符号化もしくは伝送しやすいレベルへの変換が行われる。

また，アナログ信号が必ずしもアナログ伝送で伝送されるとは限らない。アナログ信号をディジタル信号に変換（符号化）[†1]してディジタル伝送路に送ったり，逆にディジタル信号を変調してアナログ伝送路に送ることもある。図1.9は，アナログ伝送路とディジタル伝送路の構成を示したものである。

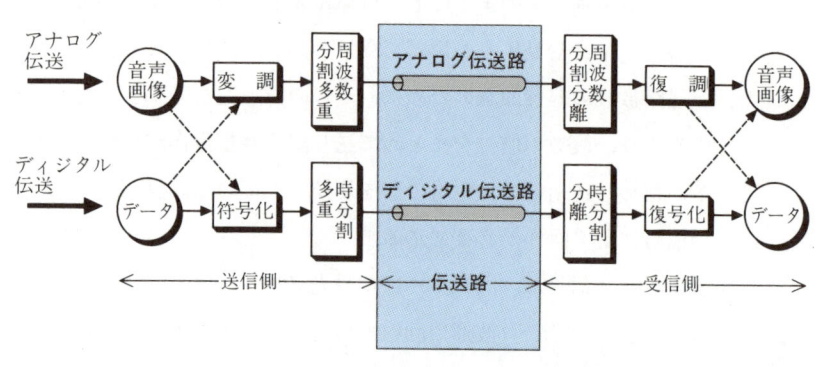

図1.9 アナログ伝送とディジタル伝送

送信側では，信号がそれぞれ変調，符号化されたあと周波数分割多重，時分割多重されて伝送路に送られる。受信側では，多重化された信号を分離し，復調，復号化により，もとの信号に変換される。

1　アナログ信号の変調　有線通信では，信号波をそのまま通信ケーブルに流して通信することができるが，1組の通話に1本の通信ケーブルを使用するのでは非効率的である。例えば，ある区間で千

[†1] アナログ信号をディジタル伝送路に送る場合は，多重化の前にあとで学ぶPCM符号化操作を行ってディジタル信号として時分割多重を行う。

組の人が同時に通話するとすれば，千本の通信ケーブルが必要になる。

そこで，通信ケーブルを有効に使用し，通信の効率性や経済性を図る方法が考えられた。それは1本の通信ケーブルで，多数の信号をたがいに干渉しないように規則的にまとめて伝送するようにしたもので，このような操作を**多重化**（multiplexing）という。一般には，多数の信号波で搬送波を変調して伝送する多重通信が用いられている。また，無線通信では，信号波で搬送波を変調して伝送する必要がある。

(*a*) **変 調 方 式** 一般的な変調には，つぎの振幅変調，周波数変調，位相変調が用いられる。図 1.10 にこれらの波形を示す。

◇ **振幅変調**（amplitude modulation，略して **AM**） 搬送波の振幅を信号波の変化に応じて変化させる方式である。AM ラジオ放

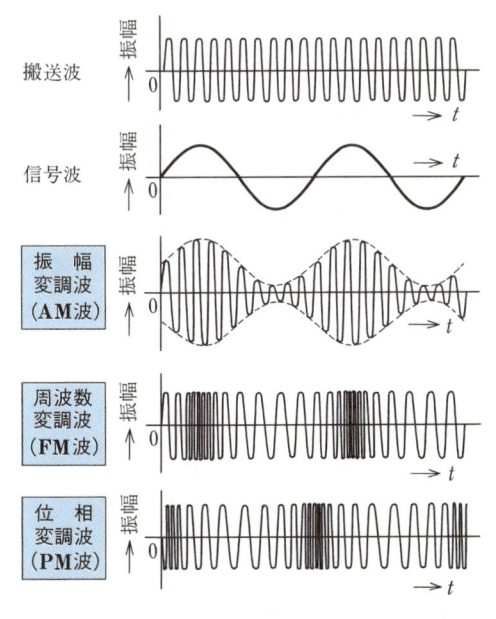

図 **1.10** AM 波，FM 波，PM 波の波形

送，テレビジョンの映像の放送，電話の多重通信などに広く用いられる。

◇ **周波数変調**（frequency modulation，略して **FM**）　搬送波の周波数を，基準の周波数を中心として信号波の変化に応じて変化させる方式である。雑音に強いので，FM ラジオ放送，テレビジョン放送の音声やデータ通信のモデム[†1]などに用いられる。

◇ **位相変調**（phase modulation，略して **PM**）　搬送波の位相を，信号波の変化に応じて変化させる方式で，おもに無線通信に用いられる。

これらの3方式のうち FM と PM は，搬送波の位相角を変調するので，**角度変調**（angle modulation）と呼ばれている。FM は AM に比べて，雑音やひずみに強く，また搬送波電力が少なくてすむ利点がある。一般に，無線通信には FM，有線通信には AM が用いられる。

（**b**）　**単側波帯伝送**　搬送波の振幅を，$f_1 \sim f_2$ の周波数帯域を持つ音声信号で変調した場合，変調された**変調波**[†2]（modulated wave）（この場合は AM 波）の周波数スペクトルは，図 1.11(a) のように，搬送波を中心として上下に**側波帯**（sideband）ができる。この側波帯は，それぞれ音声信号と同じ帯域幅を持っているので，AM 波の持つ帯域幅は，音声信号の最高周波数 f_2 の2倍ということになる。

それぞれの側波帯の中に，信号波成分は対称的に含まれているので，通信ケーブルの周波数帯域を有効に使うために，図(b) のような帯域通過性を持った**帯域フィルタ**（band-pass filter，略して **BPF**）に通して，どちらか一方の側波帯を取り出せば信号の伝送が可能となる。

[†1]　**1.5 節「データ通信」で学ぶ。**
[†2]　**被変調波**ともいう。

(a) 周波数スペクトル

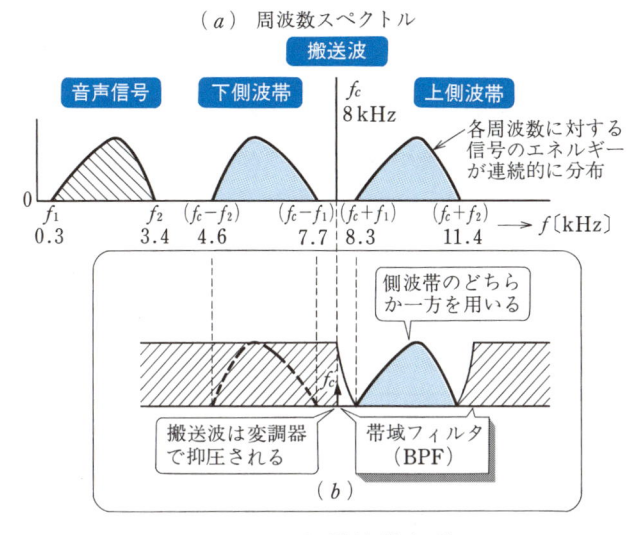

搬送波 f_c 8 kHz
音声信号 / 下側波帯 / 上側波帯
各周波数に対する信号のエネルギーが連続的に分布

f_1 0.3 f_2 3.4 (f_c-f_2) 4.6 (f_c-f_1) 7.7 8.3 (f_c+f_1) 11.4 (f_c+f_2) → f [kHz]

側波帯のどちらか一方を用いる
搬送波は変調器で抑圧される
帯域フィルタ(BPF)

(b)

図 1.11 単側波帯伝送

このように，**上側波帯**（upper sideband），**下側波帯**（lower sideband）のうち，どちらか一方の側波帯を使って信号を伝送することを**単側波帯伝送**（single-sideband transmission，略して **SSB**）という[†1]。これに対して，上下両側波帯を伝送することを**両側波帯伝送**（double-sideband transmission，略して **DSB**）という。

SSB方式は，DSB方式の $\frac{1}{2}$ の周波数帯域ですむ利点があり，電話回線を有効に利用できるため，多重通信に用いられる。

ただし，受信したSSB波から簡単に信号成分を取り出すことができないため，ラジオ放送などではDSB方式が用いられている。

問 4. 15 kHz の搬送波を音声周波数帯域 0.3〜3.4 kHz で振幅変調すると，下側波帯の周波数成分はいくらになるか求めなさい。

[†1] 2.3.4 項を参照。

(c) パルス符号変調

1) パルス変調　これまでの変調は搬送波に正弦波を用いたが，搬送波にパルス列を用いて，パルスの振幅，幅，位相などを，信号波に応じて変化させる方式を**パルス変調**（pulse modulation）という。

パルス変調には図 *1.12* のような方式がある。

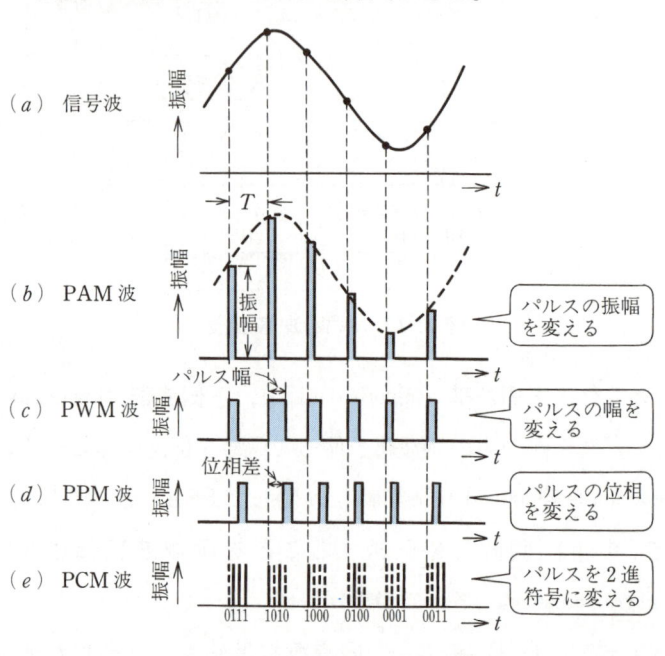

図 *1.12*　いろいろなパルス変調

搬送波であるパルスの周期や幅を一定にしておき，図(*a*)のような正弦波状の信号波で変調すると，図(*b*)〜(*e*)の変調パルス波が得られる。

すなわち，図(*b*)のように信号波をパルスの高さで表す**パルス振幅変調**（pulse-amplitude modulation，略して **PAM**），図(*c*)のように信号波をパルスの幅で表す**パルス幅変調**（pulse-width modulation，略して **PWM**），図(*d*)のように信号波をパルスの位相のずれで表す**パル

ス位相変調（pulse-phase modulation，略して **PPM**），図(*e*)のように信号波を符号化されたパルスで表す**パルス符号変調**（pulse-code modulation，略して **PCM**）がある。

図(*b*)～(*d*)は信号の値に応じてパルスを連続的に変化させるので，アナログパルス変調方式といい，図(*e*)は信号を符号化するので，ディジタルパルス変調方式という。

PAM，PWM，PPM による通信は可能であるが，外来雑音の影響を受けやすいのでほとんど用いられない。その点，PCM は，信号波の振幅を，一定の約束に従った 2 進符号に変換する方式であるから，レベル変動や雑音の妨害がなく，安定した通信ができるのでよく用いられる。

2) PCM 通信方式[†1]　図 *1.13* のように，送信側で，音声信号などのアナログ信号を，標本化，量子化，符号化の過程を経て PCM 波に変換し，この信号を伝送した後，受信側において復号化し，もとのアナログ信号に戻す。

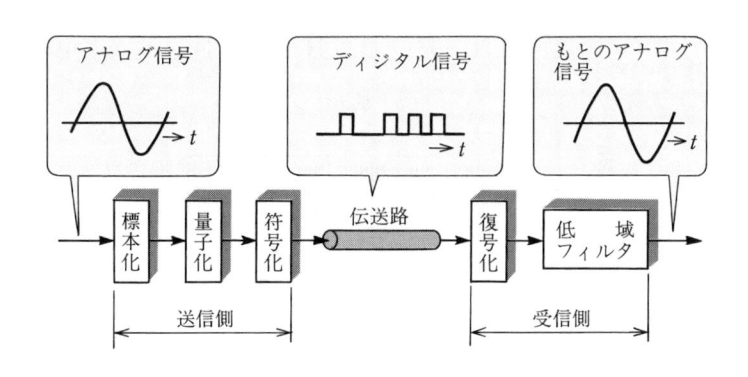

図 *1.13*　PCM 通信方式

[†1] PCM 通信方式は，1937 年にイギリス人のリーブス（A. H. Reeves）によって考案され，1960 年代になって電話回線の多重通信に用いられるようになった。

20　　1. 有 線 通 信

図における標本化，量子化，符号化は，つぎのような考え方で行われる。

① 標 本 化　　図 1.14(a) のように，連続的に変化する信号波の大きさを，一定時間間隔 T ごとにパルス波形の形（パルス列）で抜き出すことを**標本化**（sampling）という。この波形は PAM 波であり，一定間隔で抜き出す繰返し周波数を**標本化周波数**[†1]（sampling frequency）または**サンプリング周波数**という。

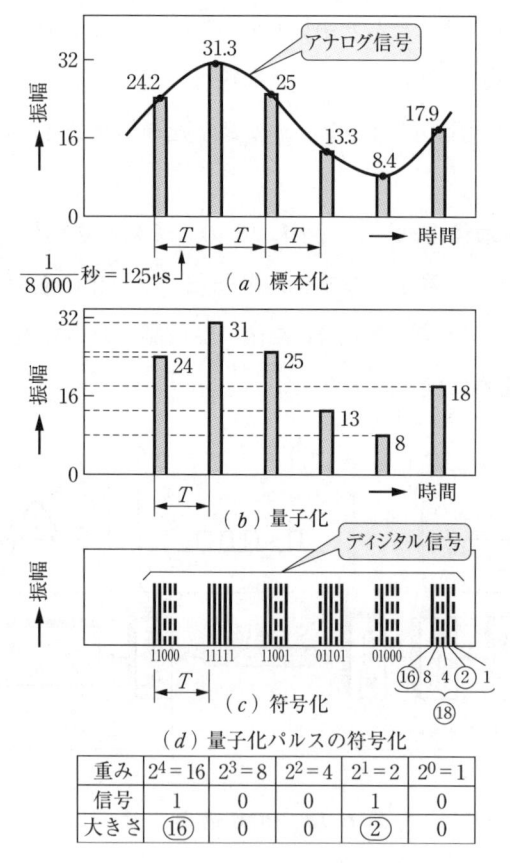

図 **1.14**　PCM 方式の原理

重み	$2^4=16$	$2^3=8$	$2^2=4$	$2^1=2$	$2^0=1$
信号	1	0	0	1	0
大きさ	⑯	0	0	②	0

---

†1　標本化周波数の逆数 $T=\dfrac{1}{f}$ を標本化周期という。

"一般に，アナログ信号すなわち原信号に含まれる最高周波数が f_0 であるとき，標本化周波数が $2f_0$ 以上であれば，標本化されたパルス波から，もとのアナログ信号を再現できる．"これを染谷・シャノン (Claude E. Shannon) の**標本化定理** (sampling theorem) という．

例えば，音声信号の最高周波数が 4 kHz であれば，標本化周波数は 8 kHz でよいことになる．

② **量 子 化** 標本化されたパルスすなわち PAM 波を，図 (b) のように，何段階かの定められた振幅値 (1, 2, 4, 8, …, 2^n の値) の和として表す．例えば，24.2 の大きさのものは近似的に 24 と考え，(16 + 8) の形で表す．31.3 の大きさのものは 31 として (16 + 8 + 4 + 2 + 1) の形で表す．このように，一定の桁数にまとめて階段状に変化する離散的な値に変換する操作を**量子化** (quantization) という．

この場合，振幅値はそれぞれ 0.2，0.3 の誤差を生じる．これを**量子化誤差**[†1] (quantization error) といい，この誤差の分だけ，もとの波形に復元する際の忠実度が損なわれる．

③ **符 号 化** 量子化された信号を，図 (c) のように，2 進符号の形に変換する操作を**符号化** (coding) といい，符号化された信号が PCM 波である．

PCM 波は，伝送の途中において減衰および雑音によってパルスの波形が崩れるが，波形の崩れが少なければ，例えば 2 進符号の場合，受信端でパルスの"ある"，"なし"の判定をして，信号の誤りがないようにすることができる．

このようにして再生されたパルス列を，符号化と逆の操作，すなわ

[†1] 量子化操作が行われる過程において生じるひずみを量子化誤差または量子化雑音という．

ち復号化すると，PAM 波が得られる。この PAM 波を低域フィルタに通すと，もとの信号を再生することができる。

問 5. 最高周波数が 10 kHz であれば，標本化周波数は何 Hz 以上でなければならないか求めなさい。

3) PCM 波の特徴 PCM 波は，符号化された一定の振幅のパルスであって，パルスの"ある"，"なし"が，1，0 に対応しているので，つぎの特徴がある。

◇ 伝送路中でパルス波形の振幅が減衰しても，1 か 0 かの判定ができれば，パルス波形を増幅することにより，忠実度の高い伝送および再生ができる。

◇ 伝送路において，外部からの雑音の影響を受けにくい。

◇ LSI などを使った多重化装置のディジタル化が経済的にできる。

◇ ディジタル統合網との整合性がよい。

◇ 量子化操作を行うので，量子化誤差を生じるという欠点がある。

例題 1.

電話による音声信号の PCM 伝送の場合，標本化周波数を 8 kHz として 8 ビットで符号化するとすれば，データ伝送速度はいくらになるか。

解答 データ伝送速度は，1 秒間に送ることができるビット数であるから

$8\,000 \times 8 = 64\,000 = 64$ kbps

2 ディジタル信号の変調 電話回線を使ってデータ伝送を行う場合，送信側でディジタル信号をアナログ信号に変換，すなわち変

調し，受信側でアナログ信号を再びもとのディジタル信号に変換，すなわち復調する。

データ通信に使われる変調方式には，すでに学んだ振幅変調（AM），周波数変調（FM），位相変調（PM）の3種類があって，これらの変調方式をデータ通信に適用した場合の変調波形は，それぞれ図1.15のようになる。

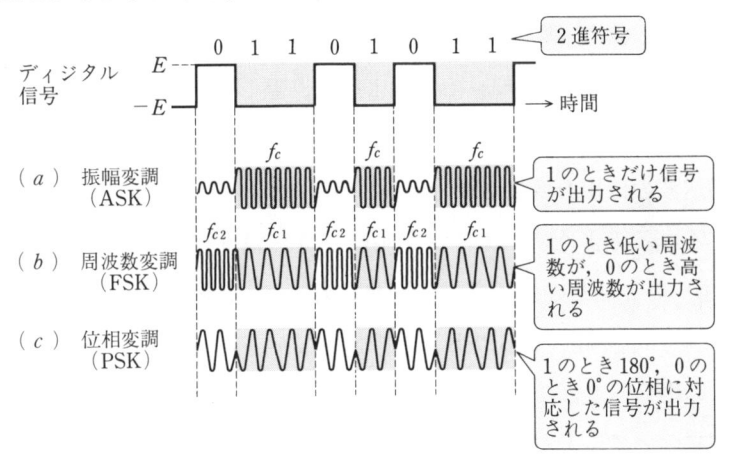

図1.15　いろいろな変調波形

(**a**) **振幅変調**　　振幅変調は，信号波がディジタル信号の場合，**振幅偏移変調**（amplitude shift keying，略して**ASK**）ともいい，図(a)のように，一定振幅の搬送波f_cをON, OFFすることによって，アナログ信号とするもので，入力信号が1のとき出力され，0のときは出力されない。これを2値ASKという。さらに，搬送波f_cの振幅を3段階にして0, 1, 2, 3の情報を伝送する4値ASKもある。

この方式は，ETC（有料道路の料金所で停車せずに無線通信で料金の支払いをするシステム）やキーレスエントリ（鍵を鍵穴に差さずにドアを開錠すること）など，きわめて近距離の通信で用いられている。

(**b**) **周波数変調**　　周波数変調は，信号波がディジタル信号の場

合，**周波数偏移変調**（frequency shift keying，略して **FSK**）ともいい，図(*b*)のように，搬送波の振幅を一定にして，低いほうと高いほうの二つの周波数 f_{c1}, f_{c2} を用いて，ディジタル信号の1か0に対応させて伝送する。

この方式は，伝送路での雑音やレベル変動の影響を受けないが，伝送速度[†1] を高くとれない欠点がある。

(*c*) 位相変調　　位相変調は，信号波がディジタル信号の場合，**位相偏移変調**（phase shift keying，略して **PSK**）ともいい，図(*c*)のように，搬送波の周波数を一定にして，入力信号の変化に応じて搬送波の位相を変化させ，ディジタル信号の0，1を対応させて伝送する。このように，ディジタル信号0には0°（同相），1には180°（逆相）の2通りの位相に対応させた方式は，**2相PSK**（binary phase-shift keying，略して **BPSK**）と呼ばれている。

この場合，0，1に対応して単純に位相を反転させるだけでは，受信側において，どちらの位相が1であるか判別できないことがある。このため，例えば，0のときだけ搬送波の位相を反転させ，1のときは位相をそのままにして送る方式がある。

また，高速度の伝送を行う場合には，**4相PSK**（quadraphase-shift keying，略して **QPSK**）や **8相PSK** の**多相PSK**（multiple phase-shift keying）が用いられ，ディジタル信号に対応させる位相の数を四つないし八つの位相にすれば，1回の変調で，4相PSKで2ビット，8相PSKで3ビットのディジタル信号を伝送することができる。

これらの方式は，回路は複雑になるが，FMと同様の特徴を持ち，しかも同一周波数帯域内で伝送速度を上げることができ，高能率の伝

[†1]　1 200 bps 以下の低速の通信に用いられる。

送を行うことができる。

なお，多相 PSK をさらに発展させたものに**振幅位相変調**がある。これは，多相 PSK に振幅変調の要素を組み合わせたもので，多相 PSK よりもさらに高速の 9 600 bps[†1] に用いられる。

1.2.2　通信の多重化方式

1　**周波数分割多重伝送方式**　多くの通話路の音声信号で，周波数の異なる搬送波をそれぞれ振幅変調し，周波数帯が重ならないように周波数軸上に並べて伝送する方式を**周波数分割多重方式**（frequency-division multiplex，略して **FDM**）という。

（a）　**FDM の原理**　FDM において，例えば，0.3〜3.4 kHz の周波数帯域を持つ音声信号を変調するために，搬送周波数として，4 kHz ごとに，4，8，12，16，20，24 kHz の周波数を用いると，6 通話路の多重化を行うことができる。

FDM はおもに電話の音声伝送に用いられる。その変調方式は，SSB 方式に用いられている**単側波帯振幅変調**（single-sideband AM，略して SSB-AM）である。

SSB-AM は，図 1.16（a）のように，平衡形の変調器で搬送波を取り除いた AM 波を作り，単側波帯のうち，例えば上側波帯を帯域フィルタにより取り出す振幅変調方式である。これにより，音声信号は搬送周波数 f_c 分だけ周波数の位置が移動する。

したがって，その周波数割当は図（b）のようになり，音声信号はそれぞれの搬送周波数分だけ周波数軸上に移動したことになる。図にお

[†1]　FM 方式では，200〜1 200 bps が限度で，PM 方式では，4 相 PSK で 2 400 bps，8 相 PSK で 4 800 bps になる。最近では，28 800 bps や 33 600 bps が実用化されている。

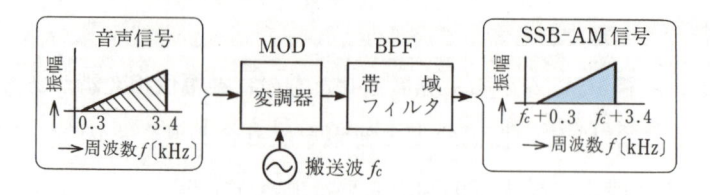

(a) SSB-AM 信号の発生

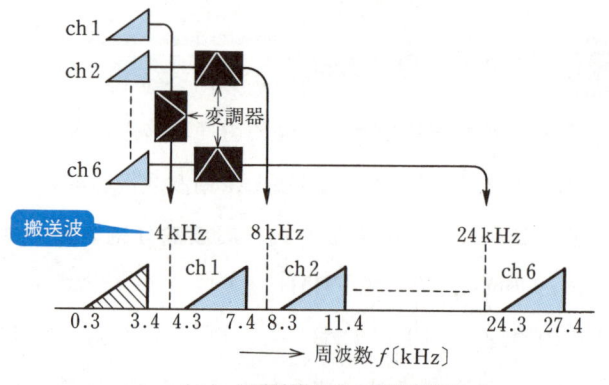

(b) 6通話路方式の周波数割当

図 1.16　FDM の原理

いて，各通話路のことを**チャネル**（channel）と呼び，ch 1，ch 2，…で表す．

(b) 多重化のステップ　通話路を多くとるために，さらに高い搬送周波数を使用する必要があるが，通話信号に対して搬送周波数があまり高くなると，一度の変調でできる側波帯の周波数幅が，搬送周波数に対してきわめて狭くなるので，帯域フィルタで個々の音声信号を分離することが困難になる．

このため，まず低い搬送周波数の通話路をまとめて群を作り，この群で高い周波数を持つ搬送波を変調することによって，多くの通話路を配列する方法がとられる．

このように，通話路群をまとめて変調することを**群変調**（group modulation）といい，変調を2回以上繰り返すことを**多段変調**（multiple modulation) という。また，群変調を何回か繰り返してでき上がった多重化の階層構成を**ハイアラーキ** (hierarchy) という。

図 1.17 は，24 通話路をとる場合の多段変調の例である。

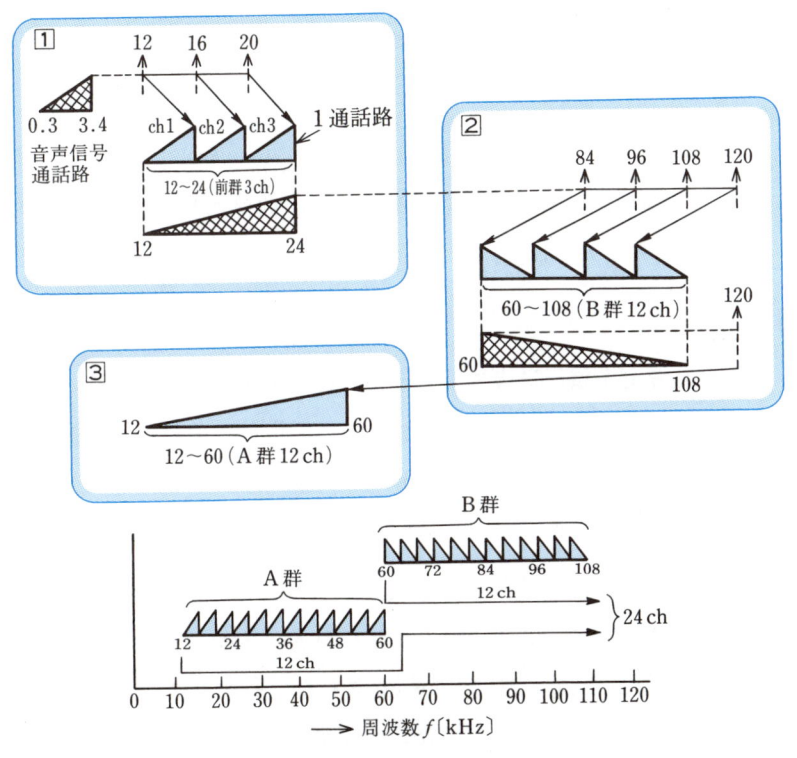

図 1.17 FDM24 通話路方式の多段変調

1. まず，音声信号の周波数で，12，16，20 kHz の搬送波を変調し，その上側波帯をとる。
2. この 3 通話路群で，84，96，108，120 kHz の各搬送波をそれぞれ群変調して，その下側波帯を取り出し，60〜108 kHz の間に 12 通話路群 B を作る。
3. ほかの 12 通話路群 B で 120 kHz の搬送波を群変調し，下側波帯をとって A 群を作る。

以上のように，低い搬送波から高い搬送波へ，1，2，3 と群ごとに変調を行えば，12〜108 kHz までの間に 24 通話路を配列することができる．

問 6. 図 1.17 の 24 通話路方式にならって，18 通話路をとるための周波数割当の配置を考えなさい．ここに，音声信号の帯域幅は 0.3〜3.4 kHz とする．

問 7. 周波数分割多重方式では，12〜60 kHz の帯域に 4 kHz の帯域幅の音声信号を最高何チャネルまで送ることができるか求めなさい．

2 時分割多重伝送方式 一つの伝送路を用いて，多数の信号をそれぞれ異なった時間位置に配列して，時間的に分けて伝送する方式を**時分割多重方式**（time-division multiplex，略して **TDM**）という．

(a) TDM の原理 図 1.18 は TDM の原理を示したもので，S_1 は送信側，S_2 は受信側のチャネル切替スイッチである．S_1 を一定周期で回転させると，ch 1, ch 2, … と順次切り替えられていく．このとき，S_1 と S_2 を同じ速度で回転させれば，各チャネルは混信なく通話を行うことができる．この操作を**同期**（synchronization）という．

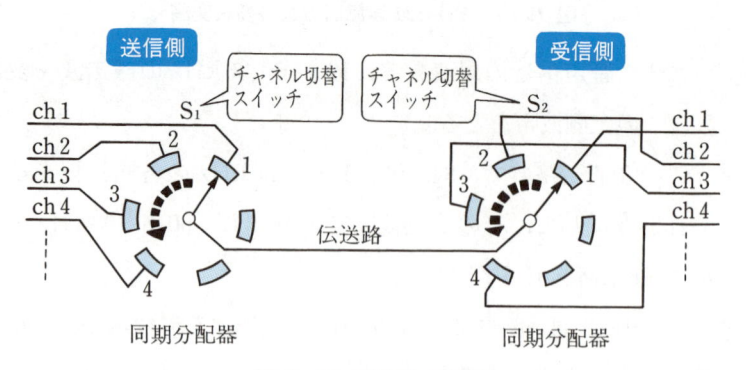

図 1.18 TDM の原理

各チャネルは，一定周期ごとに限られた時間だけ伝送路と接続され，時間軸上に置き換えれば，それぞれのチャネルが時間的に多重化されたことになる。

　S_1，S_2 の回転速度は，各チャネルの PCM 信号の標本化周波数と一致する。したがって，S_1，S_2 の回転速度が 1 回転で 125 μs であれば，標本化周波数は $\dfrac{1}{125\,\mu s} = 8\,000\,\mathrm{Hz}$ になる。

　時分割多重方式においては，伝送の高速化を図るため，図 1.19 (a) のように，各チャネルへの割り当て時間を圧縮し，一定時間内に多数詰め込む方法をとっている。この割り当てられた時間的位置を，各チャネルの**タイムスロット**[†1] (time slot) といい，一定周期のこと

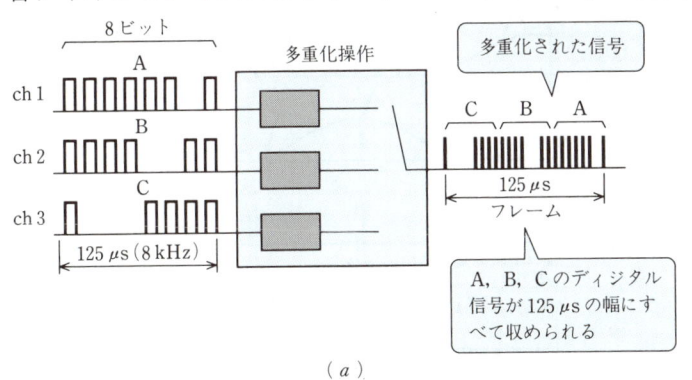

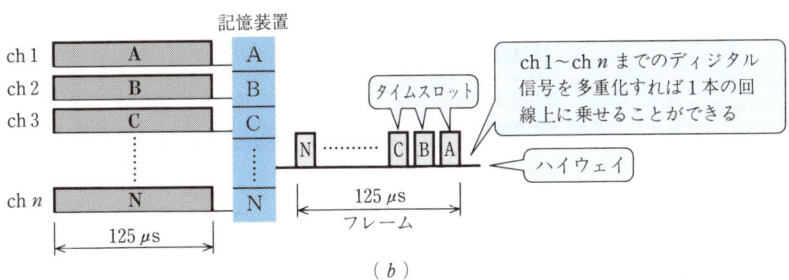

図 1.19　多重化された伝送路

[†1] 時分割多重方式の伝送路上において，一定周期で繰り返されるビット列中におけるビットまたはビット群の時間的位置，あるいは識別可能な周期的時間間隔をいう。

をフレーム (frame) という。

この場合，図(b)のように，各回線から送られてきた ch 1，ch 2，ch 3，…，ch n などのタイムスロットは，一度記憶装置に書き込まれる。その後，記憶装置の内容は，回線ごとに時間をずらして速い速度で読み出され，多重化が行われる。

一般に，多重化された伝送路はハイウェイ (highway，略してHW) と呼ばれている。

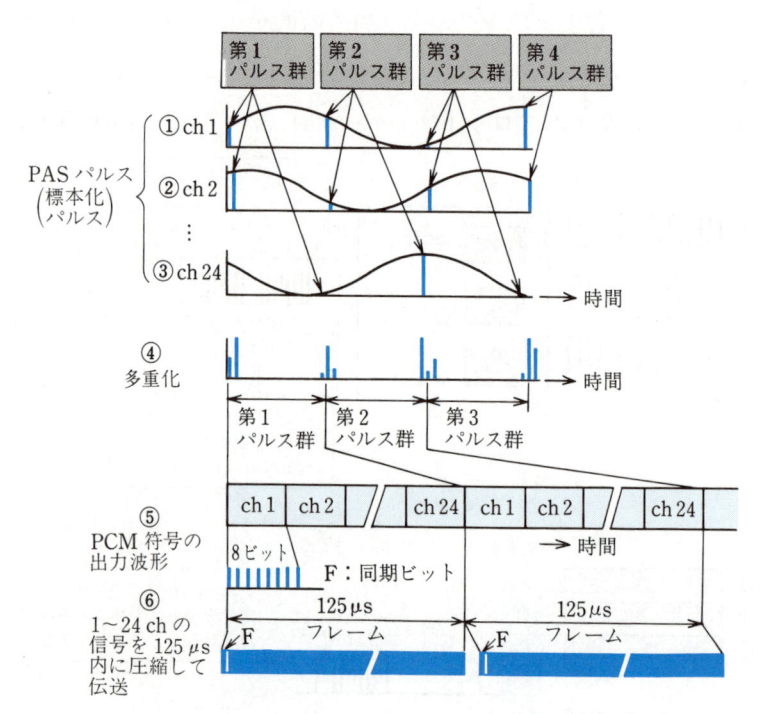

- 1 フレームのビット数
    =同期パルス（1 ビット）
    ＋符号化パルス（8 ビット）×多重化チャネル数（24 チャネル）
    =1＋8×24＝193 ビット
- 符号伝送速度
    =1 フレームのビット数×標本化周波数
    =193×8 000＝1.544〔Mbps〕

図 1.20 TDM 24 通話路方式の原理

(b) **TDM の基本構成**　TDM では伝送路を有効に利用するために，ディジタル伝送方式のハイアラーキ構成をとっている。24 通話路を基本単位として，これを 1 次群といい，この 1 次群をもとに多重化を行う。

図 1.20 は TDM 24 通話路方式の原理を示したものである。通話路 ch 1 〜 ch 24 の信号は，①〜③のように標本化され，④に示すように，これらの PAM 波は，時間的に重ならないように，パルス群を単位として多重化される。

また，PAM 波の一つのパルスは，⑤に示すように 8 ビットで量子化される。したがって，⑥のように，一つのパルス群（ch 1 〜 ch 24）は 8 × 24 ビットで構成される。これが一つの処理単位であり，フレームを構成する。実際には，フレームを認識するために同期信号を 1 ビット挿入するので，1 フレームは 193 ビットで構成され，その時間長は 125 μs となる。

問 8. 多重通信方式についてつぎの問に答えなさい。
(a) FDM 24 通話路方式に必要な伝送周波数帯域は何 kHz か求めなさい。
(b) TDM 24 通話路方式に必要な伝送周波数帯域は何 MHz か求めなさい。

問 9. FDM に比べ TDM の特徴を説明しなさい。

1.3 電話機と交換機

電話は1876年にベルによって発明され，その後1878年にエジソン（Thomas A. Edison）が炭素粒をつめた送話器を考案し，しだいに改良が行われて現在のような電話機に発展した。

また，多数の電話機の間では，特定の相手を選択して接続する交換機が必要であり，現在のように情報交換量が多くなればなるほど，その交換機の質的向上が要求される。

また，最近では電話による音声の会話だけではなく，電話回線を使ってファクシミリ伝送やパーソナルコンピュータによるデータ通信，電子メール，インターネットの接続などが盛んに行われるようになった。

ここでは，電話の原理や電話機，電話交換，電子交換機，ディジタル交換機について学ぶことにする。

1.3.1 電話機

1 電話の原理 図 1.21 のように，送話器と受話器の間の回路に電源を接続すると，直流電流が流れて通話回路ができる。

送話器に音波を加えると，振動板が振動し，炭素粒の電気抵抗が変わり，これに応じた電流が受話器のコイルに流れる。この電流に変化があれば，それに従って振動板が振動して，通話音を再生することができる。

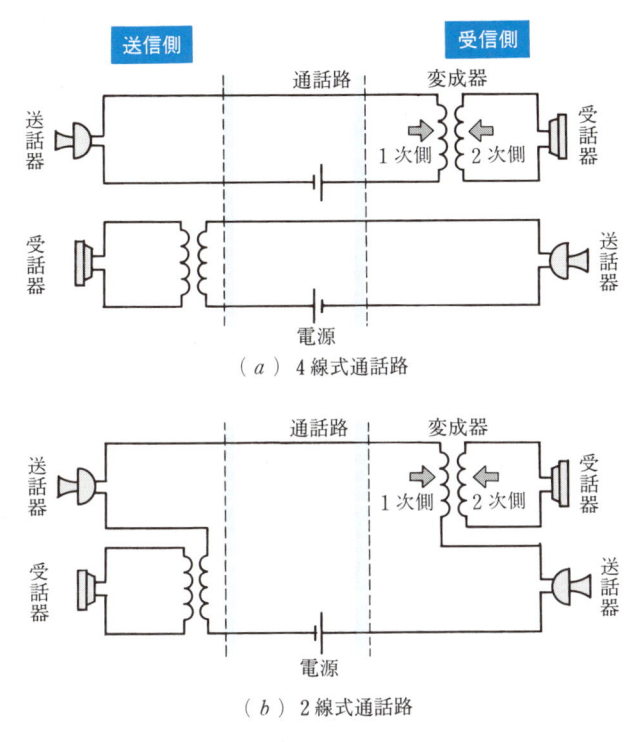

図 1.21　4線式と2線式の通話路

　実際は，発信者と受信者が相互に通話するためには，図(a)のように，送話用と受話用の通話路を独立にした4線式の通話路が必要である．しかし，4線式では不経済であるので，図(b)のように，誘導コイルの1次側を送話器と直列にして2線式にした通話路が考えられた．現在使われている電話では，この2線式通話路が用いられる．

2　電話機の原理

　(a) 電話機の構成　電話機はおもに，通話装置と信号装置から構成される．通話装置は送話と受話の機能を持ち，信号装置は，通話相手の電話番号を選択するためのダイヤルパルスを送り出す機能と，呼出ベルを備えている．

(b) 通話回路 通話回路は，送話器と受話器のほかに，通話中に受話器に自分の声が入るのを防ぐ防側音回路から成り立っている。

送話器は音の変化を電流の変化に変換するものであり，受話器は音声電流を音に変換するものである。送話器と受話器を電気音響変換器ともいう。従来から用いられていた電話機の送話器は炭素形で，受話器は電磁形である。そのほか，IC を用いた電子化電話機などは，送受話器とも圧電効果を利用した圧電形や，後で学ぶ静電形が用いられている。

また，通話中に自分の声が受話器から回り込んでくる音を**側音** (sidetone) といい，側音が大きく聞こえると，話す人は必然的に声を弱くしてしまうので相手は聞き取りにくくなる。しかし，自分の声が受話器から多少聞こえないと，相手に声が届いているのか不安を感じて必要以上の声を出してしまう。そこで，送話電流が自分の受話器側へ大きく誘導されないように防止する**防側音回路** (anti-sidetone circuit) が設けられている。

図 1.22 は，防側音回路の原理を示したものである。3 個の誘導コ

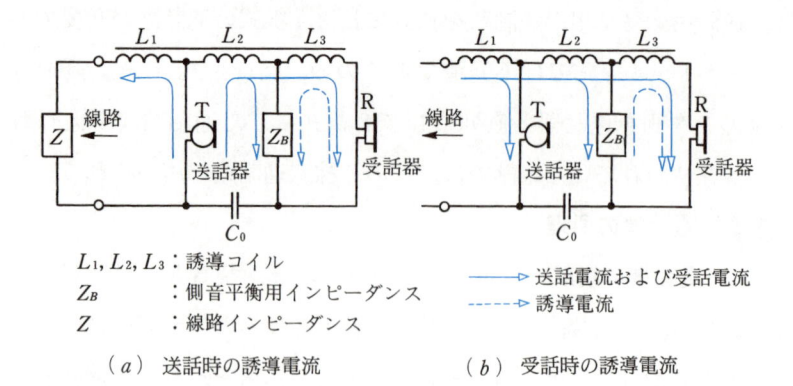

L_1, L_2, L_3：誘導コイル
Z_B　　　：側音平衡用インピーダンス
Z　　　　：線路インピーダンス

　　　→ 送話電流および受話電流
　　　⇢ 誘導電流

　　(a) 送話時の誘導電流　　　　(b) 受話時の誘導電流

図 1.22　防側音回路

イルのうち，L_1，L_2 により L_3 に誘導する電流が，送話時と受話時とで逆方向になるよう構成されている．送話時には，図(a)のように，L_1 と L_2 とに逆方向の送話電流が分配されて流れるため，L_1，L_2，L_3 を通過する磁束はたがいに打ち消し合い，L_3 と受話器にはほとんど電流が流れない．

受話時には，図(b)のように，L_1 と L_2 とに同方向の受話電流が流れ，L_1，L_2，L_3 を通過する磁束は加え合わされ，L_3 と受話器に同方向の受話電流と誘導電流が流れることになる．

(c) **信号回路**　電話機では，電話番号を選択する信号や呼出信号はダイヤル操作で作られる．また，呼出信号を受けるためにベルが取り付けられている．

ダイヤル操作は，図 1.23 のような押しボタンダイヤルで行われる．押しボタンを押すことによって，高域，低域の可聴周波数群から

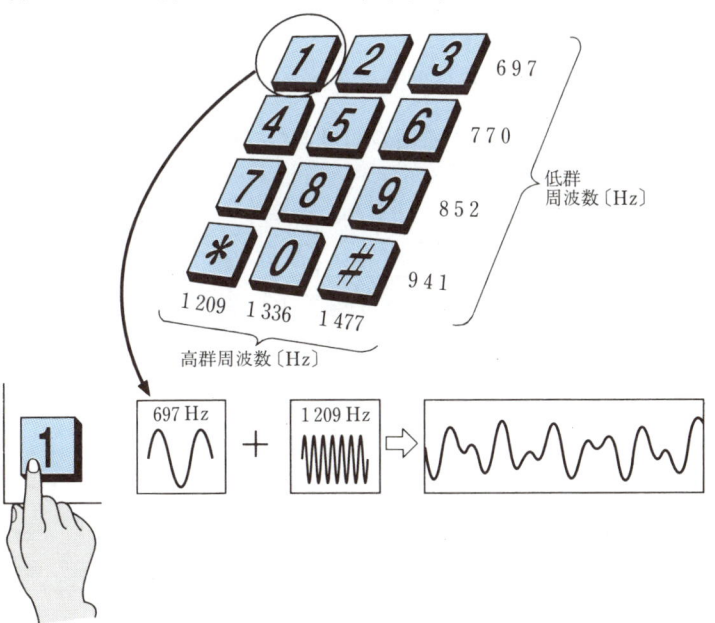

図 1.23　押しボタンダイヤルの周波数配置

36   1. 有線通信

それぞれ一つずつ周波数を発信させ，それを組み合わせて局に送り出す方式である。

　図は，ダイヤル信号の2周波の組み合わせを示したもので，例えば，1のボタンでは，その行および列に相当する接点を閉じて，697 Hz と 1 209 Hz の二つの周波数が組み合わされて交換局に送り出される。

　そのほか，数字の組み合わせによって，列車などの座席予約，銀行の残高照会などのいろいろなサービスが利用できる。

　ベルの構造は，図 1.24 のように，プランジャ形電極駆動装置と音片による発音体とを組み合わせたものである。交換機から，16 Hz, 75 V の呼出し交流信号電流が電磁石のコイルに流れると，プランジャが磁化される。磁化されたプランジャは，永久磁石による磁界との間で吸引，反発し合って左右に振動し，両側に置かれた音片を打って音を発生する。

　最近の電子化電話機では，三つの方形波（例えば，1 300, 1 000, 12 Hz）を組み合わせて3種類の信号として呼出しを知らせるトーン

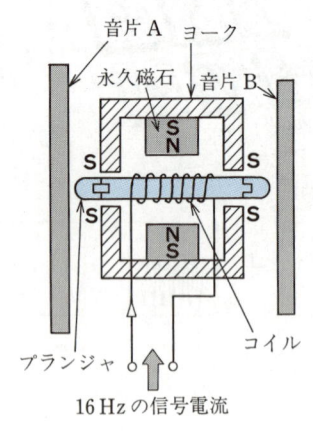

図 1.24　ベルの構造

リンガ音が使われている。

3 電話機の回路例

(a) 押しボタン式電話機　図 1.25 は，押しボタン式 601 P 形電話機の回路構成を示したものである。この電話機には，ダイヤル回路に，押しボタンダイヤル信号を送出するための LSI が入っている。おもな回路の役割について調べてみよう。

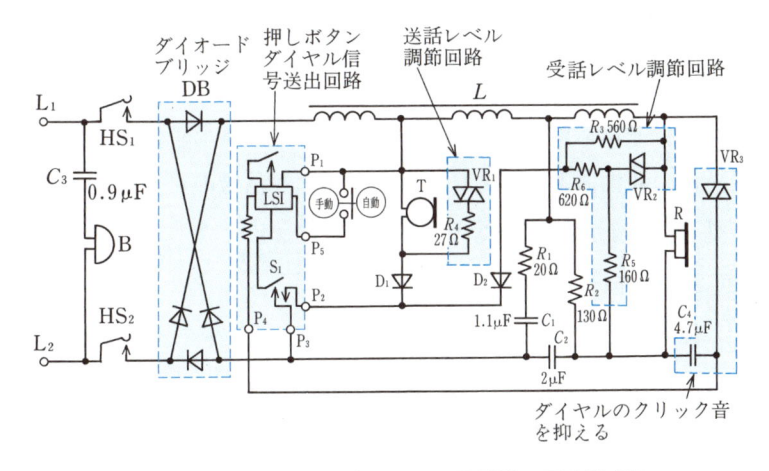

図 1.25　押しボタン式 601 P 形電話機の回路構成[†1]

1) ダイオードブリッジ（極性一致ダイオード）回路　ダイヤル信号を発生させる発振器への供給直流電源の極性を一定に保つための回路である。電話回線の電圧の極性が反転[†2]しても，ダイオードブリッジ DB により，LSI への電源の極性が変わらないようにする。

2) 押しボタンダイヤル信号送出回路　押しボタンダイヤル信号（PB 信号）は，LSI の発振回路において，低群 4 周波数と高群 3 周波数の中から，それぞれ 1 周波ずつを組み合わせて 2 重トーンを発

[†1] 抵抗器の図記号は，JIS C 0617-4 : 1997 に ─▭─ と定められているが，本書では，広く慣用されている図記号を使用する。
[†2] 電話回線の極性は電話機との接続の過程において変化する。

生させる。

　押しボタンダイヤル信号送出回路は，周波数変動の少ない水晶振動子の発振周波数を分周するディジタル回路と，二つの周波数を合成する出力回路で構成されている。PB信号を作るためのこれらの回路は，同一チップ上に集積化されたLSIになっている。

　3）ダイオード対（D_1, D_2）　押しボタンダイヤル信号送出中，端子P_2の電位はダイオードD_1，D_2のアノード側電位よりも高くなるので，D_1，D_2は不導通状態になる。そのため，送話器TとR_3の抵抗とは，発振器の端子P_2から直流的に切り離される。これは，送話器抵抗の変化により，押しボタンダイヤル信号のレベルおよび波形が変動しないようにするためである。

〔回路動作〕

1. **発　信**　送受話器を上げると，フックスイッチHS_1，HS_2の接点が閉じて，L_1—HS_1—DB—L—T—D_1—P_2—P_3—DB—HS_2—L_2の直流ループが形成される。つぎに，ダイヤルすると押しボタンダイヤル信号が送出され，S_1の切り替え動作により送話回路は切り離されて，受話器によりダイヤル音が確認できる。この動作はつぎのようなループになる。

　　　　　L_1—HS_1—DB—L—P_1—LSI—P_3—DB—HS_2—L_2

2. **着　信**　呼出信号は，L_1—C_3—B—L_2のループでベルを鳴らす。そこで，送受話器を上げて応答すると，直流ループが形成されてベルの音を停止し，つぎのループで通話状態になる。

$$HS_1—DB—L\begin{array}{c}—T—D_1—P_2—P_3—\\ —R—C_2—\end{array}DB—HS_2—L_2 \quad (送話時)\\(受話時)$$

問 10.　図1.25の押しボタン式電話機の回路において，ダイオード

ブリッジ DB およびダイオード D_1, D_2 はなんのために入っているのか説明しなさい。

　(b) 電子化電話機　　いままでの電話機は，機械的な部分や各機能別の個別部品で構成されていたが，IC や LSI を使って電子的に置き換えた電話機を電子化電話機という。電子化電話機は，電話機の基本的機能のほかに，電子音を発生させるトーンリンガ，ハンズフリー回路[†1]，液晶表示回路，ダイヤル数字メモリ，これらを制御するマイクロコンピュータなどで構成されている。

　図 1.26 は，電子化電話機の構成例を示したものである。最近は，通話機能だけの電話機は少なく，留守番電話やコードレス電話の機能，さらにはファクシミリ機能なども持った電話機が普及している。

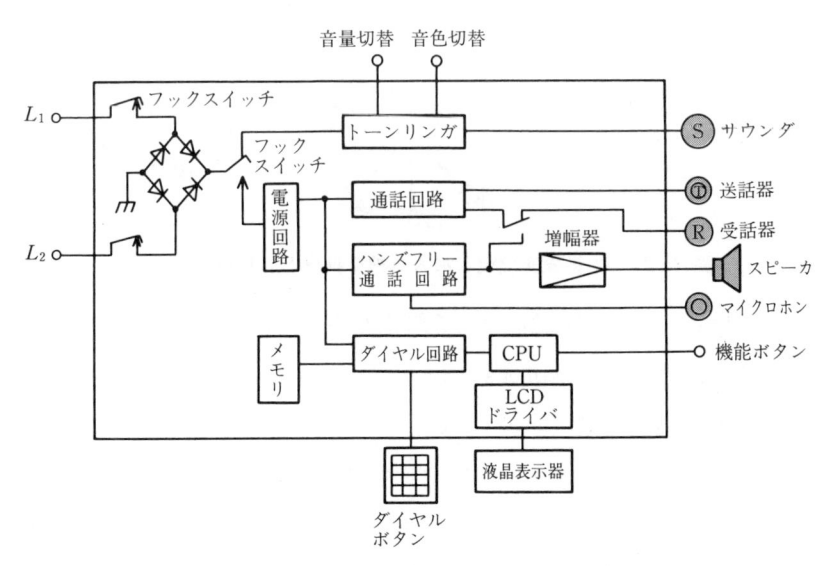

図 1.26　電子化電話機の回路構成例

[†1] 送受話器をマイクロホンとスピーカに置き換えて通話できるようにした回路で，通話中両手が自由に使える。

1.3.2　交換機

1　電話交換　多数の電話機の中から一つの電話機を選び出して，その間を接続して通話することを**電話交換**（telephone switching）といい，このような機能を持つ装置を**電話交換機**という。

電話の数が多くなると，一つの交換機だけで接続を行うことはできないので，図 1.27 のように，複数の交換機とこれらを相互に結合する中継線により，通信ネットワークが形成される。

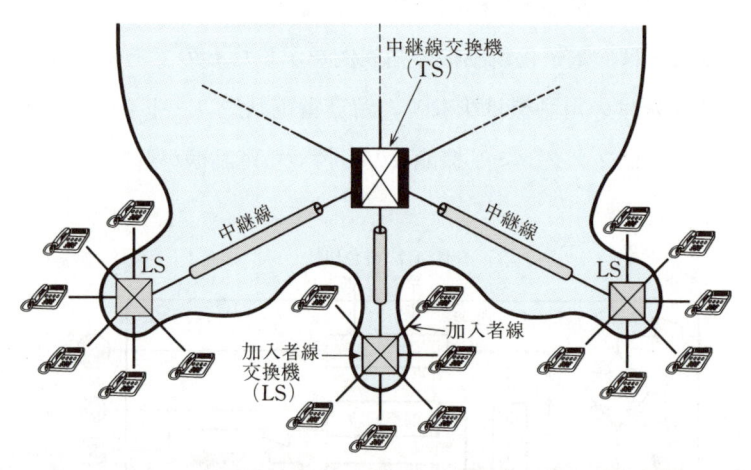

図 1.27　中継線交換機と加入者線交換機との接続（星状網）

交換機としては，電話機などの端末から交換機までの通信ケーブルである**加入者線**（subscriber's line）を取り入れ，それらの相互接続をする**加入者線交換機**（local switch，略して **LS**）と，中継線だけを取り込んで中継線の空き線を選択する**中継線交換機**（transit switch）がある。

市外電話をかけるとき，市外専用の交換機が中継線交換機になるが，大都市では多数の LS があるので，市内電話をかけるときでも LS と LS を結ぶ中継線交換機が使われる。中継線交換機を使うこと

により，通信ネットワーク全体の回線数が少なくてすむので経済的である。

　交換機の基本的機能は，加入者からの要求に応じて，端末機器や中継線間の接続を行うことである。加入者が送受話器を上げて，相手側を呼び出して通話が終了し，送受話器を下ろすまでの交換機の働きは，図 1.28 のようになる。

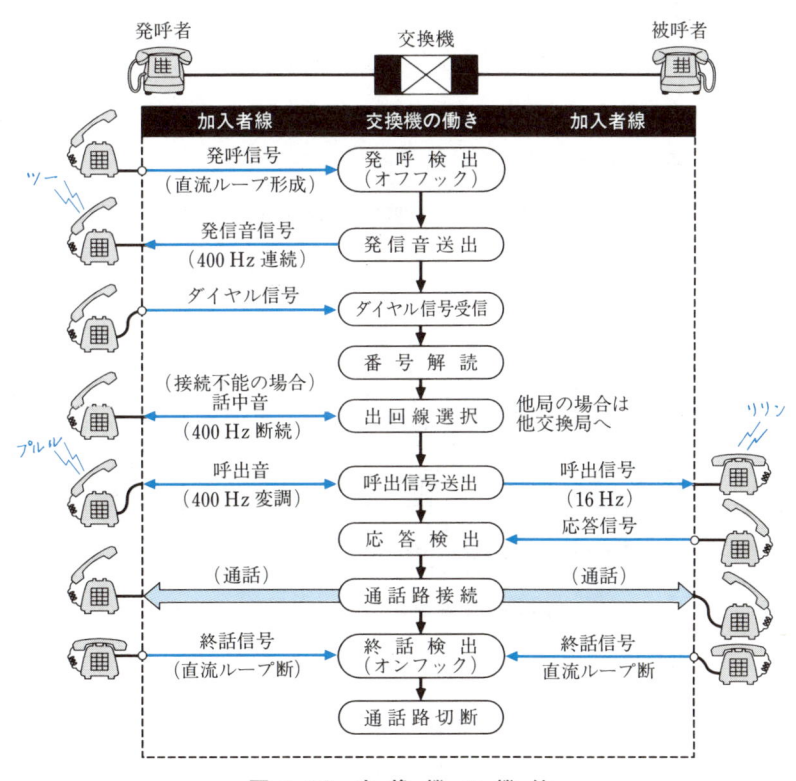

図 1.28　交　換　機　の　機　能

1　電話機からの発呼を検出し，発信音信号の送出により応答する。

2　発信者の電話機から送られる選択信号（接続相手番号）を受信

する。受信した番号を解釈し，自局内着信電話機または他局への出線を決定し，発信者と出線の空き経路を選択する。ここで，着信者，出線の経路がすべて使用中の場合は，発信者に話中音を送出する。

3 接続が完了すると，着信者に呼出信号を送るが，接続相手が他局であれば，相手番号を送出する。他局の交換機はそれを受けて，2 の動作を行う。

4 そこで，接続相手が応答すれば通話状態になる。

5 通話が終了すれば，発信者または着信者からの終話信号により，接続が開放される。

2 **交換機の基本構成**　交換機の基本構成を図1.29(a)に示す。

(a) 交換機の基本構成　　　(b) 格子スイッチ

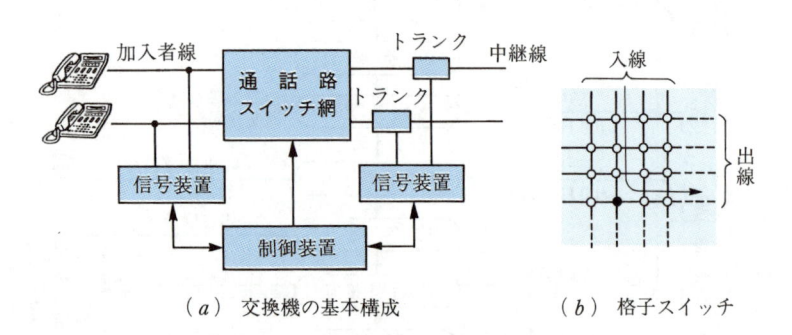

図1.29　交換機の構成

通話路スイッチ網は，図(b)のような格子スイッチからできており，入線と出線の間で任意の組み合わせで接続を行う。各交点にはリレー接点やトランジスタなどの電子ゲートを配置し，これを制御装置からの信号で開閉して経路が作られる。そして，自局内の加入者相互間や，中継線を通して他局の加入者に接続する。

また，制御装置は，信号装置から送られてくる選択信号を解釈し

て，通話路スイッチ網を制御する。

信号装置は，制御装置と連携しながら，交換機が図 1.28 に示す働きを行うのに必要な信号を，加入者線，中継線を通して送信・受信する。

トランクは，通話電流の供給や終話監視，信号の中継などを行う。

交換機は，最初，交換手がつなぐ手動交換機から，電話機のダイヤル信号に応じて動作する自動交換機に替わり，その交換機も，ステップバイステップ方式から，クロスバ方式，電子交換方式，ディジタル方式へと移行してきている。

問 11. 交換機の基本的な動作として，発信加入者と着信加入者の通話路接続までの過程について簡単に説明しなさい。

3 ディジタル交換機　　クロスバ交換機や電子交換機では，機械接点や電子スイッチの開閉によって，音声のようなアナログ信号をそのままの形で交換している。このような交換機は**アナログ交換機**と呼ばれる。

これに対して，**ディジタル交換機**は IC や LSI などの半導体素子で構成され，論理ゲートの開閉や記憶装置への蓄積などを利用して，ディジタル信号の交換を行う装置である。現在用いられている交換機はほとんどがディジタル交換機である。

図 1.30 にディジタル交換機の外観を示す。

（a）ディジタル交換機によるアナログ信号の変換　　音声のようなアナログ信号をディジタル交換機で交換する場合は，あらかじめアナログ信号をディジタル信号に変換しなければならない。

この場合，ディジタル信号はすでに学んだ PCM 波であり，図 $1.$

44　　1. 有線通信

図 1.30　ディジタル交換機の外観

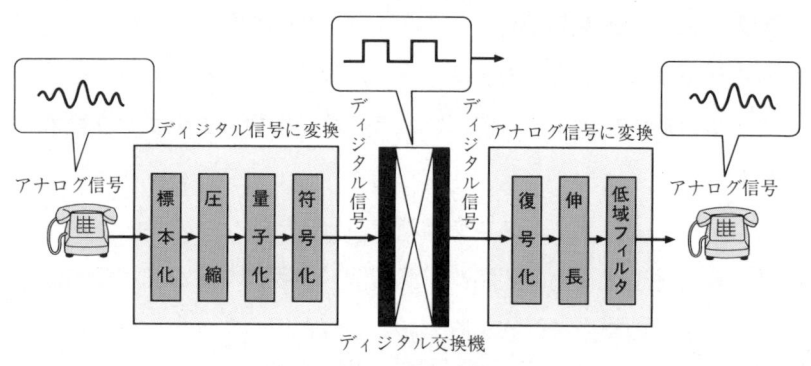

図 1.31　アナログ信号の交換

31 のように，標本化，圧縮[†1]，量子化，符号化の操作を行って作られる。

　ディジタル交換機によって交換操作が行われ，相手側にディジタル

[†1] 量子化誤差を均一にし，しかも少なくするために，振幅の小さい部分を拡大し，振幅の大きい部分を圧縮する。なお，量子化誤差が少ないと量子化雑音が少ない。

信号が届いてから,復号化,伸長[†1]の操作が加えられ,低域フィルタを通してもとのアナログ信号が得られる。

(**b**) **時分割交換**　一般に,PCMなどで符号化され,多重化された信号を,時分割通話路で交換することを**時分割交換**(time-division switching)という。例えば,図 *1.32* のように,ハイウェイ上で多重化されたタイムスロットの順序を入れ替えることによって,入線の信号A,B,Cを,希望する出線X,Y,Zに分配することができる。

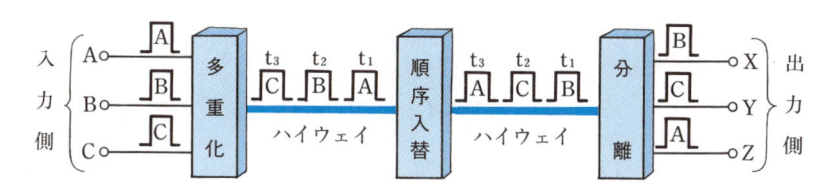

図 *1.32*　時 分 割 交 換

これは,符号化されたディジタル信号の時間的順序を出力側の決められた時間的位置に入れ替えることにより,交換処理を行っていることになる。

1) **時間スイッチ**　ハイウェイ上において多重化されたタイムスロットの順序を入れ替える装置として,**時間スイッチ**(time switch,略してTスイッチ)を用いる。時間スイッチは,図 *1.33* のようにつぎのものからなる。

◇　**通話メモリ**　符号化した音声情報を格納する記憶装置(タイムスロットの情報を記録)

◇　**制御メモリ**　通話メモリの書込みアドレス(位置),読出しアドレス(位置)を指定する記憶装置

[†1]　圧縮の逆操作を行うこと。

46　1. 有線通信

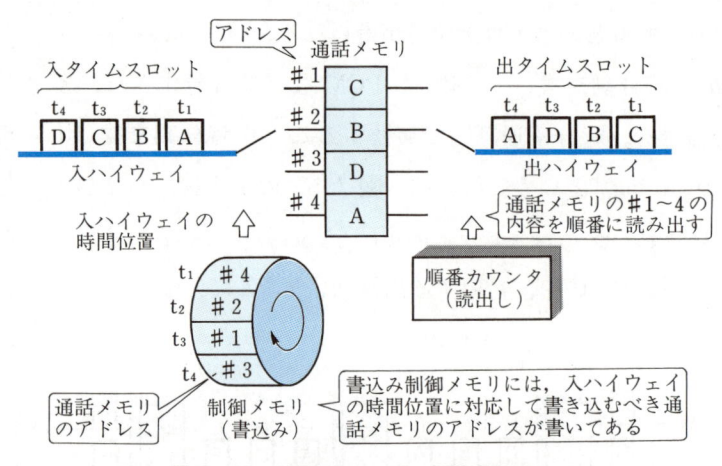

図 1.33　時間スイッチの交換動作の例

図中ラベル：アドレス／通話メモリ／入タイムスロット（t_4, t_3, t_2, t_1：D C B A）／入ハイウェイ／出タイムスロット（t_4, t_3, t_2, t_1：A D B C）／出ハイウェイ／#1 C, #2 B, #3 D, #4 A／入ハイウェイの時間位置／通話メモリの#1～4の内容を順番に読み出す／順番カウンタ（読出し）／制御メモリ（書込み）（t_1：#4, t_2：#2, t_3：#1, t_4：#3）／通話メモリのアドレス／書込み制御メモリには，入ハイウェイの時間位置に対応して書き込むべき通話メモリのアドレスが書いてある

◇　**順番カウンタ**　通話メモリに対して，符号化した音声情報を順番に読み出し，または書き込むためのカウンタ（タイムスロットの位置を示す）

図 1.33 のように，入ハイウェイのタイムスロット t_1, t_2, t_3, t_4 の内容 A，B，C，D は，制御メモリの指定に従って通話メモリに書き込まれる。図では，制御メモリの内容はアドレス 4，アドレス 2，…の順であるから，通話メモリには，アドレス 4 は A，アドレス 2 は B，アドレス 1 は C，アドレス 3 は D が書き込まれる。

そして，通話メモリの内容は，順番カウンタの内容に基づき，先頭から順番に出ハイウェイに読み出され，出ハイウェイ上には C，B，D，A の順で出力される。このようにして，信号パルス列は一部並べ替えられたことになる。

2) 空間スイッチ　ディジタル交換機には，この時間スイッチのほかに，図 1.34 のように，入ハイウェイと出ハイウェイの間に時分割スイッチを配列し，複数のハイウェイ間のタイムスロットの交換

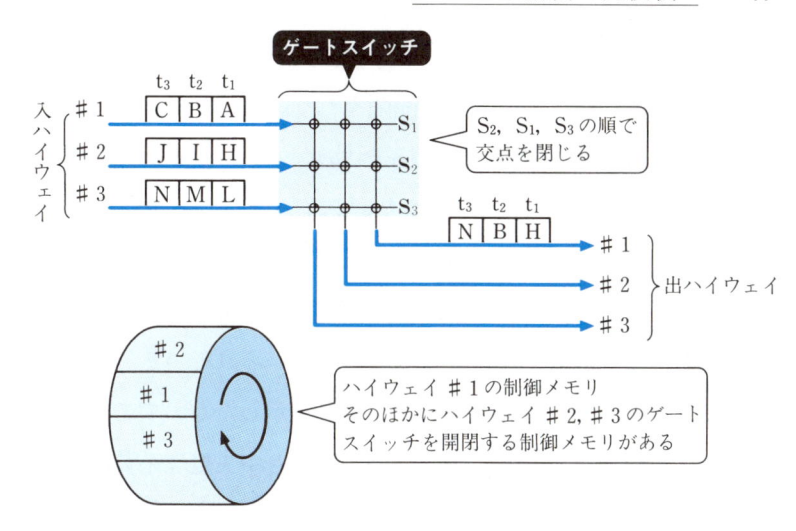

図 1.34　空間スイッチの原理

を行うスイッチがある。これは，チャネル間を時間的に入れ替えるのではなく，入ハイウェイと出ハイウェイ間を，ある時間だけ交点を閉じて接続するだけなので，**空間スイッチ**（space switch，略してＳスイッチ）または**ハイウェイスイッチ**（highway switch，略してＨスイッチ）と呼んでいる。

　図 1.34 において，制御メモリには出ハイウェイの各タイムスロット位置に対応して，ゲートを開く入ハイウェイの番号が指定してある。ゲートスイッチは，制御メモリのこの指定によって開閉を行う。

　例えば，制御メモリが図のような指示であれば，タイムスロット t_1 の情報は，入ハイウェイ＃2 に対応した t_1［H］がスイッチ S_2 を通って，出ハイウェイ＃1 の t_1 に送り出される。また，タイムスロット t_2 の情報は，入ハイウェイ＃1 に対応する t_2［B］が S_1 を通って，出ハイウェイ＃1 の t_2 に送り出される。同様に，タイムスロット t_3 の情報は，入ハイウェイ＃3 の t_3［N］が S_3 を通って，出ハイウェイ＃1 の t_3 に送り出される。

1. 有線通信

◇ **ゲートスイッチ**　入ハイウェイと出ハイウェイで格子状のゲートを作り，ゲートスイッチの開閉を行う。

◇ **制御メモリ**　接続したい格子状のゲートスイッチの開閉を指示する。（出ハイウェイ対応により，タイムスロット単位にどの入ハイウェイのゲートを閉じるかを指示する）

ディジタル交換機では，図 1.35 のように，時間スイッチと空間スイッチを組み合わせて交換を行う方法が用いられている。

図 1.36 はディジタル交換機の基本構成を示したものである。

ディジタル交換機は，おもに通話路系装置と中央処理系装置に大別

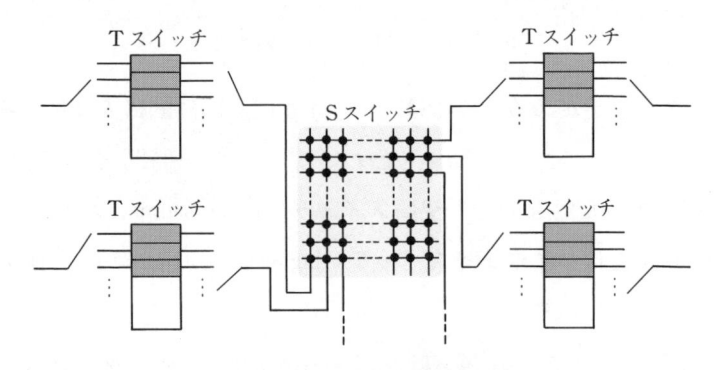

図 1.35　T-S-T 構成の例

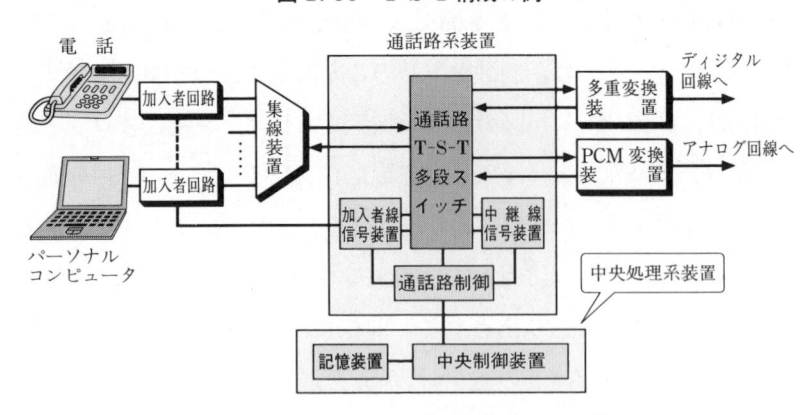

図 1.36　ディジタル交換機の基本的な構成

される。通話路系装置は，時間スイッチ（T）と空間スイッチ（S）を組み合わせた通話路 T-S-T 多段スイッチ装置や加入者線信号装置，中継線信号装置などから構成されている。また，中央処理系装置はプログラムやデータを記憶する記憶装置とプログラムに従って通話系装置を制御する中央制御装置などから構成されている。なお，集線装置は，加入者線を収容し，加入者線への電源を供給する。

問 12. ディジタル交換技術に関してつぎの問に答えなさい。
(*a*) 時間スイッチの働きを説明しなさい。
(*b*) 空間スイッチの働きを説明しなさい。

問 13. アナログ交換機と比較し，ディジタル交換機の特徴を説明しなさい。

1.4 通信ケーブル

電気通信で信号電流を伝送する通信ケーブルとしては，平衡対ケーブル，同軸ケーブルと光ファイバケーブルがある。ここでは，通信ケーブルの伝送損失，インピーダンス整合，漏話などについて調べ，あわせて通信ケーブルの構造や特性について学ぶことにする。

1.4.1 通信ケーブルの特性

1 伝送損失と特性インピーダンス 通信ケーブルには，抵抗 R のほかに，微小ながら自己インダクタンス L，通信ケーブル間の静電容量 C と漏れコンダクタンス G が分布する。これらが原因となって伝送損失が生ずる。R，L，C，G の単位長さあたりの値を通信ケーブルの**1次定数**という。

このような通信ケーブルに信号電流を流すと，信号の振幅が減衰したり，送端と受端の位相が遅れたりする。通信ケーブルの単位長さあたりの減衰の度合いを示す値を**減衰定数**（attenuation constant）α といい，位相の変化を**位相定数**（phase constant）β という[†1]。これらを通信ケーブルの**2次定数**という。

[†1] 減衰定数 α の単位には〔dB/km〕，位相定数 β の単位には〔rad/km〕が用いられる。

通信ケーブルの伝送損失を小さくするには，通信ケーブルの R，G，C の値を小さくすればよいが，G，C については，心線の絶縁抵抗を高めたり，誘電率の小さい絶縁材料を用いる。R を小さくするには，心線の直径を太くする必要があるが，経済的な負担は大きくなる。

一般に，単位長さあたりの伝送量には，実用上，常用対数をもとにした**デシベル** (decibel) 〔dB〕が用いられている。デシベルは，送端と受端における入力電力 P_1 と出力電力 P_2 の比をとって

$$（伝送損失）= 10 \log_{10} \frac{P_1}{P_2} \quad 〔\mathrm{dB}〕 \qquad (1.1)$$

として表すことができる。

ここで，通信ケーブル上のどの点においても，電圧と電流の比は一定である。これを通信ケーブルの**特性インピーダンス** (characteristic impedance) という。特性インピーダンスも 2 次定数の一つであり，一般に Z_0 〔Ω〕で表す。これを 1 次定数で表せば次式のようになる。

$$Z_0 = \sqrt{\frac{R + j\omega L}{G + j\omega C}} \quad 〔\Omega〕 \qquad (1.2)$$

ここで，$\omega = 2\pi f$ であり，f は電源の周波数である。

特性インピーダンス Z_0 は，R，L，G，C および周波数 f だけに関係し，通信ケーブルの長さに無関係であり，通信ケーブル上のどの点においても一定の値となる。この場合の伝送損失を電圧比および電流比で表すと

$$（伝送損失）= 20 \log_{10} \frac{V_1}{V_2} = 20 \log_{10} \frac{I_1}{I_2} \quad 〔\mathrm{dB}〕 \qquad (1.3)$$

となる。

2 **通信ケーブル上の進行波と反射波**　　図 $1.37(a)$ のように，特性インピーダンス Z_0 の有限長の通信ケーブルの受端に，Z_0 と異

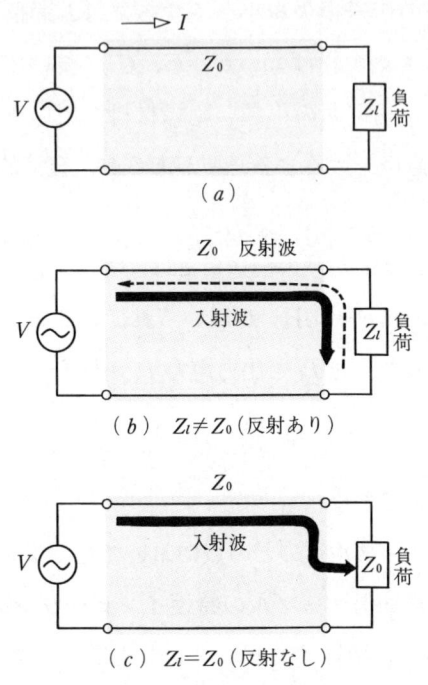

図 1.37　伝送線路の反射波

なるインピーダンス Z_l を接続すると，電圧と電流の進行波の一部は，図(b)のように受端で反射する。

このように，反射により送端方向に流れる入力信号の一部を**反射波** (reflected wave) といい，反射する前の入力信号を**入射波** (incident wave) という。

しかし，通信ケーブルの受端を特性インピーダンス Z_0 と等しい値にすれば，図(c)のように反射波は生じない。

このように，負荷インピーダンス Z_l と通信ケーブルの特性インピーダンス Z_0 が等しくない場合，負荷は通信ケーブルと**不整合** (mismatching) であるといい，これに対して，Z_0 に等しいインピーダンスを受端に接続し，反射を生じさせないことを**インピーダンス整合**

(impedance matching) という。

問 14. 送端と受端において，入力電力 P_1 が $100\,\mathrm{mW}$ で，出力電力 P_2 が $10\,\mathrm{mW}$ とすれば，通信ケーブルの減衰量 a はいくらになるか。ここに，通信ケーブルのインピーダンスはすべて整合がとれているものとする。

例題 2.

インピーダンス整合の方法の一つとして，図 1.38 のように，変成器を挿入する方法がある。入力側 Z_1 と出力側 Z_2 のインピーダンス整合をとるための巻数比 n はいくらにしたらよいか。

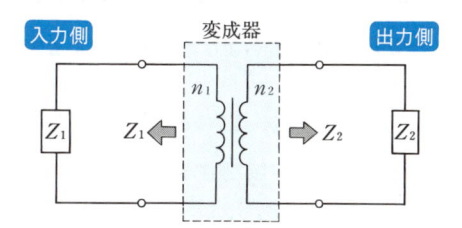

図 1.38 変成器によるインピーダンス整合

解答 入力側の巻数を n_1，出力側の巻数を n_2 とする。巻数比の 2 乗はインピーダンス比に比例するので

$$n^2 = \left(\frac{n_1}{n_2}\right)^2 = \frac{Z_1}{Z_2}$$

$$\therefore\ n = \frac{n_1}{n_2} = \sqrt{\frac{Z_1}{Z_2}} \qquad (1.4)$$

問 15. 特性インピーダンス $1\,200\,\Omega$，$600\,\Omega$ の通信ケーブルを接続する場合，反射による伝送損失をなくすにはいくらの巻数比の変成器を用いたらよいか答えなさい。

3 漏　　話

図 1.39 のように近接した二つの回線があるとき，一つの回線（誘導側）の電気信号が他の回線（被誘導側）に漏れる現象を**漏話**（crosstalk）という。

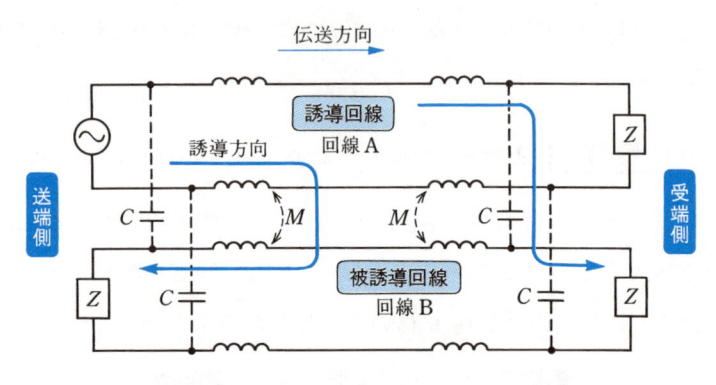

図 1.39　電磁結合および静電結合による漏話

漏話の原因には，図のように，二つの回線相互間の相互インダクタンス M による電磁結合と，回線間の静電容量 C による静電結合がある。一般に，線路の伝送周波数が高くなると，M または C の結合度が大きくなって漏話が増加する。

漏話の大きさは，ある回線が受ける漏話の絶対量を示すもので，回線 A から回線 B に対してどのくらいの割合で減衰するかを表す量である。式で表すとつぎのようになる。

$$（漏話減衰量）= 10 \log_{10} \frac{P_s}{P_a} \ 〔\mathrm{dB}〕 \tag{1.5}$$

ここに，P_s は誘導回線の信号電力，P_a は被誘導回線の漏話による電力である。

また，漏話には，図 1.40 のように，通信ケーブルの送端側に現れる**近端漏話**（near-end crosstalk）と，受端側に現れる**遠端漏話**（far-end crosstalk）がある。

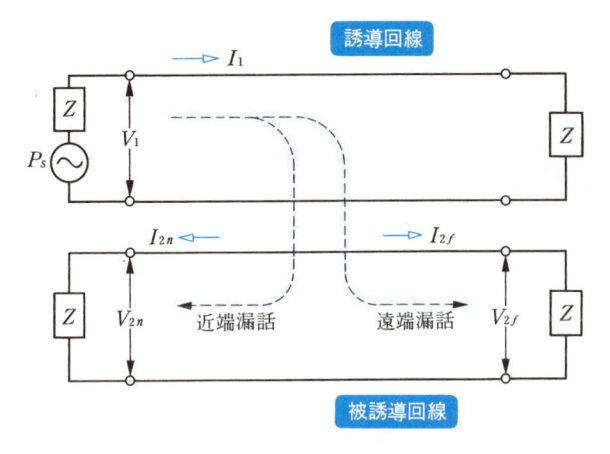

図 1.40 近端漏話と遠端漏話

近端漏話減衰量および遠端漏話減衰量はつぎの式で表される。

$$（近端漏話減衰量） = 10 \log_{10} \frac{P_s}{P_n}$$

$$= 10 \log_{10} \frac{V_1 I_1}{V_{2n} I_{2n}} \ [\text{dB}] \quad (1.6)$$

$$（遠端漏話減衰量） = 10 \log_{10} \frac{P_s}{P_f}$$

$$= 10 \log_{10} \frac{V_1 I_1}{V_{2f} I_{2f}} \ [\text{dB}] \quad (1.7)$$

ここに，P_s は誘導回線の信号電力，P_n, P_f は被誘導回線の漏話による電力，V_1, I_1 は誘導回線の電圧，電流，V_{2n}, I_{2n}, V_{2f}, I_{2f} は被誘導回線の漏話による電圧，電流である。

漏話は，近端では電磁結合によるものと静電結合によるものが加わり，遠端ではその差となって現れるので，一般に，遠端漏話量よりも近端漏話量のほうが大きく，信号に与える影響が大きい。

問 16. 図 1.39 の回線 A の入力に 500 mW の信号を加えたとき，回

線Bに0.005 mWの漏話電力を生じた。漏話減衰量はいくらになるか求めなさい。

1.4.2　通信ケーブルの種類と構造

通信ケーブルには架空ケーブルまたは地下ケーブルが多く使われ，用途によって，図1.41のようなケーブルが使われている。

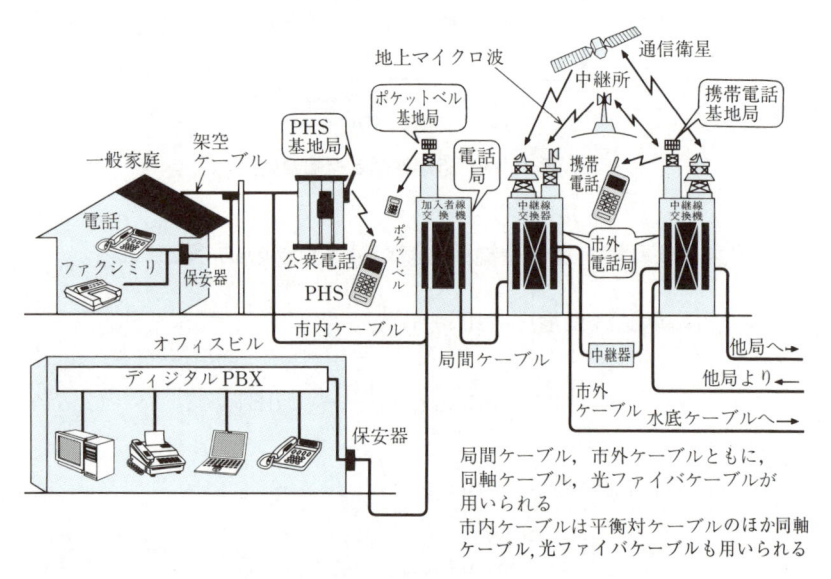

図1.41　いろいろな通信ケーブル

1　市内ケーブル　市内ケーブル (city cable) には，おもに**平衡対ケーブル** (balanced pair cable) が用いられる。平衡対ケーブルの構造は，ポリエチレン（PE）または塩化ビニル（PVC）などで絶縁した軟銅単線（直径0.3～0.9 mm程度）を心線とし，これをさらによりあわせて作られている。心線の2本1組を**対** (pair) といい，2対4本の組を**カッド** (quad) という。

ケーブルは，心線間の静電容量をできるだけ少なくするために，心

(a) 心線のより合わせ方　　　(b) ユニットケーブル

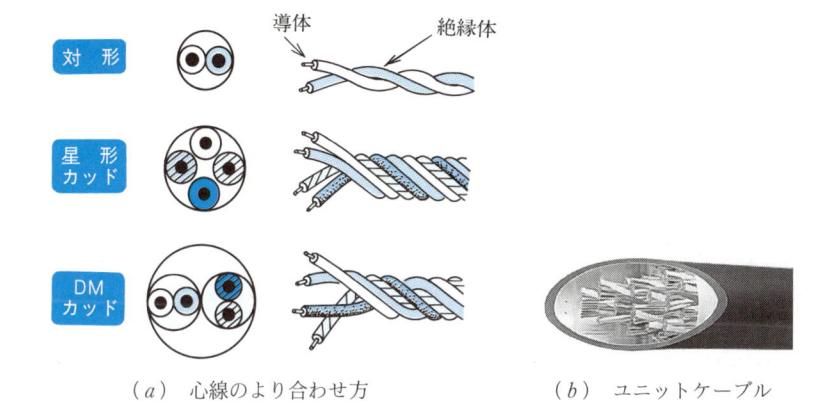

図 1.42　市内ケーブルの構造

　線間隔を一定とし，また心線のより合わせ方により，図 1.42 (a) のように，**対形**，**星形カッド** (star quad)，**DM カッド**[†1] がある。

　対形は，心線 2 本を平等により合わせて 1 対としたものであるが，対数が多くなると断面積が大きくなる欠点があるので用いられていない。星形カッドは，漏話を少なくするために，心線 4 本を一緒により合わせて 1 組にしたものである。また，DM カッドは，2 対の対よりをさらにより合わせたものであるが，外径が大きくなる。このような対やカッドを数十組まとめてケーブルにしたものを**層** (layer) という。

　これらをさらに集合してケーブルを作ったものが図 (b) のような**ユニットケーブル** (unit cable) である。これら平衡対ケーブルは，構造が簡単で安価であるため，電話交換局と端末機器間の加入線や 10 m 以下の短距離回線に用いられている。

　2　市外ケーブル　　**市外ケーブル** (toll cable) は，長距離回線

---

†1　Dieselhorst および Martin らによって考案されたケーブルをいう。

の局間中継ケーブルとして使われるが，ケーブルが長くなると，通信回線相互間に静電容量の不平衡や電磁誘導などを生じて，信号が他の回線に漏れることがある。すでに学んだ星形カッドやDMカッドのケーブルは，各カッドのより合わせ方を変えたりして漏話を生じないようにしている。

このようなケーブルでも，周波数が高くなると，ケーブル心線間で電界，磁界の結合が大きくなって，電磁界が外部に広がり，他の回線との相互結合となって誘導妨害や漏話が大きくなる。

(a) 同軸ケーブル 高い周波数の場合には，図 $1.43(a)$ のような**同軸ケーブル**[†1] (coaxial cable) が用いられる。図 (b) のように，内部導体（コア）と外部導体（シース）との絶縁には，高周波における誘電損の少ない材料が用いられている。そのため，電磁界の発生は内部導体と外部導体間だけで，外部に対する影響が少なく，数百

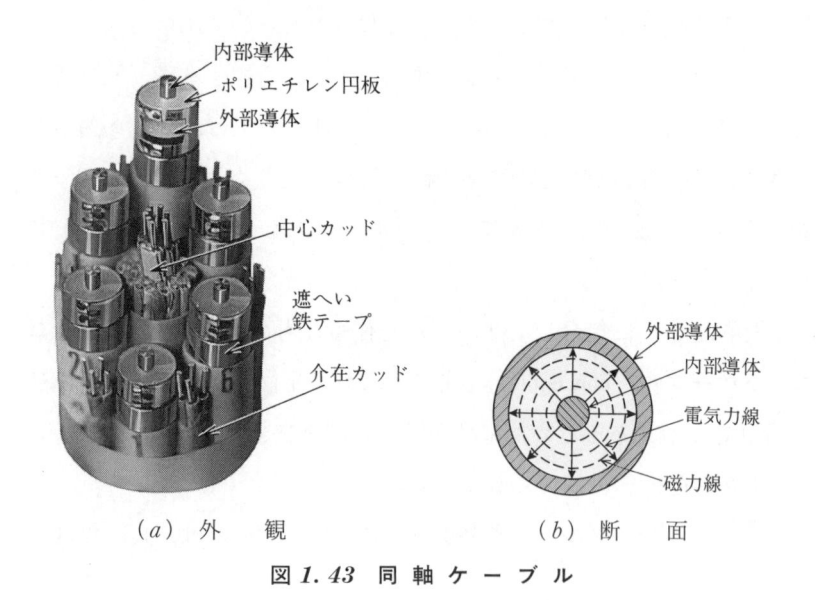

(a) 外　観　　　　　(b) 断　面

図 1.43 同軸ケーブル

[†1] 同軸ケーブルは，平衡対ケーブルと対比して**不平衡ケーブル**とも呼ばれる。

MHz 程度までの広帯域伝送を行うことができる。

　一般に，ケーブルは，周波数が高くなると，おもに誘電損によって減衰量が増加するので，発泡ポリエチレンを絶縁物に用いたりして誘電損を少なくしている。

問 17. ケーブルの誘電損とはどんな現象か説明しなさい。

　(b) 光ファイバケーブル　図 1.44(a) は**光ファイバ**（optical fiber）の基本的な構造である。光ファイバは，図のように，光[†1]をよく透過する屈折率の高いコアと，その周りの屈折率の低い（0.2〜数 % 程度）クラッドからできており，さらにその外側を合成樹脂で被覆している。

　光は，図(a)のように，光ファイバの中を全反射を繰り返しながら

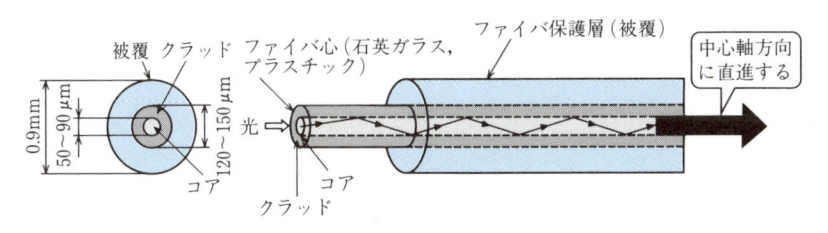

(a) 光ファイバの基本的な構造

(b) 光ファイバケーブルの外観

図 1.44　光ファイバケーブル

[†1] 光ファイバケーブルで使用する光の波長は，伝送損失の小さい 0.85 μm，1.3 μm 帯が用いられている。

中心軸方向に直進する。このような光ファイバを多数束ねたものが**光ファイバケーブル**（optical fiber cable）である。図(b)に光ファイバケーブルの外観を示す。

　光ファイバケーブルの外径は 0.9 mm 程度で，コア径が数十 μm 程度，クラッド径が 125 μm のものが一般的に用いられている。

　光ファイバケーブルは，長い距離を伝送しても信号の減衰が小さく，周波数帯域が広いことや，外部からの雑音や誘導妨害を受けにくいなどの特徴がある。同軸ケーブルに代わって長距離伝送にも使われ，さらに短距離回線にも使われるようになった。

1.5 データ通信

　データ通信システムは，情報処理装置としてのコンピュータと，遠隔地に設定された端末装置をデータ回線で結び，データの伝送と処理を一体として行うシステムである。身近にある例として，現金の預金や引出しなどを行う銀行の現金自動預入支払機がある。そのほか，鉄道や飛行機の座席予約システムなどがある。

　このように，データ通信では，多数の利用者が遠隔地から大形のコンピュータを共同利用することができるので，経済的にも大きな効果が得られる。

　ここでは，データ通信に関するデータ伝送，プロトコル，ネットワークアーキテクチャ，さらに，データ通信網の利用形態であるISDNについて学ぶことにする。

1.5.1　データ通信システム

1　データ通信システムの基本構成　コンピュータと端末装置の間や，コンピュータどうしで行われる通信を**データ通信**（data communication）といい，伝送される情報はコンピュータで処理される。

　データ通信システムは，図 1.45 のように，データの送受信を行うための**データ端末装置**（data terminal equipment，略して **DTE**），データの処理を行う**センタ装置**，およびこれらの装置間の送受信通路としてデータ伝送を行う**データ回線**（data circuit）から構成される。こ

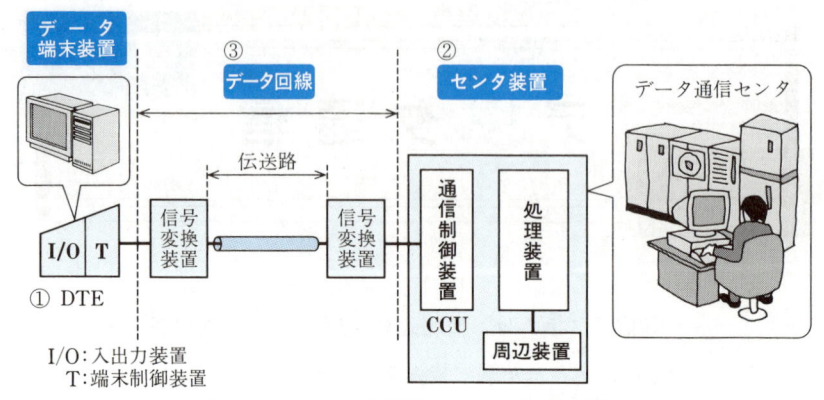

図 1.45 データ通信システムの基本構成

のような通信システムは，コンピュータとデータ回線が直結されることから**オンラインシステム**（online system）と呼ばれている。

◇ **データ端末装置** データ端末装置は単に**端末装置**または**端末**ともいい，データの入出力を行う入出力装置[†1]（input-output unit）と，送受信制御や誤り制御などを行う端末制御装置[†2]からなっている。

◇ **センタ装置** センタ装置の中の**通信制御装置**（communication control unit，略して **CCU**）は，多数のデータ端末装置と，センタ装置のコンピュータ本体である処理装置とのインタフェースの役割を果たす装置であり，データを円滑にやりとりするためのいろいろな制御を行う。

◇ **データ回線** データ回線は，信号変換装置と伝送路からなる。信号変換装置は，データ回線と，センタ装置またはデータ端末装置の間の信号の変換を行う装置である。

データ回線は，伝送する信号の形式により，**アナログ回線**と**ディジタル回線**とがある。

[†1] キーボード，ディスプレイ，プリンタなど。
[†2] 端末制御装置には，伝送制御用のソフトウェアなどが組み込まれている。

アナログ回線である電話回線を使ってデータ通信を行う場合は，図1.46(a)のように，端末装置から送られてくるディジタル信号をアナログ信号に変換する必要があるため，データ回線終端装置として**モデム**（modulator-demodulator，略して**MODEM**）または**変復調装置**が用いられる。端末装置からのデータ信号は，モデムによってアナログ信号に変換された後，電話回線に送られる。

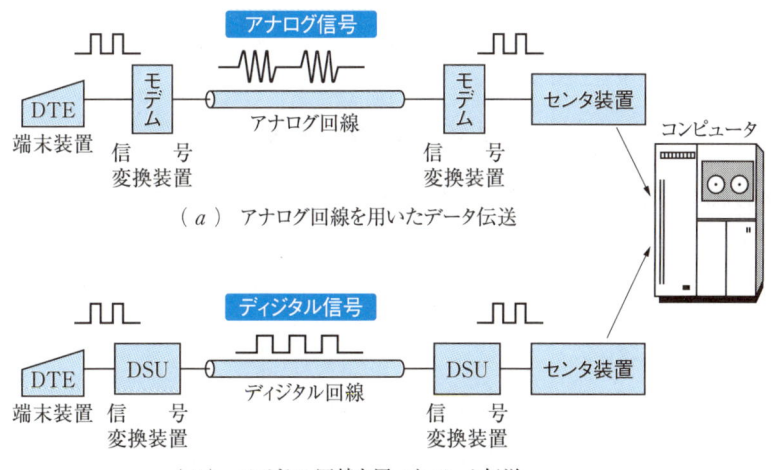

(a) アナログ回線を用いたデータ伝送

(b) ディジタル回線を用いたデータ伝送

図1.46　データ伝送

これに対して，図(b)のように，ディジタル回線によるデータ通信では，信号変換装置として，端末装置からのデータ信号をディジタル回線の信号レベルに合わせるために**DSU**（digital service unit）が用いられる。端末装置からのデータ信号は，DSUによって，1ビットずつ時間をずらして送る直列データに変換された後，ディジタル回線に送られる。

2　データ回線　　データ回線は，利用形式により，特定の相手と1対1でデータ通信を行う**専用回線**と，図1.47のように，セン

図 1.47 交 換 回 線

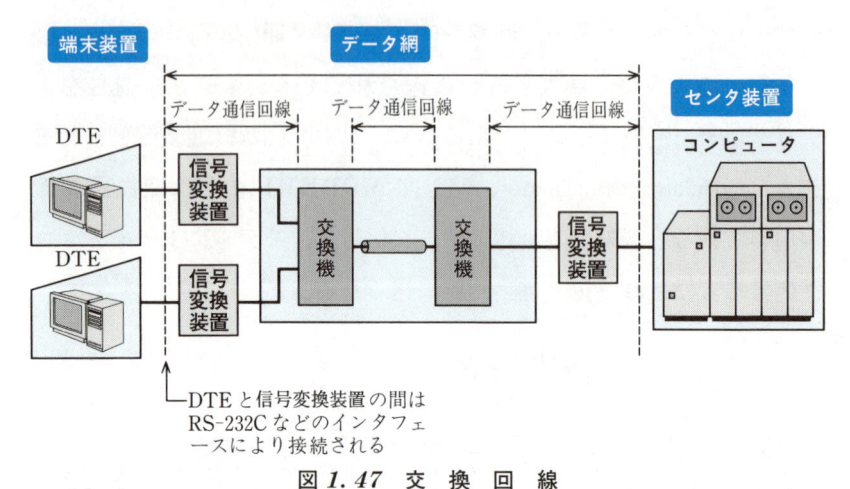

タ装置が，不特定多数の端末装置とデータのやりとりをする**交換回線**に大別できる．図のように，データ回線に交換機[†1]が介在する場合は，端末装置とセンタ装置を結ぶ送受信通路は**データ網**（data network）と呼ばれる．

図 1.48 に利用形式によるデータ回線の分類を示す．

(**a**) **専 用 回 線**　専用回線は，データ回線のうち特定地点間を

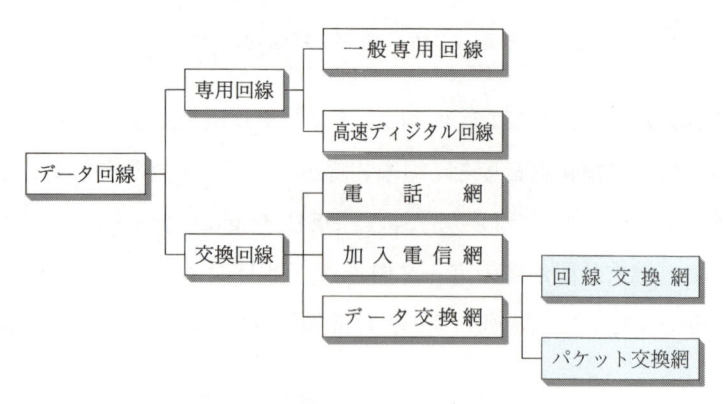

図 1.48　利用形式によるデータ回線の分類

[†1]　データ変換装置（data switching exchange，略して DSE）ともいう．

専用に借りて通信を行う回線である。専用回線は，回線が固定しているので，利用したいときはいつでも使えることや，高速，広帯域伝送ができる特徴がある。そのため，官公庁，警察，企業などの重要回線として用いられる。

(**b**) **交換回線** 交換回線は，必要に応じて通信者相互に伝送路を設定し，ダイヤル機能により相手の端末装置を選択して接続される回線である。

交換回線は，任意の相手と通信が可能であり，必要に応じて，通信を行う両者間に伝送路を設定するので，回線を有効に利用できる。

電話網や加入電信網もデータ通信に利用されているが，それらは電話または電信に適したものであり，端末装置とのインタフェース上の制約や伝送速度の限界もあるので，データ通信に適した通信ネットワークとはいえない。

データ交換網 (data switching network) は，端末装置から端末装置まですべてディジタル回線で構成されたデータ通信専用の通信ネットワークである。これまでの電話網や加入電信網によるデータ通信に比べると，伝送速度の高速化，接続時間の短縮，伝送品質の向上が図られ，さらに，速度変換，符号変換，データの蓄積などによる新しいサービスが可能になる。

データ交換網には，**回線交換網** (circuit switching network) と**パケット交換網** (packet switching network) の2種類がある。

1) **回線交換網** データ通信が行われるときだけ，通信相互間の回線を確保して接続する方式を**回線交換方式** (circuit switching system) といい，原則的には従来の電話サービスをデータ通信用に，高速，高品質にしたものである。回線交換網は，この回線交換方式を用いたデータ交換網である。

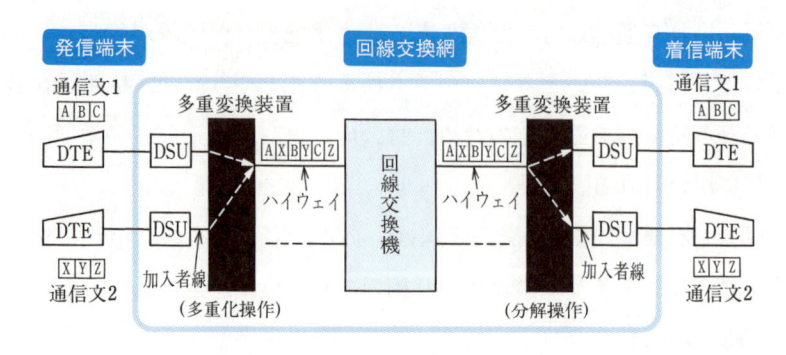

図 1.49 回線交換の原理

図 1.49 に回線交換の原理を示す。回線交換網は，加入者線，ハイウェイ，多重変換装置および回線交換機から構成されている。

回線交換網の伝送路は，PCM 波によるディジタル信号のハイウェイである。多重変換装置により TDM で多重化された複数のデータ信号は，ディジタル信号のままで回線交換機によって交換される。

発信加入者と着信加入者の端末間を回線交換機で接続した後，加入者は，使用コードや伝送制御手順に基づいて，決められた範囲内の速度でデータを伝送することができる。このため，長いデータの通信や，多量，高速度の通信に適している。

2) パケット交換網　端末相互間をパケット交換網で接続する**パケット交換方式**（packet switching system）では，発信端末から送り出されたデータは，パケット交換機でいったん受信されて，記憶装置に蓄積され，パケット交換網内を高速で伝送されて，着信端末に送り届けられる。

この場合，パケット交換網内を伝送されるデータは，**パケット**（packet）と呼ばれる一定長のブロックに分割され，各ブロックごとに，宛先番号，分割順序を示すシーケンス番号，誤り訂正符号など伝送に必要な制御情報を含んだヘッダが付けられる。

1.5 データ通信

　パケット交換機は，パケットを空いている回線を経由して宛先局の交換機に高速で伝送する。宛先局の交換機に到着したパケットは，その宛先により自動的に区分され，伝送誤りや分割順序をチェックして，着信端末に送られる。

　図 1.50 にパケット交換の原理を示す。図中の A，B，C はそれぞれ一つのパケットを表している。

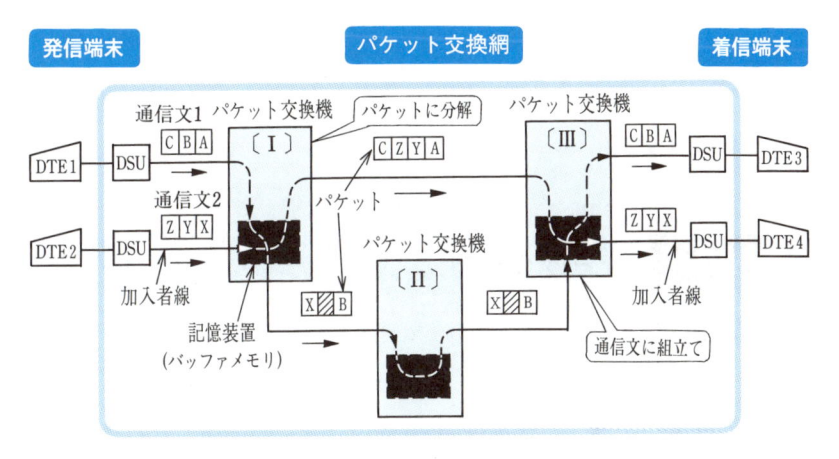

図 1.50　パケット交換の原理

　DTE 1 からデータ ABC を DTE 3 へ，DTE 2 からデータ XYZ を DTE 4 へ，パケット交換網を通して伝送しているとする。

　ABC および XYZ のデータは，いったんパケット交換機 I の記憶装置に蓄えられ，ABC および XYZ のパケット群に分解され，宛先番号とシーケンス番号を付けた上で並べ換えられる。これらのパケットは，空いている回線を通ってパケット交換機 III の記憶装置に入る。

　そこで，宛先番号，シーケンス番号によってもとの順序に組み立てられたデータ ABC，XYZ が，それぞれ DTE 3，DTE 4 に送り込まれる。

　このようにパケット交換方式では，回線交換方式のように，送信デ

ータの有無にかかわらず回線が占有されるといったことはない。したがって，料金も送られたパケット単位で決められるので，長距離通信に有利である。

そのほか，パケット交換方式では，端末装置間で直接データの交換を行わないので，回線交換方式のように，伝送速度を送受信端末間で同一にする必要はない。

問 18. 回線交換方式の特徴はなにか述べなさい。
問 19. パケット交換方式の特徴は蓄積交換であるが，その利点について説明しなさい。

1.5.2 データ伝送方式

1 伝送方式 端末装置などにより，符号化されたディジタル信号を伝送する方法として，並列伝送と直列伝送がある。

(*a*) **並列伝送** 並列伝送（parallel transmission）は**パラレル伝送**ともいい，図 1.51(*a*)のように，データを構成するビットごとに伝送路が必要であり，例えば8ビットであれば8本の伝送路があって，8ビットのデータを同時に伝送する方式である。

この方式は，伝送速度が速くなるが，伝送路の使用効率が低くなる。したがって，コスト高にならない範囲の近距離間でのデータ伝送に用いられる。

(*b*) **直列伝送** 直列伝送（serial transmission）は**シリアル伝送**ともいい，図(*b*)のように，データを構成するビットを，1本の伝送路で直列に伝送する方式であり，例えば8ビットであれば1ビットずつ順々に送り出していく。この場合は，送信側と受信側で，信号の始まる時点を一致させるための同期が必要である。

1.5 データ通信　69

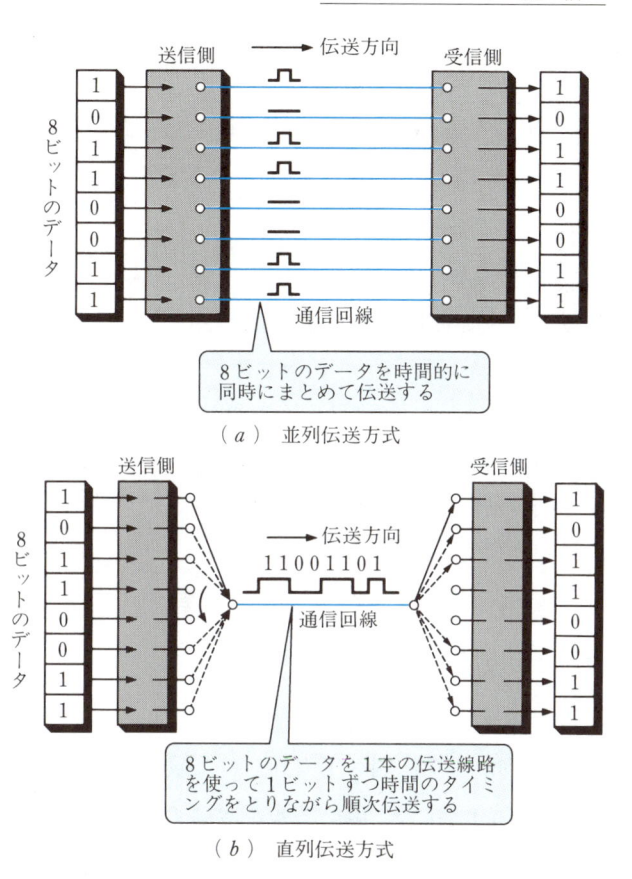

図中テキスト:
- 送信側　伝送方向　受信側
- 8ビットのデータ
- 通信回線
- 8ビットのデータを時間的に同時にまとめて伝送する
- （a）並列伝送方式

- 送信側　受信側
- 8ビットのデータ
- 11001101
- 伝送方向
- 通信回線
- 8ビットのデータを1本の伝送線路を使って1ビットずつ時間のタイミングをとりながら順次伝送する
- （b）直列伝送方式

図 1.51　データの送り方

　この方式は同期をとる必要があり，伝送速度も遅いが，伝送路が1本ですむので利用効率が高い。したがって，おもに長距離用のデータ伝送に用いられる。

　問 20. データ通信ではおもに直列伝送が用いられている理由を説明しなさい。

　2　伝送形態　データ伝送を行う場合，情報の流れの方向による形態には，図 1.52 のように，単方向伝送，半二重伝送および全

（a）単方向伝送

伝送方向
（伝送路が2線式）

情報の流れが1方向であるので，ラジオやテレビジョン放送のような形式

（b）半二重伝送

伝送方向
（伝送路が2線式）

情報の流れが両方向であるが，同時に通信はできないので，トランシーバのような形式

（c）全二重伝送

伝送方向
（伝送路が4線式）

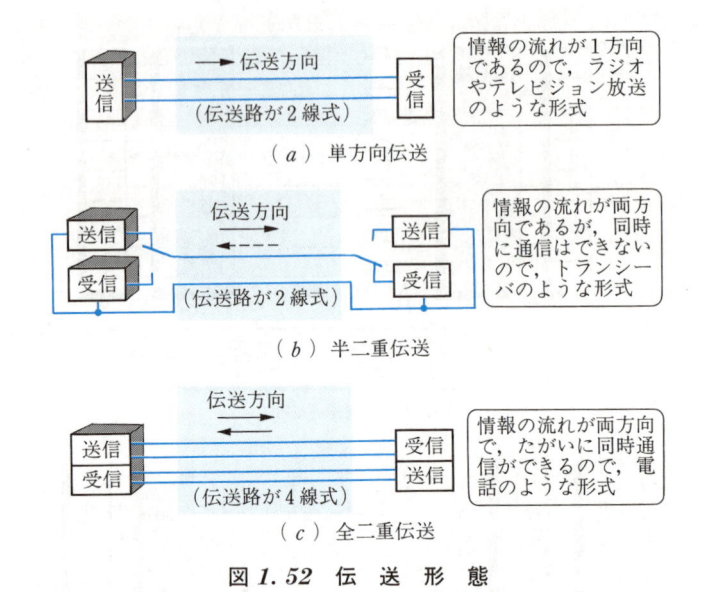

情報の流れが両方向で，たがいに同時通信ができるので，電話のような形式

図 1.52 伝送形態

二重伝送の三つの方式がある[†1]。

（**a**）**単方向伝送**　単方向伝送 (simplex transmission) は，図 (*a*) のように，送信側から受信側へ1方向だけに限られる伝送方式で，情報を相手側に一方的に送る。単に情報を取得するだけの方式であり，伝送路としては2線あればよいから，経済的である。

（**b**）**半二重伝送**　半二重伝送 (half-duplex transmission) は，図 (*b*) のように，送受信両方向で伝送ができるが，同時に伝送ができないため，両方向で交互に送信を行う伝送方式である。送受信ごとに切り換えるため，伝送効率は低くなる。

（**c**）**全二重伝送**　全二重伝送 (full duplex transmission) は，図 (*c*) のように，送受信両方向で伝送ができ，しかも同時に送信できる伝送方式であるから，伝送路が4線式となり，割高になる。

[†1] 単方向伝送，半二重伝送，全二重伝送は，それぞれ片方向伝送，両方向交互伝送，両方向同時伝送ともいう。

3 伝送速度

データ伝送における伝送速度を表現する方法に，データ信号速度，変調速度，データ転送速度の三つがある。

(a) データ信号速度 データ信号速度 (data signaling rate) は，1秒間に何ビットのデータを伝送するかを表すもので，単位にはビット毎秒〔bps〕が用いられる。

直列伝送方式の場合のデータ信号速度 S は

$$S = \frac{1}{T} \log_2 n \quad \text{〔bps〕} \qquad (1.8)$$

で表される。ここに，T は伝送路における1パルスの幅〔s〕，n は1パルスが表す状態の数である。2進符号の場合は，$n = 2$ であるから

$$S = \frac{1}{T} \quad \text{〔bps〕} \qquad (1.9)$$

となる。

例えば，モデムに使われているデータ信号速度では，1秒間に1200個のビット数が伝送できるとすれば，1200 bps となる。モデムには，2400 bps，4800 bps などがある。

(b) 変調速度 変調速度 (modulation rate) は，1秒間に何回の変調が行われるかを示すもので，その単位にはボー〔baud〕が用いられる。

変調速度 B は，変調された信号の変化点から変化点までの時間を T〔s〕とすれば

$$B = \frac{1}{T} \quad \text{〔baud〕} \qquad (1.10)$$

で表され，1回の変調に1ビットを対応させると，その単位は〔bps〕となり，データ信号速度と同一になる。

しかし，後で学ぶ多相PSKのように，1回の変調で2ビット以上

を対応させる場合は，多くの情報を伝送できるので，データ信号速度は変調速度よりも大きくなる[†1]。

例えば，T が 8 ms のとき
$$B = \frac{1}{T} = \frac{1}{8 \times 10^{-3}} = 125 \text{ [baud]}$$

となる。ファクシミリでは，変調速度として 1 200 baud，2 400 baud がある。

(c) **データ転送速度**[†2]　　**データ転送速度**（data transfer rate）は，データ送信装置から送信され，データ受信装置で受信される単位時間あたりのビット数，文字数，またはブロック（一定の情報の集まり）数の平均値をいう。

例えば，300 bps のデータ端末の場合，1 文字 10 ビットで表すとすれば，1 秒間で 30 文字，1 分間で 1 800 文字を伝送することができる。すなわち，30 字/秒または 1 800 字/分として表す。

> **問 21.** 2 進符号によるディジタル信号を伝送するとき，1 パルスの幅が 2.5 ms であれば，データ信号速度はいくらになるか求めなさい。
>
> **問 22.** データ信号速度と変調速度が同じ値になるのはどのようなときか述べなさい。

1.5.3　モデムと網制御装置

アナログ回線を利用してデータ信号を伝送するには，回線の特性に

[†1] 例えば，1 回の変調に 2 ビット（四つの組み合わせ）を対応させると，$\dfrac{(データ信号速度)}{2} = (変調速度)$ となり，データ信号速度は変調速度の 2 倍になる。

[†2] データ転送速度は，現在ほとんど用いられていない。

対応した信号に変換する必要がある。電話回線は，おもに音声の伝送を目的としており，その周波数帯域は 0.3～3.4kHz とされているから，それ以外の周波数を伝送することはできない。

端末装置からのディジタル信号は，直流から非常に高い周波数まで幅広い成分を含んでおり，直接電話回線に流すと波形にひずみが生じたりして，信号が誤って伝送される。

したがって，電話回線を利用してデータ伝送を行う場合は，ディジタル信号を電話回線に適した交流信号に変換して伝送しなければならない。

1 モデム ディジタル信号とアナログ信号を相互に変換するモデムは，変調装置および復調装置を一体化したものである。電話回線に接続するには，後で学ぶ網制御装置と組み合わせて使う必要がある。

ここで，モデムの内部回路の動作を調べてみよう。図 1.53 に，周波数変調方式によるモデムの機能のブロック例を示す。

端末装置 DTE からの送信データは，直接，変調回路 FSK に送られて，ディジタル信号の 1 または 0 に応じて周波数を変化させたアナログ信号に変換される。その後，帯域フィルタ BPF によって伝送に

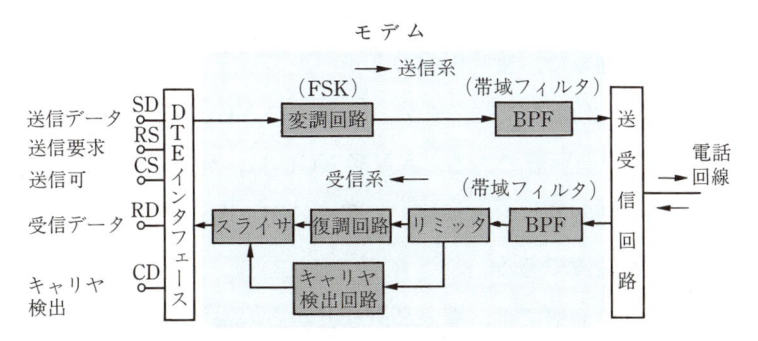

図 1.53 周波数変調方式によるモデムの機能のブロック例

必要な周波数成分だけの信号を取り出して，電話回線に送り出す。

受信側では，送られてきた変調波に混入された雑音や帯域外の周波数成分を帯域フィルタで取り除き，信号を一定レベルにするためにリミッタに通して，復調回路に加えられる。

復調回路では，アナログ信号の周波数に応じてディジタル信号に変換し，その信号をスライサで整形した後，端末装置に送られる。一方，リミッタからの出力はキャリヤ検出回路に入り，受信信号のレベルをチェックし，レベルが規定以下に低下したときは，スライサを通して受信信号が正しく受信されていないことを端末装置に知らせる。

このような機能を持つモデムは，送受信信号処理フィルタ，変復調回路，キャリヤ検出回路がLSI化され，1チップに収められている。

2 **網制御装置**　電話回線を使ってデータ通信を行うとき，相手側の電話番号をダイヤルで呼び出した後，電話回線をモデムに切り換えたり，逆に相手側からの電話があったとき，モデムを通して端末装置のパーソナルコンピュータに接続する必要がある。

このような発信者による電話機の操作や，モデムと電話回線との接続，電話交換網の制御などを行う装置を**網制御装置**（network control unit，略して**NCU**）という。

図 1.54 のようにNCUを使用すると，端末装置DTEから電話回線の交換機を通して，接続相手のダイヤル信号を送ることができる。

現在最も広く使われているのは，モデムにNCUが内蔵されているAA（自動発着信）形である。AA形NCUは，発信時や着信時の電話回線への接続制御，および端末装置への切り換え接続などをすべて自動的に行う装置である。

電話回線への発信では，端末装置などからの番号情報は，接続相手のダイヤル信号に変換されて順次送り出し，相手側の応答を検出した

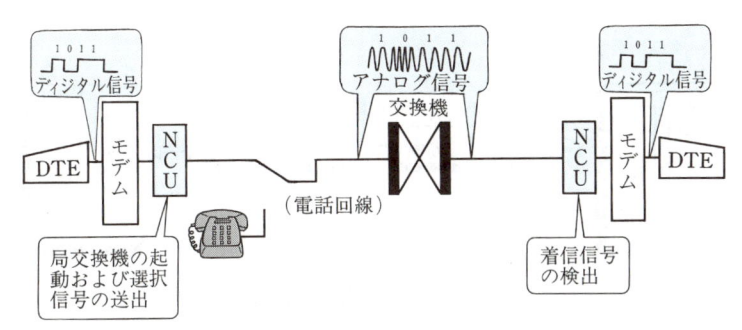

図 1.54　NCU の接続

後，通信が行われる。

電話回線からの着信では，呼出信号を自動的に検出し，端末装置に着信が表示される。端末装置からの情報によって応答し，電話回線はただちに端末装置側に切り換えられて通信が行われる。通信が終われば，端末装置からの情報によって自動的に電話回線は開放される。

最近の AA 形 NCU は，ほとんどの部分が 1 チップ化された LSI が使われ，小形化されている。そのため，モデムと NCU 機能が端末機器（パーソナルコンピュータなど）に組み込まれているものもある。

1.5.4　伝送制御

データ通信を効率よく行うには，図 1.55 のような送受信端末装置間で情報をやりとりするための制御と手続きが必要である。これを**伝送制御方式**（transmission control system）という。伝送制御方式には，①同期制御方式，②誤り制御方式，③伝送制御手順がある。

1　同期制御方式　　送信側と受信側との間でデータの伝送を正確に行うには，両者間のタイミングを合わせる同期が必要になる。同期制御方式には，非同期方式と同期方式がある。

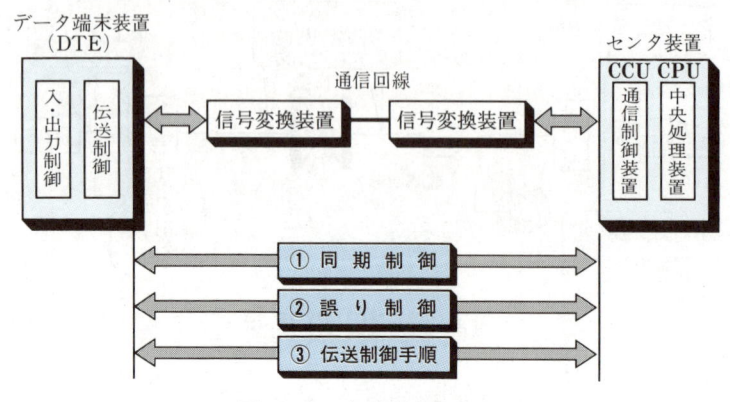

図 1.55 伝送制御の役割

(a) 非同期方式　非同期方式（asynchronous system）は，ビットごとの連続的な同期でなく，一定のブロック内だけで同期をとる方式である。この方式は，数字，文字，記号などの伝送キャラクタ[†1]の前後に**スタートビット**（start bit，略して ST）および**ストップビット**（stop bit，略して SP）を付加し，キャラクタごとに同期をとりながら伝送するので，**調歩式同期**（start-stop synchronous）ともいわれている。

受信側で ST を検出して同期状態に入り，SP の検出により同期状態を終了する。したがって，この方式の場合，キャラクタ間の間隔は任意にとることができる。しかし，各キャラクタごとにスタートビット，ストップビットを付加するので，あとで学ぶ同期式と比較して伝送効率がよくない。

例えば，図 1.56 のように，8 ビットのデータが 1001 1010 であれば，SP および ST が付加されて伝送路に送り出される。

非同期伝送は，キャラクタ単位で符号のタイミングを合わせていく方式であるから，連続同期伝送に対して**部分同期伝送**とも呼ばれる。

[†1] 数字，文字，記号などの情報を表す 2 進符号の集まりをいう。

図 1.56 調歩式伝送

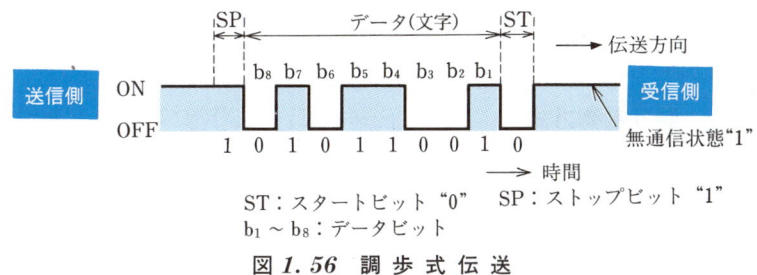

この方式は，低速（1 200 bps 以下）のデータ伝送に使われていた。

(**b**) **同 期 方 式**　　同期方式（synchronous system）は，送信するデータ信号とは別に，ビット位置を知らせる同期信号を送信データ信号の中に含めて伝送し，受信側では，受信データ信号の中から同期信号を再生して，送信データを取り出す方式である。この方式は，同期信号が確認できれば，データが終わるまで連続して同期がとれることから**連続同期伝送**とも呼ばれ，高速伝送に適する。

例えば，図 1.57 のように，伝送するデータの前に SYN という同期符号を 2 個付けて伝送する。受信側では，2 個の SYN 符号が検出されたときに同期がとれたものとして，それ以降のデータを情報（文

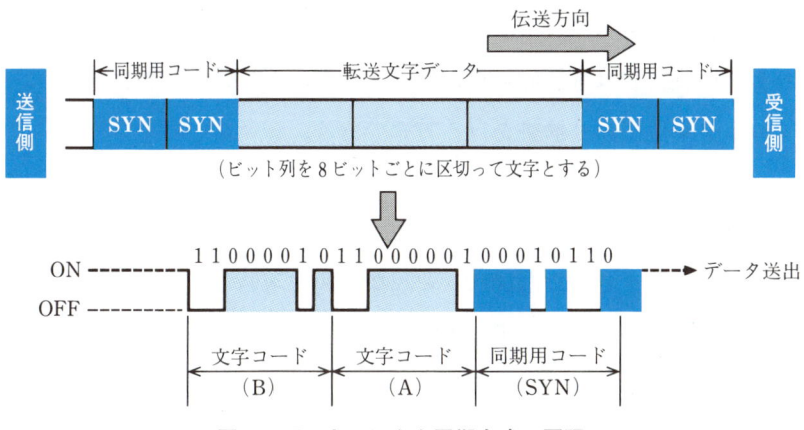

図 1.57　キャラクタ同期方式の原理

字）として認識する。このように，SYN符号を付けてデータを連続して送信する方式をキャラクタ同期という。

2　誤り制御方式　　データ伝送では，伝送路に雑音などが混入してビット誤りを生じ，データに誤りが発生することがある。このため，受信側で誤りを検出して訂正を行うことを**誤り制御**（error control）という。

その方法として，**パリティ検査方式**がある。データをある長さに区切り，データに含まれている1の数が偶数または奇数になるように1ビットを付加して伝送し，受信側で偶数か奇数かを調べて誤りを検出する方式である。

この方式には，**垂直パリティ検査**（vertical redundancy check，略してVRC）**方式**と**水平パリティ検査**（longitudinal redundancy check，略してLRC）**方式**がある。垂直パリティ検査方式は，図 $1.58(a)$ のように，7ビット（文字）ごとに1ビットを付加して8ビットを伝送する。

加えた1ビットをパリティビットという。垂直パリティ検査方式は，簡単な誤り検査方式であるが，文字7ビット中に2ビット以上の誤りを生じた場合，受信側でそれを検出できない欠点がある。水平パリティ検査方式は，1文字単位でなくデータ分をブロックに区切り，ブロック単位で誤り検査を行う方式である。

一般には，図 (b) のように水平パリティ検査方式と垂直パリティ検査方式を組み合わせて検査を行うので誤りの検出効果が高い。パリティ検査方式による誤り制御は，非同期方式に用いられる。

そのほか，送信側で一定の手順による式の割り算を行い，その結果の余りを検査ビットとして送信するデータに付加して送る方法がある。受信側では，その付加ビットをもとに計算して正しいか誤りかを

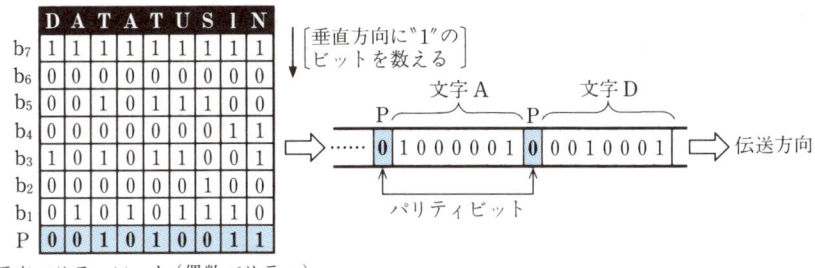

(a) 垂直パリティ検査方式

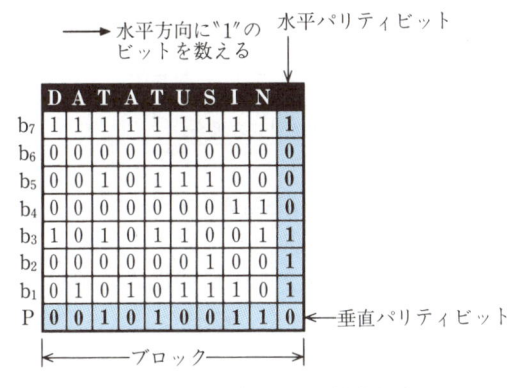

(b) 水平垂直パリティ検査方式

図 1.58 パリティ検査方式

検査する。この方式を**サイクリック符号**（cyclic redundancy check，略して CRC）**方式**[†1] といい，ハイレベルデータ制御手順に用いられる。

3　伝送制御手順　端末装置とセンタ間，または端末装置相互間でデータ伝送を行う場合，確実に情報をやりとりするために，伝送制御を行う手続きを定めておく必要がある。この手続きを**伝送制御手順**（transmission control procedure）という。

これは，電話で会話するときの基本手順によく似ているが，データ通信の場合には機械対機械の通信となるので，送信側と受信側との間

[†1] この方式は，2 400 bps 以上の同期式のデータ伝送に用いられる。

で時間的な関係を規定しておくことが大切である。

系統的に決められた順序で進行する手順を**フェーズ**（phase）または**相**といい，1回の通信が，回線の接続から切断までに5段階のフェーズに分けて実施される。この様子を図 1.59 に示す。

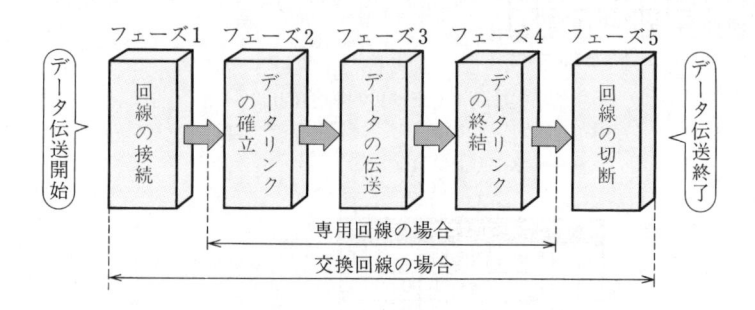

図 1.59　伝送制御のフェーズ

〔**フェーズ1**〕（回線の接続）　相手側の加入者番号をダイヤルし，モデムや端末装置を通信できる状態にセットして回線を接続する。

〔**フェーズ2**〕（データリンクの確立）　通信相手と回線が接続されたかどうかを確認する。**データリンク**（data link）は端末装置を含めた送信側と受信側との間の通信経路である。

〔**フェーズ3**〕（データの伝送）　確立されたデータリンクを用いて，データを相手側に伝送する。データは伝送制御手順に従って送られ，誤りがあった場合は再送によって修正される。データが正しく受信されたかどうかを，相手側の応答制御により確認しながら進行する。

〔**フェーズ4**〕（データリンクの終結）　データの伝送が終了すれば，相手側の確認をとってデータリンクを切断し，通信前の状態に戻す。

〔**フェーズ 5**〕(回線の切断)　交換回線網の回線を切断する。切断は自動的に行われるが，手動で行う場合もある。

電話網，回線交換網，パケット交換網などの交換回線を用いて通信する場合のフェーズは 5 段階になる。専用回線を利用する場合は，フェーズ 1 と 5 が不必要になる。

代表的な伝送制御手順として，**基本形データ伝送制御手順** (basic mode data transmission cotrol procedure) と**ハイレベルデータリンク制御手順** (high-level data link control procedure, 略して **HDLC**) がある。

(*a*)　**基本形データ伝送制御手順**　端末装置間などで文字伝送を行うことを基本として規定された伝送制御手順が，基本形データ伝送制御手順[1]である。これは**ベーシック手順**ともいわれ，表 *1.1* の 10

表 *1.1*　伝 送 制 御 文 字

記号[2]	名　　　称	内　　　　　　容
SOH	start of heading	情報メッセージのヘディングの開始
STX	start of text	テキストの開始およびヘディングの終結
ETX	end of text	テキストの終了
EOT	end of transmission	伝送の終了およびデータリンクの解放
ENQ	enquiry	相手側からの応答を要求
ACK	acknowledge	情報メッセージに対する肯定応答
DLE	data link escape	ほかの伝送制御文字と組み合わせて用いる伝送制御拡張符号
NAK	negative acknowledge	情報メッセージに対する否定応答
SYN	synchronous idle	端末装置間の同期をとるための信号
ETB	end of transmission block	伝送ブロックの終了

[1]　アメリカの民間企業が考案した BSC 手順を基にして ISO で標準化した制御手順である。1975 年に JIS 規格として制定された。

[2]　記号は 8 ビットの 2 進符号で構成され，端末は命令として実行される。

個の伝送制御文字を組み合わせて使い，送受端間で決められた形式の符号列の送受信を行うものである。

情報メッセージは，情報の内容を表すテキストと，伝送のための補助情報であるヘディングからなっている。情報メッセージが長いときは，図 1.60 のように適当な長さに分割し，これに伝送制御文字を付加した**ブロック**（block）にして伝送する。

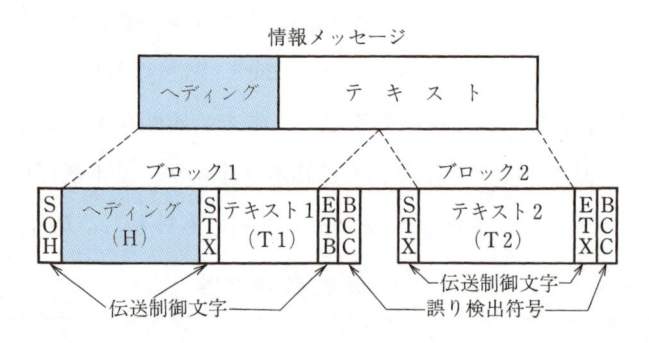

図 1.60 情報メッセージとブロック

情報メッセージを分割したときの各ブロックにおいて，ヘディングのある場合は SOH，テキストの場合は STX で始まり，ETB または ETX で終わる。また，ブロックには，誤り検出のための BCC (block check character) を付加することがある。

ブロック化されたデータを伝送して，正しく受信できたときは ACK，正しい受信ができなかったときは NAK を送信側に送り返す。NAK を受信した送信側では，再びブロック情報を受信側に再送する。このように，送信側と受信側との間でブロックごとに確認をとりながら通信が行われる。

図 1.61 にベーシック手順によるデータ伝送の例を示す。

(b) **ハイレベルデータリンク制御手順**　　HDLC は，データ通信システムの発展に対応するために開発された高能率，高信頼度の伝送

1.5 データ通信

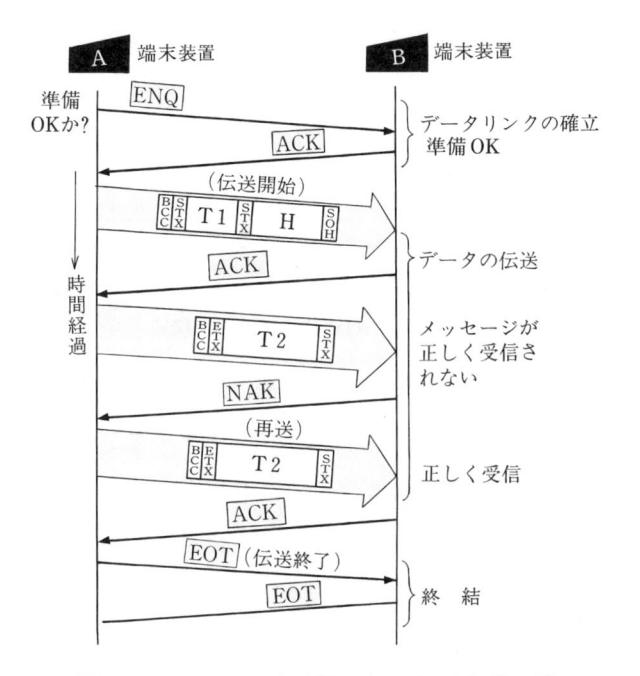

図 1.61 ベーシック手順によるデータ伝送の例

制御手順で，パケット交換に用いられる。

　ベーシック手順では，情報メッセージを送信した後，正しく受信したかどうかの応答が返される半二重伝送であった。これに対して，HDLCでは，両方向同時に情報メッセージを連続的に伝送することができるので，伝送効率がよいなどの特徴がある。

　HDLCでは，データを**フレーム**（frame）形式にして送受信が行われる。フレームは，図1.62のように，伝送すべきデータと制御情報で構成される。

　フラグシーケンス（flag sequence）は 0111 1110 の固定したビットパターンで，フレームの開始と終結を示し，フレームの同期をとるためにも用いられる。アドレス部は8ビットで構成され，相手局の宛先または自局のアドレスを示す。制御部は，相手局に対してデータ転送

> ベーシック手順では，情報メッセージを伝送制御文字で区切って送るが，HDLCではビット列をフレーム形式にして伝送する

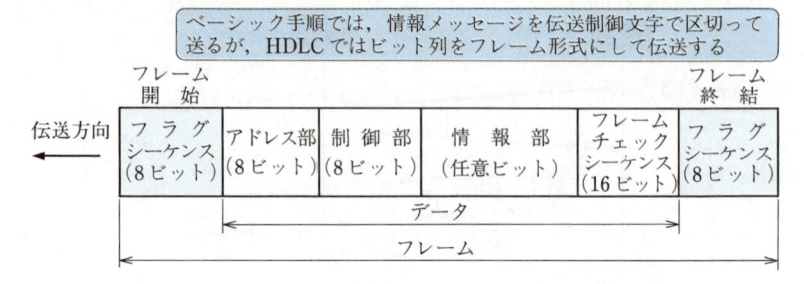

| フラグシーケンス(8ビット) | アドレス部(8ビット) | 制御部(8ビット) | 情報部(任意ビット) | フレームチェックシーケンス(16ビット) | フラグシーケンス(8ビット) |

フレーム開始 — フレーム終結
データ：アドレス部〜FCS
フレーム：全体
伝送方向：←

図 1.62　HDLC のフレーム構成

などを指令する**コマンド**（command）や，その応答である**レスポンス**（response）の種別を示す。情報部は伝送するデータが入っている部分で，ビット構成に制限がない。ただし，情報部の中に1が6個連続すると，フラグシーケンスのビットパターンと誤って識別されることがある。そのため，情報部において1が5個以上続いた場合は，0を自動的に挿入して伝送し，受信側でその0を削除することにより，情報部の内容がフラグシーケンスのビットパターンと同じにならないようにしている。

　フレームチェックシーケンス（frame check sequence，略して FCS）は16ビットで構成され，アドレス部から情報部までの内容が正確に伝送されたかどうか確認するための誤り検出用に用いられる。

　ベーシック手順は，1伝送単位ごとに送達確認を行うため，センタ−センタ間などの高速，大容量のデータ伝送には不向きである。それに対して，HDLC手順は，複数伝送単位をまとめて送達確認ができるので伝送効率がよい。また，すべてのデータに対して誤り検査を行うので信頼性が高い。

　このように，ベーシック手順はコンピュータの高性能化にともない，ほとんどデータ通信には用いられなくなってきた。しかし，その手順の方法はHDLC手順の基本となっている。

問 23. 伝送制御のフェーズとはどのようなことをいうのか説明しなさい。

問 24. ベーシック手順とHDLC手順との大きな違いはなにか述べなさい。

1.5.5　プロトコルと階層モデル

　データ通信において，送受端間でデータを交換するためには，伝送制御手順，同期方式，符号方式などに関する取り決めが必要である。この取り決めを**プロトコル**（protocol）または**通信規約**という。

　通信を行う場合，両端末装置間および通信ネットワークの間で取り決めておくプロトコルには数多くのものがある。例えば，パーソナルコンピュータ通信の場合には，自分のパーソナルコンピュータと相手のパーソナルコンピュータとの仕様に合ったモデムとソフトウェアが

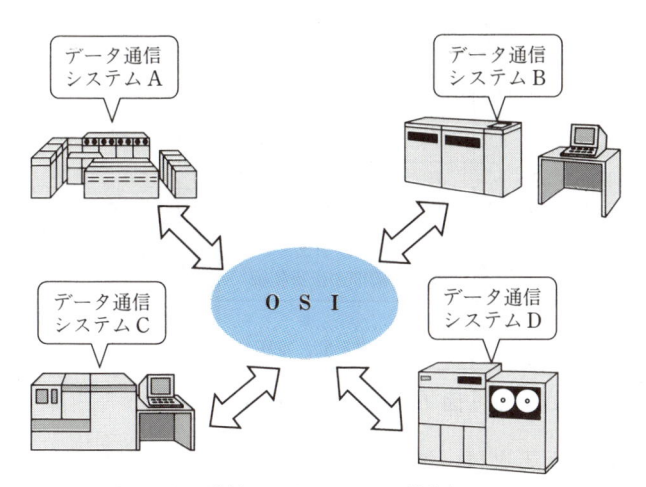

それぞれの通信システムがOSIに適合したインタフェースを用いて相互に通信を行うことができる

図 1.63　OSIを適用した異種間での通信

必要である。

このようなプロトコルのすべてを体系的（階層的）にとりまとめたものが**ネットワークアーキテクチャ**（network architecture）である。データ通信では，図 1.63 のように，同一種類のコンピュータ間だけでなく，異機種のコンピュータ間で接続できなければならない。このためには，ネットワークアーキテクチャの確立が重要であり，ISO（国際標準化機構），ITU-T（国際電気通信連合電気通信標準化部門）が中心となり，図 1.64 のように，7 階層からなる**開放型システム間相互接続**（open system interconnection，略して **OSI**）の参照モデルを定めている。

7	アプリケーション層 蓄積方式，処理方式	通信処理機能／上位層
6	プレゼンテーション層 符号化方式	
5	セション層 送信権制御応答方式	
4	トランスポート層 端末間のデータ転送方式	伝送機能／下位層
3	ネットワーク層 相手端末との接続手順	
2	データリンク層 端末・網間の伝送制御	
1	物理層 コネクタ形状，電圧	

（OSI 参照モデル）

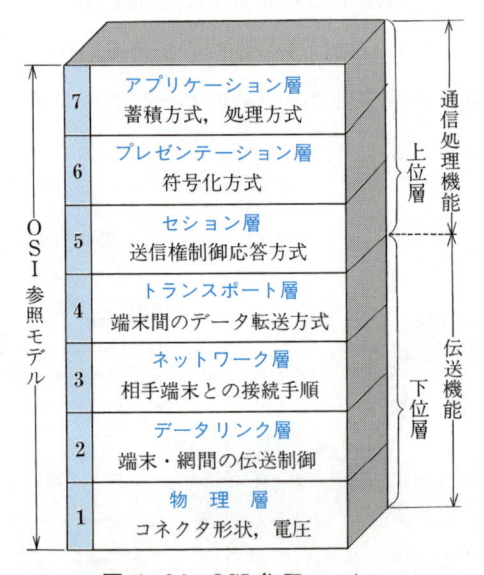

図 1.64　OSI 参照モデル

開放型システムとは，通信によってシステム内の設備を他のシステム内の設備とつないで，たがいに協同して動作することにより，高度な機能を実現しようとするシステムである。

OSI は，第 1 層，第 2 層，…，第 7 層に分けられ，第 1 層から第 4

層までを下位層，第5層から第7層までを上位層という。下位層はデータをそのまま相手に送る伝送機能を扱い，上位層は通信処理に関する機能を扱う。さらに，下位層のうち，第1層から第3層までがISDNや公衆データ通信網などのネットワーク機能である。

◇ **物理層**(physical layer)　DTE/DSUインタフェースを規定するもので，端末装置と回線を接続するときのコネクタの形状や電気信号の波形などの電気的条件を決める。

◇ **データリンク層**(data link layer)　局間でのデータ伝送が円滑に実行されることや，誤りの検出とその回復に関する機能を決めている。そのほか，伝送制御手順などはこの層のプロトコルとして規定されている。

◇ **ネットワーク層**(network layer)　通信ネットワークを通してデータ通信を行う場合，どのようなルート（経路）を通るかの通路選択や中継路の実行について規定している。

◇ **トランスポート層**(transport layer)　いろいろな通信ネットワークの中で，使用する回線がどれであっても，同一のデータ伝送ができるようにしている。これは，通信ネットワークの差異を吸収するための機能を規定している。

◇ **セション層**(session layer)　半二重伝送の場合，どちらからデータを送るかの送信権を決める。また，誤り時の再送のために，送信側で合意した同期点を定めるなどの制御を行う。

◇ **プレゼンテーション層**(presentation layer)　データを交換するシステム間で，文字コード，画面制御の方法，数値データの表現形式が異なることがある。これらデータ表現形式についての制御であり，データの暗号化やデータ圧縮なども行われる。

◇ **アプリケーション層**(application layer)　この層は，ファイル

転送，電子メール，データベースなどのサービス業務について規定し，通信についての規制はない。

問 25. ネットワークアーキテクチャとはどのようなことをいうのか説明しなさい。

1.5.6 ISDN

音声，データ，画像などの情報メディアを一体化して，一つの通信ネットワークでサービスをするディジタル統合網が ISDN である。

1 ISDN の網構成 ISDN では，それぞれ個別の通信ネットワークを通して行ってきた電話，ファクシミリ，データ通信，静止画像，テレックス，テレビジョン伝送などの通信を，時分割ディジタル信号伝送により共通のディジタル通信網を通して行う。

ISDN の構成は，図 1.65 のように，おもに電話網を主体とした回線交換網，データ通信を主体としたパケット交換網，および動画像通信などの高速回線交換網の三つの通信ネットワークが，それぞれグループ別に総合化されている。その他，通信ネットワーク内の通信経路

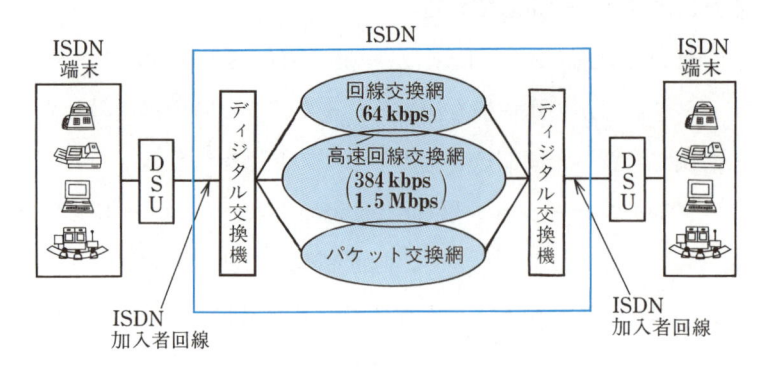

図 1.65 ISDN の構成

を接続したり，切断するために必要な制御情報を伝送する共通線信号網がある。

また，回線交換網と高速回線交換網には，端末装置間の通信経路を固定的に設定した専用線交換網もある。

今後は，回線交換網，高速回線交換網，パケット交換網などのディジタル複合網から高速広帯域のディジタル単一網（統合網）になっていくであろう。

電話網は，電話用 PCM の伝送に必要な 64 kbps の伝送速度を基準とし，これに数分の1から数倍の伝送速度を持つデータや静止画像などを一体化した通信ネットワークである。これを 64 キロビットネットワークともいう。

パケット交換網は，通信処理や情報処理との適合性が高く，通信ネットワークに付加価値を付けやすい特徴がある。

高速回線交換網は，帯域圧縮などの高能率伝送方式や，高速，広帯域交換方式を取り入れた通信ネットワークである。

2　ユーザ・網インタフェース　通信サービスを総合化するためには，利用者の端末装置を通信ネットワークに接続するための条件や規格を統一することが必要である。これを実現する機能がユーザ・網インタフェースである。

ユーザ・網インタフェースは，I インターフェース[†1]とも呼ばれ，ユーザ（端末）と網（ネットワーク）の間のインタフェースのことである。ユーザと網の分界点（接続点）における伝送速度，伝送符号，フレーム構成などのプロトコルを決めている。

加入者回線と端末装置間の通信ソケットには，標準化されたインタ

[†1]　ISDN に関するユーザ・網インタフェースは，ITU-T により，I インタフェースとして国際的に標準化されている。

フェースの規定点がある。

図 1.66 に，端末装置と通信ネットワークとの接続における基本的な構成を示す。宅内配線がバス配線構成になっており，電話，ファクシミリ，パーソナルコンピュータなどの端末を最大 8 個の通信ソケットに接続すると，DSU に接続される。DSU はユーザ側とネットワーク側の境界点であり，DSU から右側がネットワーク側，DSU から左側がユーザ側となる。このポイントを T 点といい，通信ネットワークとユーザの責任分界点としている。

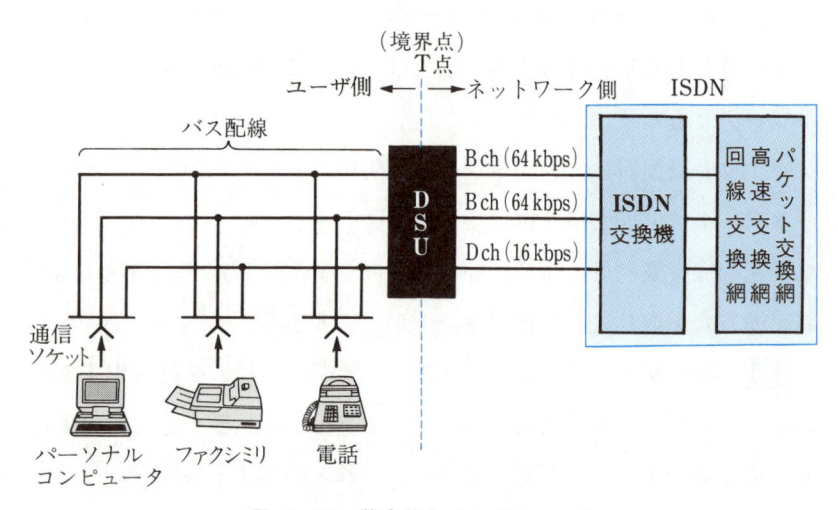

図 1.66　基本的なインタフェース

DSU と ISDN 交換機との間は，伝送速度 64 kbps の通話路 2 チャネルと 16 kbps の通話路 1 チャネルが時分割多重化されて伝送される。64 kbps の 2 チャネルは回線交換網またはパケット交換網に接続され，16 kbps のチャネルもパケット交換網に接続可能である。

このように，B チャネルと呼ばれる伝送速度 64 kbps の二つの情報チャネルと，D チャネルと呼ばれる伝送速度 16 kbps の制御信号および情報チャネルで構成されたインタフェースによって，同時に三つの

異なるメディアを総合化して通信したり，または個別にも通信することが可能である。

3 チャネルの種類 インタフェース上には，端末装置間を結ぶ複数の情報伝送チャネルと信号チャネルがある。このチャネルの種類を表 1.2 に示す。

表 1.2 チャネルの種類

種別	種類		チャネル速度
情報伝送チャネル	B		64 kbps
	H	H_0	384 kbps
		H_1	1 536 kbps
		H_2	1 920 kbps
信号チャネル	D		16 kbps または 64 kbps

〔注〕 Bチャネルは電話，G4ファクシミリ，静止画像
　　　Hチャネルは超高速データや簡単な動画像
　　　Dチャネルはダイヤル番号や呼出音，切替信号など
　　　　の制御信号用

BチャネルとHチャネルは，ユーザ情報を運ぶためのチャネルである。Bチャネルは 64 kbps の伝送速度を持ち，いろいろなユーザ情報を伝送する。その用途は，64 kbps ディジタル通信のほか，音声による通信，パーソナルコンピュータ通信，さらにはパケット交換による通信がある。

Hチャネルは，Bチャネルより高速のユーザ情報を伝送するためのチャネルで，回線交換に用いられる。

Dチャネルは信号チャネルのことをいい，おもに回線交換の制御信号を送るために用いられ，16 kbps または 64 kbps の伝送速度を持っている。また，Dチャネルは，信号チャネルとして用いるほかに，パケット通信用のチャネルにも使用することができる。

4 ISDN の特徴

ISDN は，音声，データ，画像などのいろいろなメディアを統合的に処理しやすいので，新しいサービスに即応できる融通性のある総合網が実現可能になる。例えば，一つの加入者回線で，電話，ファクシミリ，ビデオテックスなどの通信機器によるサービスが受けられる。また，電子メール，テレビ電話などの新しいサービスが可能になる。

ISDN の特徴をまとめるとつぎのようになる。

◇ 一つの加入者回線には，複数の情報伝送チャネルが含まれているので，例えば，電話しながら同時にファクシミリ通信ができる。

◇ 伝送する情報の性質に合わせて，回線交換とパケット交換を任意に選択して利用できる。

◇ 情報チャネルと信号チャネルの分離により，端末装置−通信ネットワーク間で自由に制御信号を送受できるため，通話料金の表示などのサービスが可能である。また，一つの加入者回線に最大8台の端末の接続が可能であり，同時に3台の端末を利用することが可能である。

◇ 伝送，交換，端末などの系統をディジタル技術で統合化することによって，長距離伝送のためのコストの低減が図られ，経済的に優れた通信ネットワークといえる。

◇ 通信ネットワークの回線および端末装置のすべてがディジタル信号によるディジタル通信であるから，雑音，ひずみ，漏話，レベルの変動が少なく，また再生中継が可能であり，優れた品質の通信ネットワークである。

問 26. ISDN に関するユーザ・網インタフェースでのI インタフェースとはなにか簡単に説明しなさい。

これまでのISDNの技術は，**N-ISDN**[†1]（narrow band ISDN，**狭帯域 ISDN**）と呼ばれ，伝送速度が1.5Mbpsまでとされてきた。しかし，**ATM**（asynchronus transfer mode，非同期転送モード）といわれる通信方式の変換システムを用いて，数百Mbps[†2]の高速データ伝送が可能になってきた。

このような，ATMによるISDNを**B-ISDN**（broad band ISDN，**広帯域 ISDN**）という。従来のN-ISDNでは，とくに画像伝送は限られた範囲しか利用できなかったが，伝送速度が数百Mbpsもあれば，マルチメデイアに対応した通信ネットワークが実現できるようになる。

ATMは，パケット交換方式のように，音声，データ，画像などの情報を，ある長さのブロックに分割し，分割したブロックに宛先情報を含んだヘッダを付加して通信ネットワークに送る。分割されたブロックを**セル**（cell）といい，情報に48バイト，ヘッダに5バイトを割り当てて53バイト構成になっている。

各情報の伝送速度が異なる[†3]場合は，セル数で調整し，図 1.67 のように，非同期的に自由に多重化でき，バースト誤り[†4]にも対応できる特徴がある。

この方式は，パケット交換とは異なり，セルの長さを短い固定長にすることにより，伝送遅延時間が短縮され，時間的損失の少ない受信

[†1] N-ISDNは，同期転送モード（syncronous transfer mode）方式であるのでSTM交換方式という。

[†2] 伝送速度は，標準速度が156 Mbpsから620 Mbps程度まで可能である。

[†3] N-ISDNにおいて，B, D, Hチャネルの伝送速度はすでにきめられているが，B-ISDNでは端末側でセルを1秒間に何個送信するかで伝送速度が決まる。

[†4] 3.7.2項で学ぶ。

1. 有線通信

ch 1：低速小容量
ch 2：高速大容量
ch 3：バースト信号

（a） ATM交換によるセル多重

セルの数は情報に比例し，ランダムに並べられる

53バイト（5バイト＋48バイト）　ヘッダ＋情報

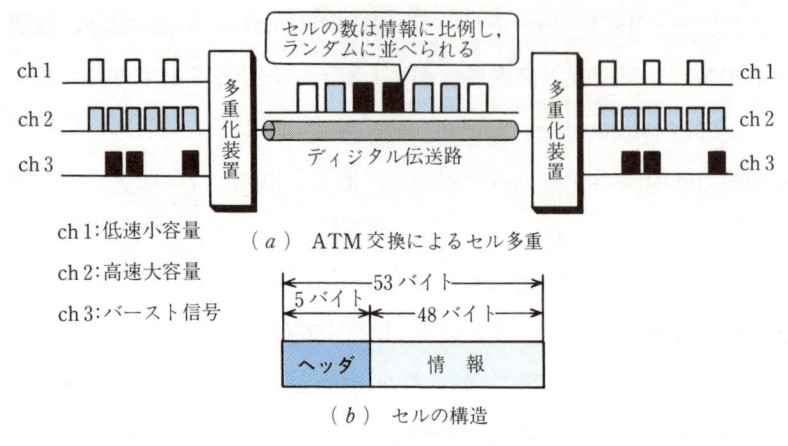

（b） セルの構造

図1.67　ATM交換方式

処理ができる。そのため，ハードウェアによる高速スイッチングとして交換処理ができるので高速伝送が可能となる。また，情報を送りたいときだけセルを送るので，効率よく情報を伝送することができる。このように，情報源の発生量に応じてセルを送り出す速度を変えて情報を送ることができる。

問 27. ATM交換方式による情報の伝送における大きな特徴はなにか述べなさい。

1.6 光通信

1960年代にレーザが発明され，1970年代に入って低損失の光ファイバが発明されると，光通信の技術は急速に発展した。

1980年代には，光ファイバによる通信システムが各方面の分野で実用化され，1985年には，日本縦貫ルートと呼ばれる旭川-鹿児島間の光通信幹線が完成した。

さらに，1992年には，日本とアメリカ本土を結ぶ太平洋横断光ファイバ海底ケーブルが敷設されて，特性が改善され，近距離の通信と同じ性能で，遠距離の国際電話が行えるようになった。

光通信は，光ファイバの低損失性と広帯域性という優れた特性と，今後の光通信技術の進展とあいまって，次世代の中心的な通信ネットワークとして利用されることになろう。

ここでは，光通信の原理および伝送方式について学ぶことにする。

1.6.1 光半導体の特性

1 発光の原理 半導体結晶を構成する原子の内部では，各電子はいくつかの定められれたエネルギーの値，すなわちエネルギー準位を持っている。電子の状態が高いエネルギー準位 E_2 から低いエネルギー準位 E_1 に移動するときに，図 $1.68(a)$ のような光を発生する。この場合，$\Delta E = E_2 - E_1$ となるエネルギーを光の形で放出す

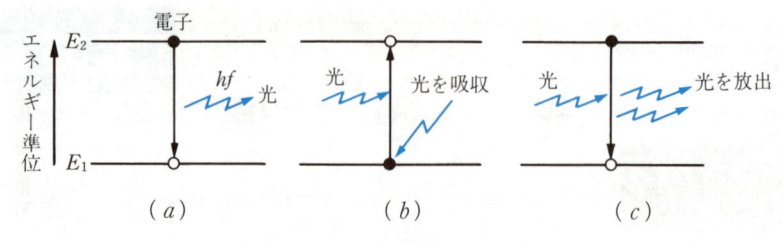

図 1.68　光の吸収と光放出

る。このような光の放出を自然放出という。また，エネルギー準位差 ΔE と放出された光の振動数 f との間に $\Delta E = hf$（h はプランク定数 6.626×10^{-34} J・s，f は光の周波数）という関係がある。このような現象を利用したのが発光ダイオードである。

　半導体において，結晶中の pn 接合に順電流を注入すると自由電子と正孔が移動する。移動した自由電子と正孔が pn 接合部で再結合して消滅すると，電子の位置エネルギーが光に変換されて放出される。この光の波長は落下するエネルギー準位のギャップの大きさに逆比例して決まる。また，低エネルギー準位 E_1 にある電子に hf 以上のエネルギーをもつ光をあてると，図(b)のように，そのエネルギーを吸収して電子は励起されて高い準位の E_2 に移る。

　半導体 pn 接合に電圧を加えて電子を高準位に持ち上げ，それが低順位に下がるときに放出される光を外部に取り出すようにしたのが発光素子である。

　また，原子がエネルギー状態 E_2 にあるときに，エネルギー準位差 ΔE に対応する光を外部からその原子に入射してやると，図(c)のように，その入射光は電子を ΔE だけ低いエネルギー状態である E_1 に落ちるように誘導し，ΔE のエネルギーを持つ光を放出させることになる。

　このように外部からの光の刺激によって，その光と同一の周波数，

同位相の光を放出することを誘導放出[†1]という。この誘導放出がレーザ光発生に利用されている。

2 **発光素子**　発光素子としては，**発光ダイオード**（light emitting diode，略して **LED**）や**レーザダイオード**（laser diode，略して **LD**）などの半導体素子がある。

発光ダイオードの発光材料としては，AlGaAs や InGaAsP などの化合物半導体が用いられる。図 1.69 は，AlGaAs を用いた発光ダイオードの構造を示したものである。

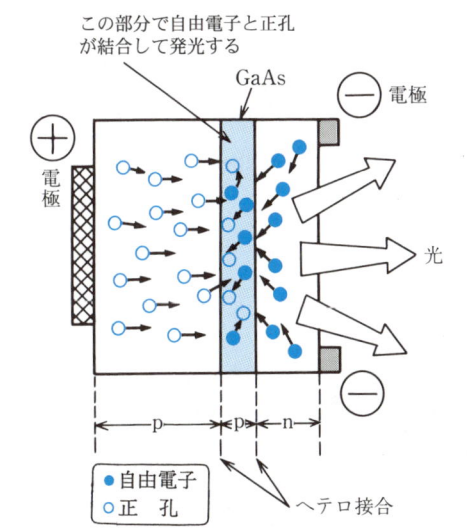

図 1.69　発光ダイオードの構造

p 形の GaAs を中にはさんで高輝度を持たせるために，p 形層と n 形層の二重ヘテロ構造になっている。順方向電圧を加えると，n 形層から自由電子が，p 形層からは正孔が pn 接合部（GaAs 層）に移動して再結合する。そのとき，高いエネルギー状態にある自由電子が低いエネルギー状態の価電子帯に移動するために，その差のエネルギー

[†1] 誘導放出によって得られた光は，位相のそろった波動となって同一方向に伝搬する。このような光の性質を**コヒーレント**（coherent，干渉性）という。

を光[†1]として放出する。

駆動電流が 50 ～ 100 mA で，出力は 1 ～ 5 mW である。発光ダイオードは，駆動回路が簡単なことと信頼性や経済性などにすぐれていることから，比較的短距離の伝送に用いられる。

図 1.70 は，簡略化したレーザダイオードの構造を示したものである。実際には，4 層ないし 5 層の化合物からなっている。p 側に正，n 側に負の電圧を加えて順方向の電流を流すと pn 接合面を通して GaAs 層に非常に多くの電子が注入されてレーザ発振を生じる。これは，せまい半導体内部に光が閉じ込められることによって[†2]，誘導放出が起き，同じ波長の光が多量に生じ，外部にその一部が出力されるためである。光の特別な波長だけが共振状態となって誘導放出が誘起されるので，強い同位相のコヒーレントな光が得られる。駆動電

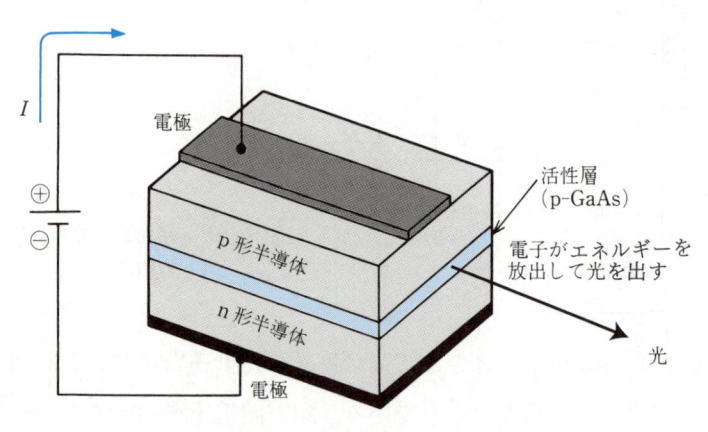

図 1.70 レーザダイオードの構造

[†1] 発光する光の波長は，電子が落下するエネルギーギャップの大きさに反比例する。
[†2] 光の閉じ込めとは，正孔と自由電子を局部的に閉じ込める作用をいい，結晶構造にそってきれいに切断された半導体の中で光の特別の波長だけが共振状態になっていることである。

流 100 〜 200 mA で，3 〜 10 mW の高い出力が得られる。

　レーザダイオードは，高速応答性にすぐれ，長距離大容量の伝送に用いられる。しかし，寿命は発光ダイオードに比べて短く，駆動回路も複雑になる。

問 28. 光の誘導放出とは，どのような現象か説明しなさい。

問 29. 光通信の光源としてレーザダイオードが使われるが，その理由を説明しなさい。

　図 1.71 は，レーザダイオード LD および発光ダイオード LED の外観例と特性を示したものである。

発光素子の性能例

特性＼種別	LD	LED
光出力	10 mW	2.5 mW
スペクトル幅	3 nm	100 nm
周波数特性	数 GHz	数百 MHz
寿命	数十万時間	100 万時間

レーザダイオード (LD)　　発光ダイオード (LED)

図 1.71 レーザダイオードおよび発光ダイオードの外観例と特性

3　受光素子　受光素子としては，**PIN ホトダイオード** (pin photo diode，略して PIN-PD) や**アバランシホトダイオード** (avalanche photo diode，略して APD) などの半導体素子がある。

　図 1.72 は，PIN ホトダイオードの構造例を示したものである。自由電子と正孔が存在する真性半導体（I 層）の両側を，不純物が添加された p 形と n 形半導体ではさんだものである。

　pn 接合に逆バイアス電圧を加えると，I 層内には電荷のない空乏層ができ，高い電界が空乏層に加わる。この状態で光の入射がある

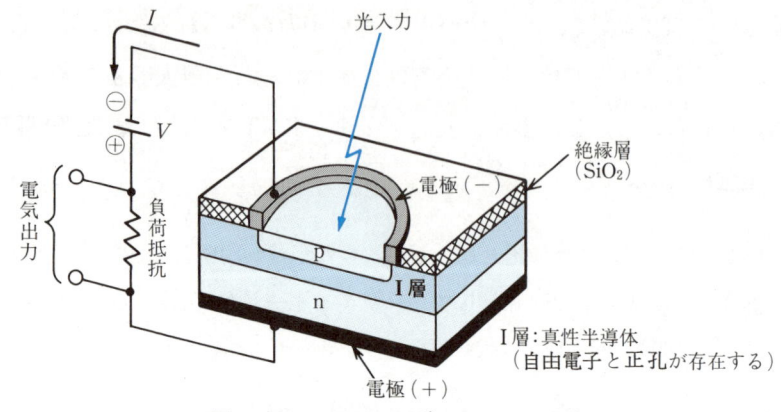

図 1.72　PIN ホトダイオードの構造

と，光は空乏層内に吸収される。そこで，自由電子と正孔が発生し，電界によってそれぞれ自由電子は n 形層へ，正孔は p 形層へと加速されて光電流が流れる。

　PIN ホトダイオードは，動作電圧が低く，高速，高感度，取り扱いが簡単などの特長を持っているので，短距離伝送用の受光器として用いられている。

　アバランシホトダイオードは，PIN ホトダイオードと同様の構造を持ち，逆バイアス電圧を加えるが，逆バイアス電圧を十分大きくすると，入射光により p 形半導体の空乏層で自由電子が発生し，空乏層内で別の原子と衝突し，これを励起して新たな自由電子と正孔の対が発生する。このような衝突が繰り返されてキャリヤ（自由電子と正孔）がなだれ（アバランシ効果）的に増大して光電流が増幅される。アバランシホトダイオードは，素子内部に増幅機能を持っているので，微弱な光を高速度で検出できる機能がある。長距離伝送用の受光器としては最適である。

　図 1.73 は，PIN ホトダイオードおよびアバランシホトダイオードの外観例と特性を示したものである。

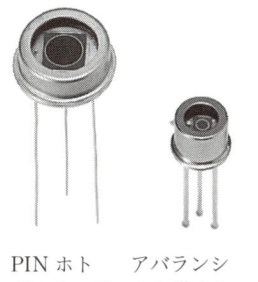

1.6 光通信

受光素子の性能例

特性＼種別	PIN-PD	APD
受光感度	$-15\sim20$ dBm	$-30\sim40$ dBm
周波数特性	数十 MHz 程度	数 GHz 程度
動作電圧	$0\sim20$ V	$30\sim200$ V
増倍率	1	500 程度
寿命	トランジスタ相当	

PIN ホト
ダイオード
(PIN-PD)

アバランシ
ホトダイオード
(APD)

図 1.73 PIN ホトダイオードおよびアバランシホトダイオードの外観例と特性

問 30. PIN ホトダイオードとアバランシホトダイオードの特徴の違いについて考えてみなさい。

1.6.2 光ファイバによる光の伝搬と光ファイバの種類

1 光ファイバによる光の伝搬 図 1.74 は，光ファイバ内を光が伝搬する様子を示したものである。光ファイバは，屈折率の大きいコアと屈折率の小さいクラッドの境界面に光が入射すると，その入射角 θ が臨界角 θ_c[†1] より大きい場合に全反射となる。この全反射し

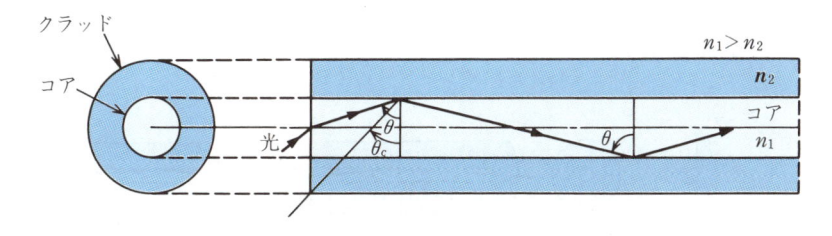

図 1.74 光ファイバ内の光の伝搬の仕方

---

†1 屈折角 $\phi = 90°$ になるような入射角 θ_c を臨界角という。

た光は反射側のコアとクラッドの境界面に同じ入射角 θ で入射するので同じように全反射する。これを繰り返しながら光は光ファイバのコア内に閉じこめられて，伝搬していくことになる。逆に，光が臨界角より小さい角度 θ で入射すると，クラッドに出てしまい伝搬されなくなる。

2　光ファイバの種類　　光ファイバは，その屈折率分布と光ファイバ内の光の伝わり方（伝搬モード）によって種別される。

図 1.75(a) のように，コアの屈折率がほぼ一定でクラッドの屈折率に対して階段状に変化をもたせたものを**ステップ**（step index，略して **SI**）**形**という。SI 形は，光がコア内を伝搬するとき，直進する光と全反射をする光とでは伝搬時間が異なる。この時間差の現象を分散モードといい，光の伝搬速度が遅くなって光信号を忠実に伝送することはできない。

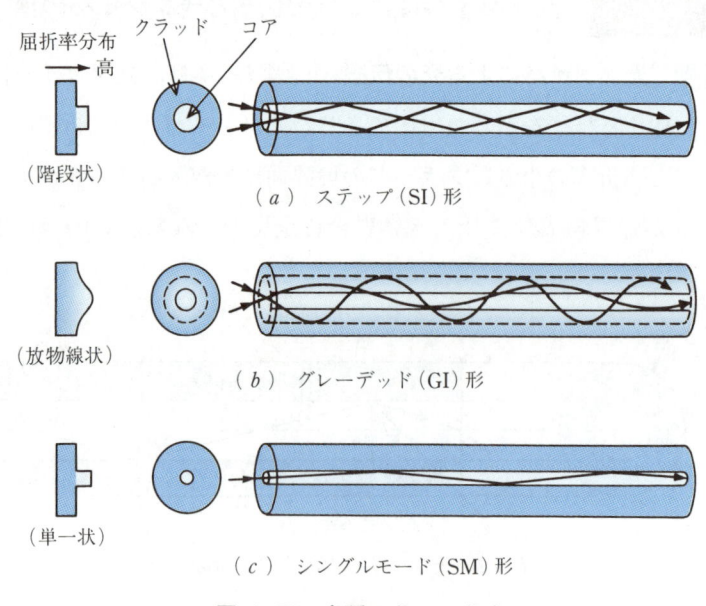

図 1.75　各種の光ファイバ

(a) ステップ (SI) 形
(b) グレーデッド (GI) 形
(c) シングルモード (SM) 形

図(b)のように，放物線状の屈折率を持たせたものを**グレーデッド**（graded index，略して**GI**）**形**という。GI形は，屈折率の小さい周辺部を通る光は中心部より速く進み，伝搬時間の差がほぼ一定となり，SI形のような分散モードが現れない。そのため，高速の光信号の伝送が可能であり，伝送帯域がきわめて広い。

SI形やGI形の光ファイバは，ともに光の伝わり方が数多くあるので，マルチモードと呼ばれている。これに対して，図(c)のように，光の伝搬経路を単一化したものを**シングルモード**（single mode，略して**SM**）**形**という。

SM形は，コア径を細くして数多くの反射が生じないようにして直進する光だけを主体としているので，分散モードが起こりにくい。したがって，きわめて広い伝送帯域が得られる。しかし，コア径が細いためファイバどうしや発光素子との接続が容易ではない。

3　光ファイバの特徴　　光ファイバは，従来の同軸ケーブルやマイクロ波伝送に比べると，つぎのようにきわめてすぐれた特徴がある。

◇　**細心径で軽量である**　　光ファイバ自身の外形は $0.125\,\mathrm{mm}$ であり，非常に細くて軽量であるから，持ち運び，取り扱い，ケーブルの布設などの点で有利である。

◇　**低損失である**　　伝送損は，光ファイバを構成する材質の透明度によるもので，特に石英系ガラスを使った光ファイバは，理論的には $0.2\,\mathrm{dB/km}$ であり，損失が少ない。したがって，伝送路の途中に挿入する中継器が少なくてすむ利点がある。

◇　**大容量の伝送ができる**　　伝送帯域が広いので数多くの情報を送ることができる。1本のケーブルで伝送できる情報量が，同軸ケーブルでは数百 Mbps に対して，光ファイバでは数 Gbps の伝送が

可能である。

◇ **電磁誘導を受けない**　光ファイバの材質が誘電体である石英ガラスなので，雷や高圧電力線または電磁界による雑音の影響を受けない。したがって，安定かつ高品質の伝送ができる。

◇ **漏話が起こりにくい**　光ファイバは，外部に光が漏れることがないので，漏話の心配がない。そのため，加入者用ケーブルなどを多く束ねることができる。

以上の特徴からわかるように，光ファイバによる伝送は，従来の電気通信の主力である同軸ケーブル伝送やマイクロ波伝送よりもすぐれた方式である。今後，電気通信網の通信だけでなく，構内，ビル内の通信や，航空機などのあらゆる分野に適用されていくであろう。

1.6.3　光通信システム

1　光ファイバ通信の構成　光ファイバ通信は，伝送路として従来の平衡対ケーブルや同軸ケーブルの代わりに光ファイバを使って，信号を光の強弱に変換して伝送する通信システムである。

図 1.76 は，光ファイバ通信方式の基本構成を示したものである。

送信端では，電話，データ，ファクシミリなどの情報は，変換・変調を行う送信回路で電気信号に置き換えられ，さらに電気・光変換回路により光の強弱に変換されて，光ファイバケーブルに送り出される。

一方，受信端では，光ファイバケーブルから送られてきた光信号を，光・電気変換回路で電気信号に戻し，受信回路を経てもとの各信号に戻される。

電気・光変換回路には，レーザダイオードや発光ダイオードなどの

1.6 光通信

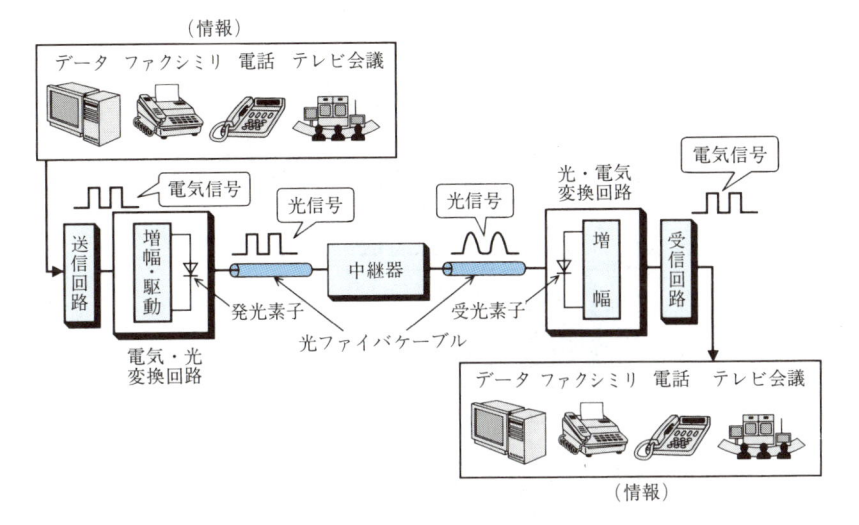

図 1.76 光ファイバ通信方式の基本構成

発光素子が，光・電気変換回路にはPINホトダイオードやアバランシェホトダイオードなどの受光素子が使われている。また，伝送路の距離が長い場合は，必要に応じて伝送路の中間に中継器が設置される。

問 31. 光通信システムの構成を説明しなさい。

2 光通信の変調方法 電気信号は，発光器で光信号に変換されるが，この変換は，発光素子から出る光の強度を，電気信号の変化に対応させて変化させるものである。

図 1.77 は，発光素子であるレーザダイオードを用いた直接変調の原理を示したものである。

ディジタル信号の場合は，直流バイアス上に信号電流をのせて変調を行い[†1]，アナログ信号の場合は，電流-光出力特性（I-P特性）の直

---

†1 発光ダイオードの場合は特性が直線性を持つので，信号電流だけで直接駆動する。

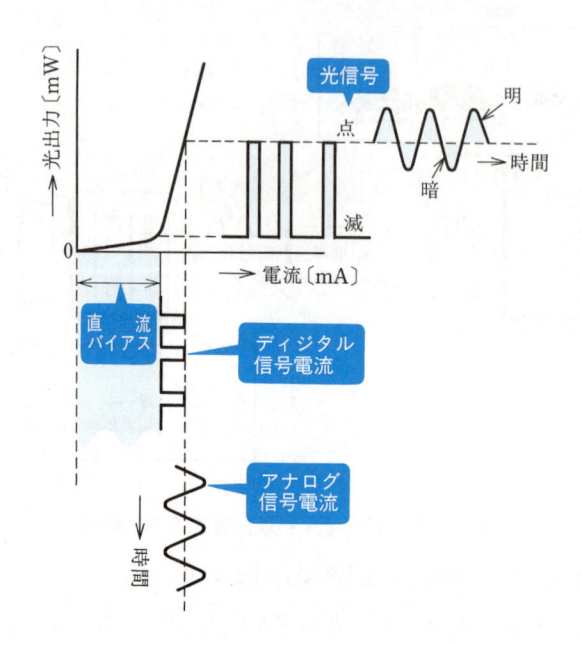

図 1.77 レーザダイオードを用いた直接変調

線部分を利用して変調が行われる。

　発光器に使われているレーザダイオードの出力は，単一の周波数の波ではなくて，振幅，周波数，位相の異なる正弦波が多数集まった合成波である。したがって，従来の変調方式のように，搬送波として使用することはできないので，図のように信号電流の大きさに応じて光の強さを変化させることにより，変調を行う。このような変調を**強度変調**（intensity modulation，略して **IM**）という。

　強度変調方式は，情報源である電気信号をそのまま発光素子の駆動電流として加え，光の強弱に置き換えて伝送するもので，現在までに実用化されているほとんどの光通信システムに，この変調方式が採用されている。

　これに対して，発光器において，光波の周波数や位相を電気信号に

よって変調する方式を**コヒーレント光方式**[†1]という。この方式は，強度変調による通信と区別して**コヒーレント通信**または**光波通信**と呼ばれ，従来のアナログ伝送やマイクロ波伝送などと同様に，搬送波により信号波を伝送する形態がとられている。強度変調による通信に比べて，受信感度の向上や，周波数分割多重方式による大幅な伝送容量の拡大ができる利点がある。

3 **光ファイバ伝送方式**　光通信における信号の伝送方式には，電気通信の場合と同じようにディジタル伝送方式とアナログ伝送方式がある。

図1.78に，ディジタル伝送方式の基本構成を示す。入力信号が音声や画像のようなアナログ信号の場合，アナログ信号をPCMにより符号化して時分割多重化した後，伝送路に適した符号に変換し，強度変調が行われて光ファイバに送り出される。

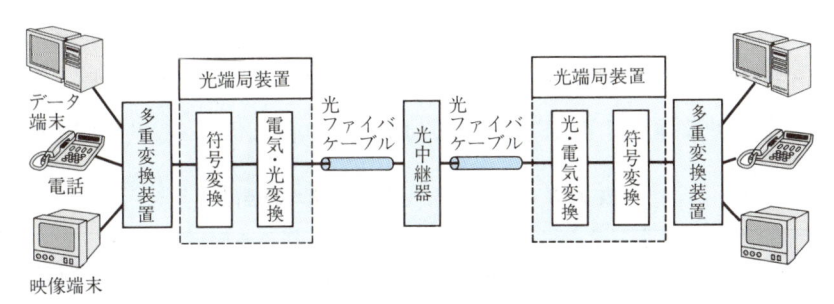

図1.78　ディジタル伝送方式の基本構成

また，データのようなディジタル信号は，そのまま伝送されるのではなく，伝送するのに適切な符号に変換してから強度変調が行われる。

ディジタル信号は，アナログ信号に比べて非常に多くの高周波成分

[†1] コヒーレント光方式に対して，強度変調方式のことを**インコヒーレント**(incoherent) **光方式**ともいう。

を含むので，広帯域の伝送路を必要とする．光ファイバは伝送帯域が広いので，ディジタル伝送に適している．

一方，アナログ伝送方式では，音声や画像などのアナログ信号を直接，強度変調する方法がとられている．使用される発光素子は，電流-光出力特性が高周波数まで直線的でかつ高効率で変調できることが必要である．

4 光ファイバ通信システム

光ファイバ通信システムは，その適用範囲により大きく分類すると，光公衆通信システム，構内光データ通信システム，光画像通信システムに分けられる．ここでは，光公衆電話回線についてその概略を学ぶことにする．

図 1.41 でみられるような公衆電話回線のうち，中容量の局間中継や大容量の市外回線を中心としてディジタル化が急速に進展し，実用化されてきている．表 1.3 にいろいろな光ファイバ通信システムのおもな性能を示す．

特に，旭川-鹿児島間の約 3 500 km を結ぶ日本縦貫幹線伝送路として，当初 F-400 M（伝送速度 400 Mbps）と呼ばれている光ファイバ

表 1.3　光ファイバ通信システムの性能

システム名 項目	F-100 M	F-400 M	F-1.6 G	FTM-600 M	FTM-2.4 G
伝送速度	11.689 Mbps	445.837 Mbps	1.820 9 Gbps	622.08 Mbps	2.488 32 Gbps
伝送容量 （電話換算）	1 440 ch	5 760 ch	23 040 ch	8 064 ch	32 256 ch
光ファイバ	SM 形				
波長	1.3 μm			1.3 μm, 1.55 μm	
発光素子	InGaAsP-LD				
受光素子	Ge-APD			InGaAs-APD	
中継間隔	10 km, 40 km	40 km, 80 km			

伝送方式が用いられていた。しかし，高速ディジタル専用線や画像伝送などの高帯域伝送サービスにこたえるために，徐々に伝送速度が速まり，近年では 10 Gbps のディジタル伝送路が用いられるようになった。

中継間隔においては，光波長 1.33 μm 帯を用いた伝送方式では約 40 km の無中継伝送が実現されている。また，1.55 μm 帯を用いた伝送方式では約 160 km の無中継伝送も可能となっている。

また，高性能が要求される大容量長距離方式や海底ケーブル方式は，広帯域の光ファイバが使われている。中継間隔は同軸ケーブル (1.5〜4.5 km) に比べて損失が少ないので，大幅に長くなっている。

最近では，鹿児島-沖縄間に光増幅器を適用した超高速海底光伝送方式が実現されている。

問 32. F-400 M 光ファイバ伝送方式において，中継器はどのくらいの間隔で挿入すればよいか答えなさい。また，伝送速度は F-1.6 G 方式と比べると何倍異なるか求めなさい。

通信技術は，光ファイバの高性能化によって通信ネットワークのあらゆる場所で利用されているが，さらに，マルチメディア時代の伝送路として光ファイバの大容量化，無中継の長距離化が望まれている。そのための光技術として，光増幅器，光ソリトン伝送，コヒーレント通信などが期待されている。

(a) **光増幅器** 光増幅器 (optical amplifier) には，ガラス光ファイバのコア部に希土類元素の一つであるエルビウム元素を添加したものが用いられる。このような増幅器を**エルビウムドープ光ファイバ増幅器** (erbium-doped fiber amplifier，略して **EDFA**) という。

増幅の原理は，エルビウム電子の離散的準位を利用して光増幅作用

を得るというものである.レーザ発振と同じように,外部からエネルギーを与えられて上の準位に上がった電子が下の準位に移動するとき,新しい光を発生し,入射光が増幅される.

図 $1.79(a)$ のように,エルビウム元素を含んだガラスファイバを別の光源で励起すると電子の上の準位から下の準位への誘導放出にともなって信号光が増幅される.また,図 (b) のエネルギー準位において,基底準位 E_3 にあるエルビウム原子の中の電子が別の光源で励起した光エネルギーを吸収すると,いったん高いエネルギー E_1 に励起される.その電子が低いエネルギー準位に落ちるときに,そのエネルギー差に相当した光が放出される.

励起光として用いられる光は,波長 $1.48\,\mu\mathrm{m}$ あるいは $0.98\,\mu\mathrm{m}$

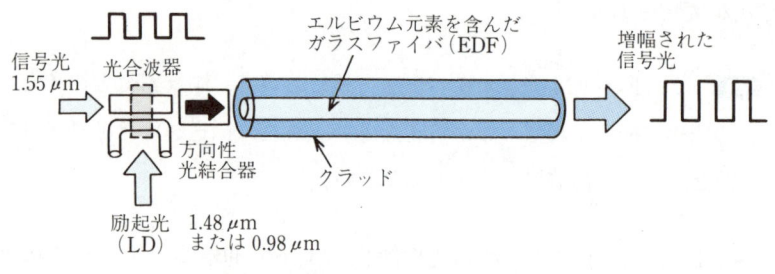

（a） エルビウムドープ光ファイバ増幅器

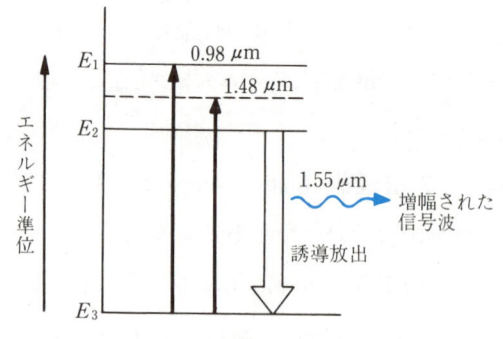

（b） 光増幅器のエネルギー準位

図 1.79　エルビウムドープ光ファイバ増幅器の原理

で,励起光はポンプのような役割をする。励起光によって,電子を高いエネルギー準位に持ち上げ,電子がそのエネルギー準位からいったん準位 E_2 に落ち,さらに下の E_3 に落ちるときに入射信号光を増幅した光を放出する。

EDFA の実用化によって,高利得,低雑音の光増幅器として用いることができ,1万 km にまで達する長距離の光ファイバ通信システムが可能になった。

(b) **光ソリトン伝送**　ソリトン (soliton) とは,媒質の中を遠方まで伝わっても一定の形を崩すことなく伝搬する波のことをいう。光ファイバにおいても,その原理は同じであり,光の波形が崩れずに遠方まで伝送できることを**光ソリトン伝送** (photo soliton transmission) という。光ファイバに光信号を通す場合,一般に光ファイバの分散性などにより,信号の波形が図 $1.80\,(a)$ のように,崩れてしまう。しかし,図 (b) のように,強くて急峻なパルスを信号として通すと,ほ

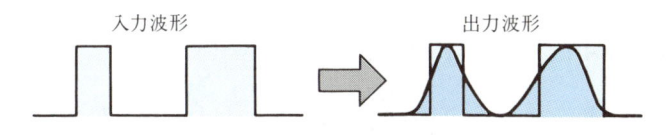

(a) 光の波形ひずみ

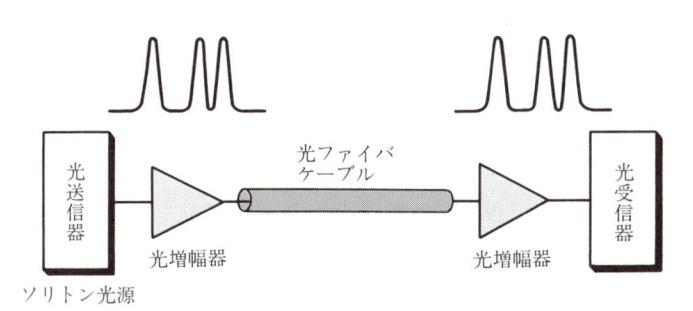

(b) 光ソリトン伝送

図 1.80　光ソリトン伝送の原理

ぼもとの光信号と同じ形で出力波形を受信できる。光パルスが強いと屈折率が大きくなり，屈折率の変化にともなって位相も変化する。この動作は，光ファイバの分散によるパルスの広がりを打ち消すので光パルスが変化しないことになる。

(c) **コヒーレント通信**　1.6.3項 **2** で学んだように，コヒーレント通信は光の波としての性質（周波数と位相）を利用した通信方式で，大容量の通信を行うことができる。

図 1.81 において，送信側では，レーザ光によるコヒーレント光の安定した周波数または位相を搬送波として用いている。そして，周波数または位相を変調して情報を送る。

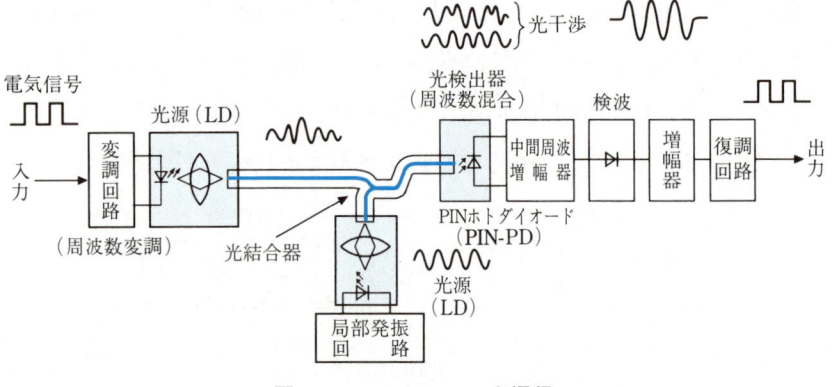

図 1.81　コヒーレント通信

受信側では，受信した光信号を局部発振光と光結合器で合波し，光信号の周波数 f_S と局部発振光の周波数 f_L の差に相当する中間周波数 $f_I(=f_S-f_L)$ の電流信号が PIN ホトダイオードから出力される。このような操作をヘテロダイン検波という。局部発振光の出力が十分大きければ，局部発振光に含まれる熱雑音の影響をほとんど受けずにかなり高感度な受信を行うことができる。

レーザダイオードや光ファイバの性能が向上し，数 Gbps の高速デ

1.6 光通信

ィジタル信号を数百 km の長距離にわたって伝送可能なシステムとして構成できるようになった。

問 33. 光ソリトンは，どのような性質を持っているのか説明しなさい。

1.7 通信法規の概要

　情報社会といわれるように，政治，経済，社会，教育など，あらゆる分野において情報通信システムが利用されている。今や情報通信は，電力，ガス，水道と同様に私たちの生活になくてはならない重要な社会生活の基盤となっている。

　その社会生活の一環をなす通信分野に競争原理を導入し，情報通信の活性化と効率化を図ることを目標に，1985年4月に電気通信事業法が新しく制定された。

　また，情報通信が非常に公共性の高い事業であることから，電気通信事業法では通信事業の特色として，通信の秘密の保護および検閲の禁止，ならびに重要通信の確保をすることがきびしく規定されている。

　ここでは，おもに電気通信事業法と有線通信事業法について学ぶことにする。

1.7.1　電気通信事業法の概要

　電気通信事業法は，電気通信事業者が提供する電気通信役務について，電気通信事業者およびその役務の利用者が守るべき規律を定めた法律である。

　1　電気通信事業法の目的　電気通信事業法は，電気通信事業に競争原理を導入することにより，通信事業の効率化を図り，良質で

安価な電気通信サービスが提供されることを目標としたものである。また，端末設備についても，利用者が自由に電気通信回線に接続できるようになり，そのための工事担任者の制度や端末機器の技術基準適合認定の制度が定められている。以下に，電気通信事業法から目的を述べている部分を示す。

「この法律は，電気通信事業の公共性にかんがみ，その運営を適正かつ合理的なものとするとともに，その公正な競争を促進することにより，電気通信役務の円滑な提供を確保するとともにその利用者の利益を保護し，もって電気通信の健全な発達及び国民の利便の確保を図り，公共の福祉を増進することを目的とする。」

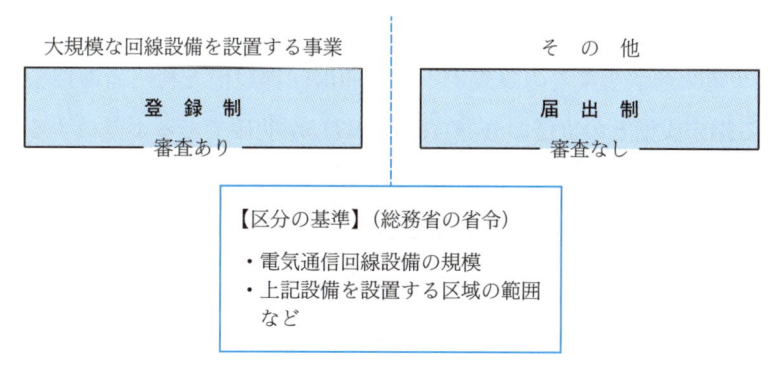

2 電気通信事業の構成　電気通信事業法では，電気通信事業を図 1.82 のように，大規模な回線設備を設置する事業とその他の事業に分け，それぞれ登録制と届出制になっている。

図 1.82　電気通信事業の構成

その事業が登録制にあたるのか届出制にあたるのかは，電気通信回線設備[†1]の規模や設置する区域の範囲などにより決まり，総務省の省令で基準が明確にされている。

[†1] 送信の場所と受信の場所との間を接続する伝送路設備のこと（一体として設置される交換設備やその附属設備を含む）。

また，登録する際には法令に違反していないかどうかの審査や，公正な競争がなされているかどうかのチェックがなされ，原則として15日程度で申請者に結果が知らされる。

電気通信事業法は，電気通信事業法施行規則のほかに，電気通信主任技術者規則，工事担任者規則などで構成されている。

3 端末設備の接続の技術基準 電気通信事業法により電気通信事業者は，端末設備の接続請求を受けたときは，その端末設備が技術基準に適合している場合は原則として，その請求を拒むことができないとされている。電気通信事業法で規程されている技術基準には，つぎのようなものがある。

◇ 電気通信回線設備を損傷し，またはその機能に障害を与えないようにすること。

◇ 電気通信回線設備を利用する他の利用者に迷惑を及ぼさないようにすること。

◇ 電気通信事業者の設置する電気通信回線設備と利用者の接続する端末設備との責任の分界（図 1.83）が明確であるようにすること。

これらの基準に対して端末設備が適合しているかどうかは，端末設

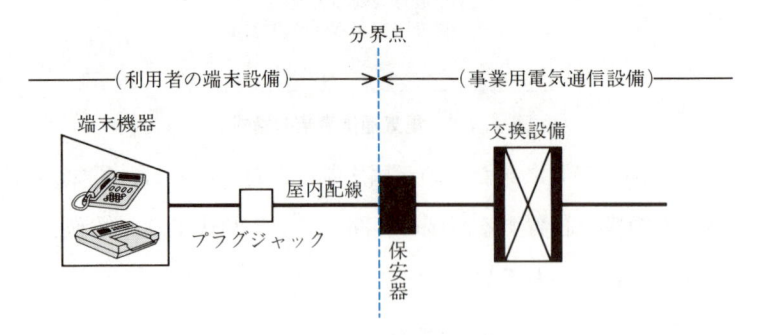

図 1.83 責任の分界

備の製造業者などが自ら確認できるようになっており（技術基準適合自己確認制度），総務大臣の登録を受けた者が適合の認定を行う。

表 1.4　工事担任者の種類および工事の種類

資格の種類	工 事 の 範 囲
AI 第 1 種	アナログ信号を入出力とする電気通信回線設備（以下，アナログ伝送路設備）に端末設備等を接続するための工事および総合ディジタル通信用設備[注]に端末設備等を接続するための工事
AI 第 2 種	アナログ伝送路設備に端末設備等を接続するための工事（端末設備等に収容される電気通信回線の数が 50 以下であって内線の数が 200 以下のものに限る）および総合ディジタル通信用設備に端末設備等を接続するための工事（総合ディジタル通信回線の数が毎秒 64 キロビット換算で 50 以下のものに限る）
AI 第 3 種	アナログ伝送路設備に端末設備を接続するための工事（端末設備に収容される電気通信回線の数が 1 のものに限る）および総合ディジタル通信用設備に端末設備を接続するための工事（総合ディジタル通信回線の数が基本インタフェースで 1 のものに限る）
DD 第 1 種	ディジタル信号を入出力とする電気通信回線設備（以下，ディジタル伝送路設備）に端末設備等を接続するための工事。ただし，総合ディジタル通信用設備に端末設備等を接続するための工事を除く
DD 第 2 種	ディジタル伝送路設備に端末設備等を接続するための工事（接続点におけるディジタル信号の入出力速度が毎秒 100 メガビット以下のものに限る）。ただし，総合ディジタル通信用設備に端末設備等を接続するための工事を除く
DD 第 3 種	ディジタル伝送路設備に端末設備等を接続するための工事（接続点におけるディジタル信号の入出力速度が毎秒 100 メガビット以下であって，主としてインターネット接続のための回線に限る）。ただし，総合ディジタル通信用設備に端末設備等を接続するための工事を除く
AI・DD 総合種	アナログ伝送路設備またはディジタル伝送路設備に端末設備等を接続するための工事

〔注〕「総合ディジタル通信用設備」とは，電気通信事業の用に供する電気通信回線設備であって，主として毎秒 64 キロビットを単位とするディジタル信号の伝送速度により，符号，音声，その他の音響または影像を統合して伝送交換することを目的とする電気通信役務の用に供するものをいう。これは，いわゆる ISDN のことを示している。

このように，端末設備の接続の技術基準は，事業者の設備の保護と利用者の保護が目的とされており，通話品質，端末設備の性能についての規定は対象外とされている。

一方，事業者が設置する電気通信設備の技術基準については，通信の秘密，通信の品質の確保が重要となっているので，これらの事項も技術基準の決定の原則に含まれている。

また，端末設備あるいは自営電気通信設備を電気通信回線に接続するには，その工事の種類に応じた工事担任者資格者証の交付を受けている者（以下，工事担任者という）に，工事を行わせるか，実地に監督させなければならない（電気通信事業法第71条第1項）。

工事担任者には，アナログ電話および総合ディジタル通信サービスにかかわる接続を工事の範囲とするAI種，ブロードバンドインターネットなどのディジタルデータ伝送にかかわる接続を工事の範囲とするDD種があり，その規模などにより，それぞれ第1種，第2種および第3種に区分されている（工事担任者規則第4条）。表 1.4 に，工事担任者の資格の種類と工事の範囲を示す[†1]。

1.7.2　有線電気通信法の概要

電気通信事業法は，電気通信サービスの運営を定めるサービス運営法であるが，**有線電気通信法**は電気通信に関する基本法である。

また，有線電気通信設備令は，有線電気通信設備および技術基準を規定したものである。

[†1] この資格区分は，2005年8月から施行された工事担任者規則の改正省令による。改正前にはアナログ第1～3種，ディジタル第1～3種，アナログ・ディジタル総合種の7区分があった。改正前の資格者証については名称および工事範囲において，従来と変わらず今後も有効な資格とされている。

1 有線電気通信法の目的
「この法律は，有線電気通信設備の設置及び使用を規律し，有線電気通信に関する秩序を確立することによって，公共の福祉の増進に寄与することを目的とする。」

2 有線電気通信設備の届出
有線電気通信法では，他に妨害を与えない限り有線電気通信の設置を自由とすることを基本理念としており，総務大臣への届出，技術基準への適合義務，通信の秘密の保護などを規定することにより秩序が保たれるよう規定されている。また，有線電気通信設備を設置しようとする者は，その旨を総務大臣に届出しなければならない。これは，設置される設備が本法で規定されている技術基準に適合しているかを確認するためである。

3 技術基準
有線電気通信設備は，本法で定められた**技術基準**に適合するものでなければならない。この技術基準は，つぎの観点から定められている。

◇ 他人の設置する有線電気通信に妨害を与えないようにする。

◇ 人体に危険を及ぼし，または物体に損傷を与えないようにする。

有線電気通信設備は，電磁的方式による通信を行う設備であるから，設備が不適切であったり，欠陥があった場合，多くの危険性がともなう。そのため，これらを未然に防ぐための技術基準を規定している。

したがって，有線電気通信法によって，不適切な設備に対して設備の検査，改善などの措置を命じることができる。このことを受けて，有線電気通信設備令および有線電気通信設備令施行規則を設けて技術基準を規定している。また，総務大臣は，通信の秘密の確保に支障があると認めたときや他人の利益を阻害すると判断されたときは，その設備の停止または改善，その他の措置を命ずることができる。

練習問題

❶ 市外電話網の構成はどのようになっているか説明しなさい。

❷ アナログ信号をディジタル信号に変換する場合，標本化周波数 48 kHz で標本化したとき，再生周波数の限界はいくらになるか求めなさい。

❸ PCM 方式において，標本化した信号を量子化するのはなぜか。また，そのとき生じる雑音を少なくするにはどうすればよいか説明しなさい。

❹ PCM 通信方式の特徴について説明しなさい。

❺ 6 Mbps で伝送できる回線において，1 200 bps のデータを多重伝送するとき，最高何チャネルの伝送が同時に可能であるか答えなさい。

❻ 電話回線を用いてデータ伝送を行う場合，位相変調が最も広く使われているのはなぜか説明しなさい。

❼ 図 1.15(b) の周波数変調において，信号の変化点から変化点までの時間が 833 μs であれば，変調速度はいくらになるか求めなさい。

❽ データ信号速度 4 800 bps のデータを 8 層 PSK で変調をしたときの変調速度はいくらになるか求めなさい。

❾ 端末装置からのディジタル信号が図 1.84 のような波形であると

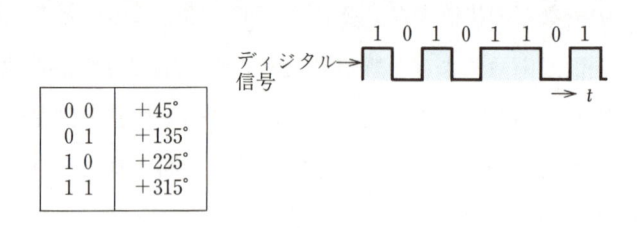

0 0	$+45°$
0 1	$+135°$
1 0	$+225°$
1 1	$+315°$

図 1.84

き，4相PSKで変調した場合の波形はどのようになるか説明しなさい。

❿ FDM伝送方式において群変調方式が用いられるのはなぜか説明しなさい。

⓫ FDM伝送方式において60通話路の多段変調はどのようにして得られるか説明しなさい。

⓬ TDMにおけるタイムスロットとはなにか説明しなさい。

⓭ 防側音回路の動作原理について簡単に説明しなさい。

⓮ 図 1.25 の押しボタン式電話機の回路図について，つぎの問に答えなさい。

(a) 通信ケーブルの抵抗の大小に応じて受話レベルを一定にするための調整回路はどの素子か答えなさい。

(b) 通信ケーブルの抵抗の大小に応じて送話レベルを一定にするための調整回路はどの素子か答えなさい。

(c) ダイオードブリッジDBはなんのために入っているのか説明しなさい。

(d) 送受話器を上げると，フックスイッチ HS_1，HS_2 が動作して直流回路が形成されたときの経路を記号で示しなさい。

(e) 相手を呼び出すためのダイヤルボタンを押すと，ダイヤル信号が送り出されるが，その経路を記号で示しなさい。

⓯ アナログ式電子交換機とディジタル交換機の大きく異なるところはなにか説明しなさい。

⓰ 図 1.85 の回路において，発振器の出力が3Vであるとき，抵抗 R の両端の電圧は0.15Vであった。このときの伝送線路の損失は1kmあたり何dBになるか求めなさい。ここに，変成器は理想的なものとし，各部のインピーダンス整合はとれているものとする。

⓱ 図 1.40 において，誘導回線の送端の電力は1mW，被誘導回線に誘導された送端側の電力は0.001mW，受端の電力は0.00001mWで

1. 有　線　通　信

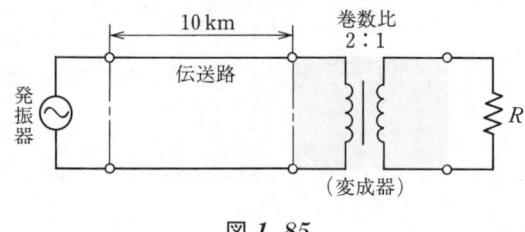

```
          ┌──── 10 km ────┐  巻数比
                           2:1
  発振器 ～  伝送路            ⎫⎧     R
                           ⎭⎫
                         (変成器)
```

図 *1.85*

あった。近端漏話減衰量および遠端漏話減衰量はいくらになるか求めなさい。

⑱　ケーブル間で漏話を少なくするにはどのような方法が用いられるか説明しなさい。

⑲　回線交換方式とパケット交換方式の違いについて説明しなさい。

⑳　網制御装置の必要性とその機能について説明しなさい。

㉑　プロトコルとはどんなことか簡単に説明しなさい。

㉒　ISDN の特徴について説明しなさい。

㉓　光ファイバケーブルは，従来の平衡対ケーブルや同軸ケーブルに比べてどんな特徴があるか述べなさい。

㉔　光通信用の受光素子として利用できるための必要な事柄はなにか述べなさい。

㉕　通信関係の法規に電気通信事業法や有線電気通信法があるが，これらの法規がなぜ必要なのか説明しなさい。

2 無線通信

　通信ケーブルによって情報を伝達する有線通信は，比較的少ないひずみや雑音で確実に遠方に信号を送ることができる。しかし，通信ケーブルを伴う点で大きな制約があり，建設や保守にも多くの費用や時間が必要になる。これに比べ無線通信は，空間を伝わる電波を利用するため，通信ケーブルが不要となり，移動するものとの通信，ラジオやテレビジョン放送などに適し，電子技術やコンピュータ技術の発展とも連動して，衛星を利用した放送・遭難通信・位置の計測など，よりいっそう高度な形態に発展しつつある。

　この章では，まず電波の性質について調べ，無線通信を行う手段として，アンテナ，無線の送受信機の原理，いろいろな無線通信の利用機器など，基礎的な事柄について学習する。

2.1 無線通信の概要

　今日の無線通信技術の起源としては，1864年にマクスウェル（James C. Maxwell）の電磁波の存在を予測する発表，1888年にヘルツ（Heinrich R. Hertz）による電磁波の確認の実験，マルコーニ（Guglielmo M. Marconi）の通信への応用と技術改良などが挙げられる。

　これらの時代から今世紀までわずか100年余の間に，現代の高度技術を駆使した高速通信，宇宙通信などが発達した。

　ここでは，無線通信の関係法規の概要や無線通信の利用形態について学ぶことにする。

　無線通信には，図2.1(a)のように，複数の無線局が電波を利用して，電信や電話などにより，相互に情報の交換を行うものと，図(b)のラジオ放送やテレビジョン放送のように，無線局から電波により情報を提供するものがある。また，電波伝搬の経路としては，直接伝搬する場合や電離層の反射による場合などがある。

　電波はその性質上，広い範囲に伝搬し，使用できる周波数帯も有限であり，公共的な資産とみなすことができる。また，電波による通信（無線通信）は受信機により誰でも容易に受信が可能であるため通信の秘密の保護が重要な課題となる。このため，合理的な電波の使用，電気通信の混信・妨害の防止，秘密保護などのための規則が定められている。

2.1 無線通信の概要

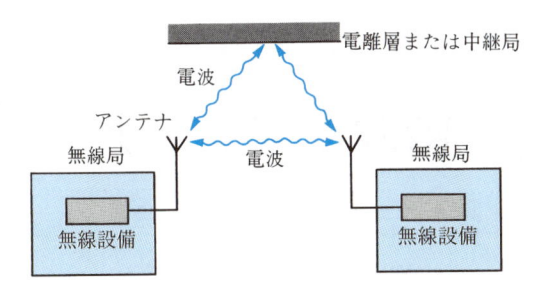

(a) 相互に情報を交換する場合

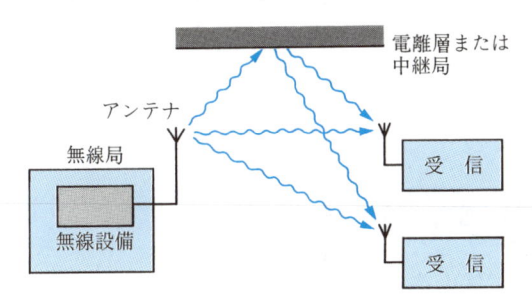

(b) 無線局から情報を提供する場合

図2.1 無線通信の概要

電気通信に関する国際機関である国際電気通信連合は,「電気通信の良好な運用によって諸国民の間の関係および協力を円滑にする」ことを目的として,国際電気通信条約を制定している。

これに従い,各国は,国内における電波の使用について具体的な法令を定めている。わが国では,「電波の公平かつ能率的な利用を確保することによって,公共の福祉を増進すること」を目的として,**電波法**が制定されている。無線通信の秘密保護については同法で「何人も法律に別段の定めがある場合を除くほか,特定の相手方に対して行われる無線通信を傍受してその存在もしくは内容を漏らし,又はこれを窃用してはならない」(電波法59条)と規定されている。

問 1. 電気通信に関する国際機関としてなにがあるか述べなさい。

2.2 電波とアンテナ

ここでは,電波の発生や性質について調べ,無線通信に利用されている電波の伝わり方や,電波を放射・受信するアンテナの特性などについて学ぶことにする。

2.2.1 電磁波の発生

放電による電気火花に伴って電磁波が発生することは,スイッチの開閉や雷によるラジオの雑音などからも知ることができる。

いま,導体に非常に高い周波数の交流電流を流すと,その周囲には交番磁界を生じると同時に,交番する電界も現れて,光速度で周りの空間に伝わっていく。

図2.2のように,導体に交流電流が流れると,導体中の正・負の電荷が交互に反対方向に上下運動し,電界が図の❶から❺の順にできて,これが周囲の空間に放射される。このような電界とともに,交番磁界も図2.3のように発生して,周囲に伝搬していく。

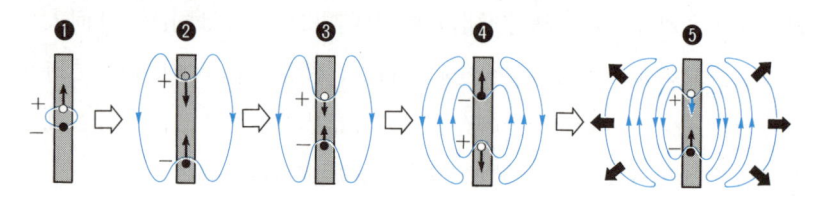

図2.2 電磁波の発生

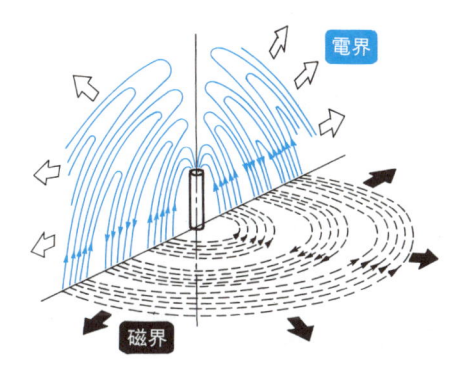

図 2.3　電磁波の放射

電磁波の電界 E と磁界 H は空間的に同時に存在し，図 2.4 のように，電磁波が伝搬する進行方向に対してたがいに直角な方向を持ち，導体に供給した高周波電流と同じ周波数で変化する。

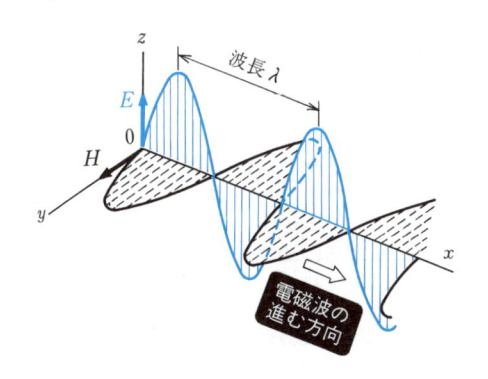

図 2.4　電磁波の電界と磁界

電磁波の性質として，① 直進，② 反射，③ 屈折，④ 回折　が挙げられる。これらは光と同じ性質である。

電磁波の真空中の伝搬速度 v〔m/s〕，波長 λ〔m〕および周波数 f〔Hz〕の間には，つぎの関係がある。

$$v = f\lambda = 3 \times 10^8 \text{〔m/s〕} \tag{2.1}$$

電気力線の存在する面を**電界面**といい，電界面が大地に対して垂直である電磁波を**垂直偏波**（vertically polarized wave），水平である電磁波を**水平偏波**（horizontally polarized wave）という。

> **問 2.** 電磁波は 1 μs に何 m 進むか求めなさい。
> **問 3.** 450 MHz の電磁波の波長は何 m か求めなさい。

2.2.2　電磁波と電波

図 2.5 は，電磁波の周波数と波長を示したもので，このうち一般に電気通信に使用されているものを**電波**（radio waves）といい，300万 MHz（3 000 GHz）以下とされている[†1]。

また，電波は周波数または波長により，表 2.1 のように分類されている[†2]。

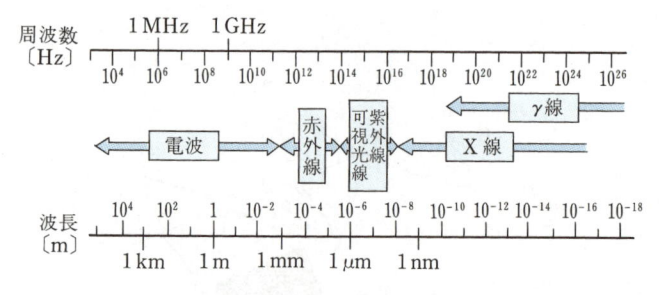

図 2.5　電磁波の周波数と波長

[†1] 電波法 第 2 条の 1
[†2] 電波法施行規則 第 4 条の 3

表 2.1　周波数，波長による電波の分類

周波数帯の略称	周波数の範囲	波長の範囲	おもな用途
VLF（超長波）	3〜30 kHz	100〜10 km	船舶通信，海上の無線標識
LF（長波）	30〜300 kHz	10〜1 km	
MF（中波）	300〜3 000 kHz	1 000〜100 m	放送，船舶・航空などの通信
HF（短波）	3〜30 MHz	100〜10 m	中・長距離の国内および国際間の各種通信
VHF（超短波）	30〜300 MHz	10〜1 m	FM放送，船舶・航空などの通信
UHF（極超短波）	300〜3 000 MHz	100〜10 cm	テレビジョン放送，多重通信
SHF	3〜30 GHz	10〜1 cm	多重通信，衛星通信，レーダなど
EHF	30〜300 GHz	10〜1 mm	
略称なし	300〜3 000 GHz	1〜0.1 mm	

2.2.3　電波の伝わり方

1　電波の伝搬　地上の送信所から発射された電波は，いろいろな通路を通って伝搬し，受信点に達する。

図 2.6 は代表的な電波の通路を示したもので，これらのうちおもにどの通路によって伝わるかは，その電波の周波数，季節や時刻，距離や地形などによって異なる。

超短波帯以上の周波数では，直接波，大地反射波などの空間波がよく伝わり，長・中波では，地表波と呼ばれる大地表面波によって伝わる。これらの通路を伝わる電波を一般に**地上波**（ground wave）と呼んでいる。

超短波帯以上の電波で，対流圏における屈折波や散乱波が伝わることがあり，これらの電波を**対流圏波**（tropospheric wave）という。

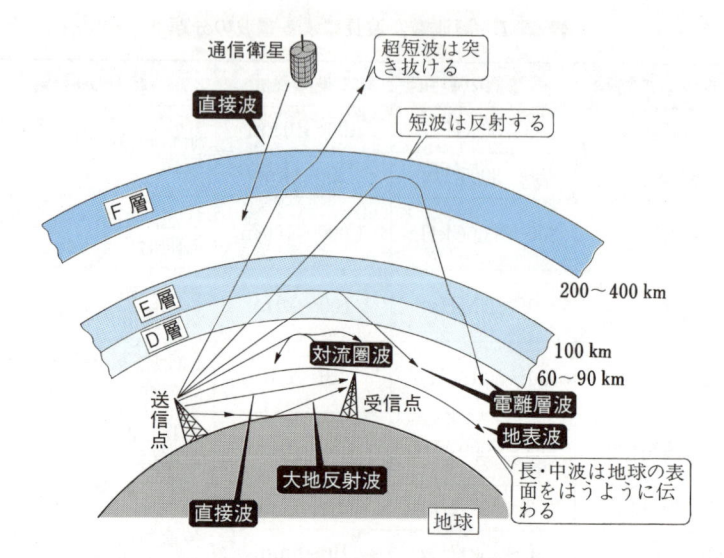

図2.6の各ラベル：通信衛星、直接波、超短波は突き抜ける、短波は反射する、F層、E層、D層、200〜400 km、100 km、60〜90 km、対流圏波、電離層波、地表波、送信点、受信点、大地反射波、直接波、地球、長・中波は地球の表面をはうように伝わる

図2.6 電波のおもな通路

短波帯以下の周波数では，上空にある**電離層**（ionospheric layer）によってその通路が大きく影響される．電離層は，電波を屈折・反射させたり散乱させたりするので，これを利用した電離層反射波，電離層屈折波，電離層散乱波などが通信に利用される．これらは一般に**電離層波**（ionospheric wave）と呼ばれ，電離層波と対流圏波を併せて**上空波**（sky wave）と呼んでいる．

表2.2に伝搬通路による電波の分類を示す．

表2.2　伝搬通路による電波の分類

区　分	名　　　称		周　波　数　帯
地上波	地 表 波	大地表面波	MF, LF
	空 間 波	直 接 波	VHF, UHF, SHF
		大地反射波	VHF, UHF
上空波	電 離 層 波		HF, MF, LF
	対 流 圏 波		VHF, UHF, SHF

2 **電離層と電波伝搬**　電離層は，地球上層部の薄い気体分子が電離している領域で，図 2.6 のように，地上約 100 km の高さの E 層や, 200 ～ 400 km 程度の高さにある F 層などがよく知られている。

　一般に，長・中波は E 層で，短波は F 層で反射し，超短波以上の周波数の電波は電離層を突き抜ける性質がある。さらに，E 層の高さに，超短波やマイクロ波を反射する**スポラジック E 層**[†1] （sporadic E layer）と呼ばれる電離層が生じることがある。

3 **電波伝搬の諸現象**

(a)　フェージング　長・中波の伝搬は，地表波によるものと，電離層での反射波が考えられる。図 2.7 のように，異なる通路を伝わってきた複数の電波が干渉すると，受信点の電波の強度は数秒から数分の周期で変動する。このような電波の強度が変動する現象を**フェージング**（fading）といい，電離層の状態が変動して，電波の減衰量が変化した場合などによっても生じる。

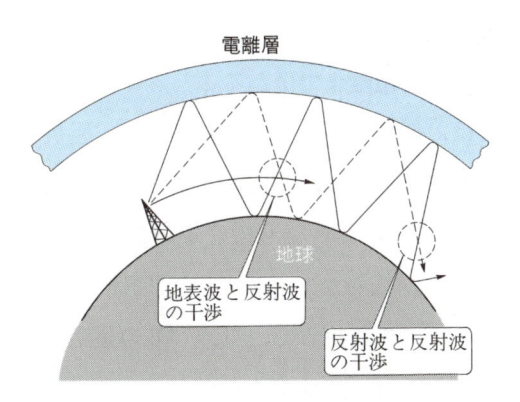

図 2.7　フェージング現象

[†1] E 層近くに，不規則的に数 km の広がりを持った電子密度の高い層が数分から数時間発生し，通信状態が異常になることがある。おもに，夏の季節に発生することが多い。

(**b**) **見通し距離外の伝搬**　超短波,極超短波ではおもに直接波と大地反射波が使われ,**見通し距離**(optical distance)の間を伝わる。見通し距離は,図 2.8 のように,送信点から見通すことのできる距離 d をいい,送信アンテナおよび受信アンテナの地上高をそれぞれ h_1, h_2〔m〕とすると

$$d = 4.12(\sqrt{h_1} + \sqrt{h_2})\ \text{〔km〕} \tag{2.2}$$

で表される[†1]。

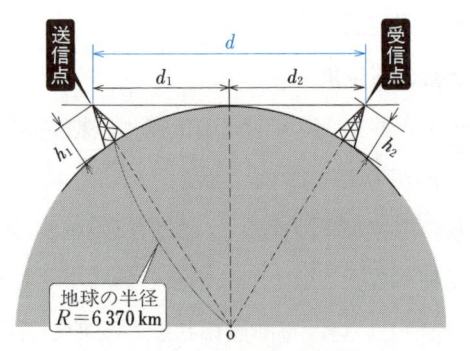

図 2.8　見 通 し 距 離

しかし,電波の回折現象やスポラジック E 層による反射などにより,見通し距離外の遠距離まで伝わることもある。

通常の大気では,地上から高くなるに従って,屈折率は減少する。しかし,気象状態によっては,高度が上がるに従って,屈折率が増加する場合が生じる。このようなものを**逆転層**(inversion layer)と呼ぶ。異常気象により逆転層ができると,VHF 帯以上の電波は,気温の境界面で上方や下方に屈折して,見通し外の遠距離まで伝搬することがある。こうした大気層を**ラジオダクト**(radio duct)と呼ぶ。

[†1] 電波は対流圏の屈折効果のため直進せずに,地球表面上に沿ってやや湾曲する。したがって,地球の半径 R の $\frac{4}{3}$ 倍を等価半径としたときの式である。

また，電波が対流圏や電離層に入射するとき，部分的に反射や屈折を生じる。そのため，電波のエネルギーの一部はさまざまな方向に散乱する。これを**散乱波**(scattered wave)といい，電離層では20〜60 MHz，対流圏では100 MHz〜10 GHzの周波数範囲で，散乱波として伝搬する。この散乱波によっても見通し距離外に伝わる。

(*c*)　**デリンジャー現象と磁気あらし**　太陽に面する地球上の短波の通信が，10分から数十分にわたって急に劣化することがある。これを**デリンジャー現象**（Dellinger effect）または**消失現象**という。これは太陽面の活動が急に盛んになり，その放射によっておもにD層の電子密度が異常に増加して，減衰が増大するためと考えられている。

また，地球磁気が太陽の活動の影響を受けて乱される**磁気あらし**(magnetic storm) の際にも，電離層は大きな変化を生じ，このため短波の通信が1日から数日間不良になることがある。

このように，太陽活動は地球上の電波伝搬に大きな影響を持つので，国際的な電波警報業務の協力がなされている。

> **問 4.** UHFと呼ばれる電波の周波数と波長の範囲はいくらになるか求めなさい。
>
> **問 5.** 送信アンテナおよび受信アンテナの地上高がそれぞれ15 m，6 mのとき，見通し距離はいくらになるか求めなさい。
>
> **問 6.** 送信アンテナから見通し距離30 kmの範囲を通信可能区域とする基地局を作りたい。移動局の受信アンテナの地上高を2 mとすると，基地局の送信アンテナの地上高はいくらにする必要があるか。

2.2.4　アンテナの動作原理

高周波電力を電波として空間に放射したり，空間の電波を高周波電

力として取り出す作用を持つものが**アンテナ**（antenna）である。

図 2.9 のように，導線の中央部に高周波用励振電源を接続して高周波電圧を加え，その波長 λ を変えると，波長 λ が導線の長さ l の 2 倍のとき，導線に大きな高周波電流が流れ，強い電波が空間に放射される。このとき，導線はアンテナとして働き，導線の長さが波長 λ の半分であるため，**半波長アンテナ**（half-wave antenna）または**半波長ダイポールアンテナ**という。いろいろな実用アンテナの利得などの電気的性質を比較するときの基本アンテナとなる。

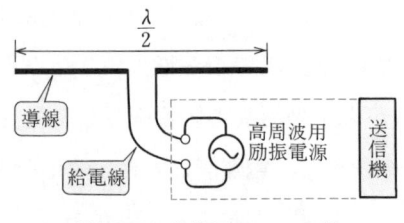

図 2.9　半波長アンテナ[†1]

励振電源から高周波電圧を加えると，アンテナは高周波回路として働き，アンテナの大きさや形状，高周波電圧の周波数などから決まる抵抗，インダクタンス，静電容量を持ち，これらの回路定数で定まる波長の高周波に共振する。共振する波長のうち，最も長い波長をアンテナの**固有波長**（natural wavelength），そのときの周波数を**固有周波数**（natural frequency）という。

共振状態では，半波長アンテナ各部の高周波電流の大きさは一定でなく，図 2.10(a) のように正弦波状になり，給電点において最大となる。また，アンテナの等価回路は，励振電源から見ると図(b)のような直列共振回路とみなすことができる。

この等価回路で，R_e は，電波として放射される成分と損失成分を

---

†1　給電線はアンテナと送信機を接続する線である。2.2.7 項で学ぶ。

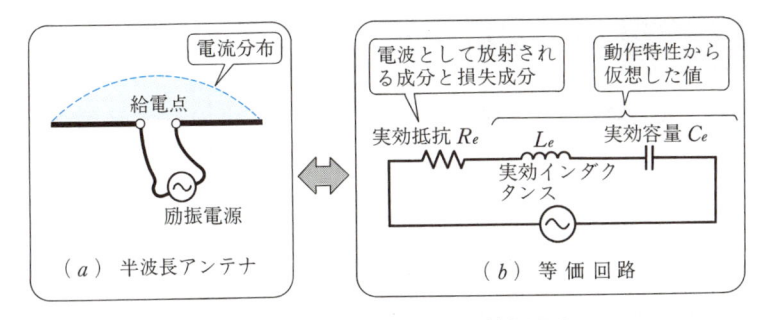

図 2.10　半波長アンテナの等価回路

表し，**実効抵抗**（effective resistance）という．L_e，C_e は，アンテナに分布しているインダクタンス成分，静電容量成分をそれぞれに合成した値と等価な値で，**実効インダクタンス**（effective inductance），**実効容量**（effective capacitance）という．これら R_e，L_e，C_e を**アンテナ定数**（antenna constant）と呼ぶ．

また，等価回路からアンテナの固有周波数はつぎの式で表される．

$$f = \frac{1}{2\pi\sqrt{L_e C_e}} \quad [\text{Hz}] \tag{2.3}$$

これまで学んだアンテナの等価回路やアンテナ定数，固有周波数の考え方は，受信アンテナとして使用する場合も同じである．この場合は，空間を伝搬している電波の中から固有周波数に合った電波を高周波電力として取り出す．

問 7. 長さ 3 m の半波長アンテナの固有周波数はいくらになるか求めなさい．

問 8. 固有周波数 460 MHz の半波長アンテナの長さはいくらになるか求めなさい．

2.2.5　アンテナの特性

1　実効長　長さ l〔m〕のアンテナの特性を調べる場合，図 2.11 (a) のように，アンテナの各部の電流の大きさが異なると，放射電力や放射抵抗などの回路計算が困難になる。そこで，図 (b) のように，給電点における電流 I〔A〕が一様に流れているアンテナに置き換えて考えると取り扱いやすい。このときのアンテナの等価的な長さ l_e〔m〕をアンテナの**実効長** (effective length) といい

$$l_e = \frac{2}{\pi}l \quad 〔\mathrm{m}〕 \tag{2.4}$$

となる。

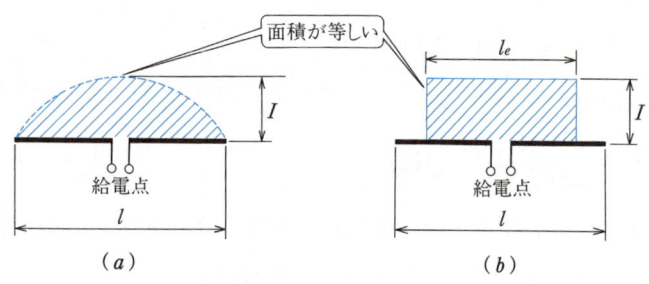

図 2.11　アンテナの実効長

I〔A〕はアンテナに流れる電流の実効値であり，実効長 l_e〔m〕との積をアンテナの**メートルアンペア** (meter ampere) という。

実効長は，受信アンテナの給電点に発生する起電力や，送信アンテナから放射される電波の電界強度の計算に使用される。

問 9.　周波数 60 MHz の半波長アンテナの長さを求め，その実効長を計算しなさい。

2　指向性　アンテナから，どの方向にどれだけの強さの

電波を放射しているかを示すために，平面上に曲線で表したものを**指向特性**または単に**指向性**（directivity）という。

指向性には，垂直面の指向性と水平面の指向性がある。垂直面の指向性は，どのような角度に，どのような強さで電波が放射されるかを示し，水平面の指向性は，大地面のどのような方向へ，どのような強さの電波を放射しているかを示す。

図 2.12 は半波長アンテナを水平に置いた場合の水平面の指向性で，アンテナの前後に 8 の字形の指向性になる。

図 2.13 は $\frac{1}{4}$ 波長垂直接地アンテナの指向性である。このアンテナは半波長アンテナの片方を垂直に立てたものと考えられ，他の片方は導体である大地がその役割を果たしている。水平面の指向性は，図

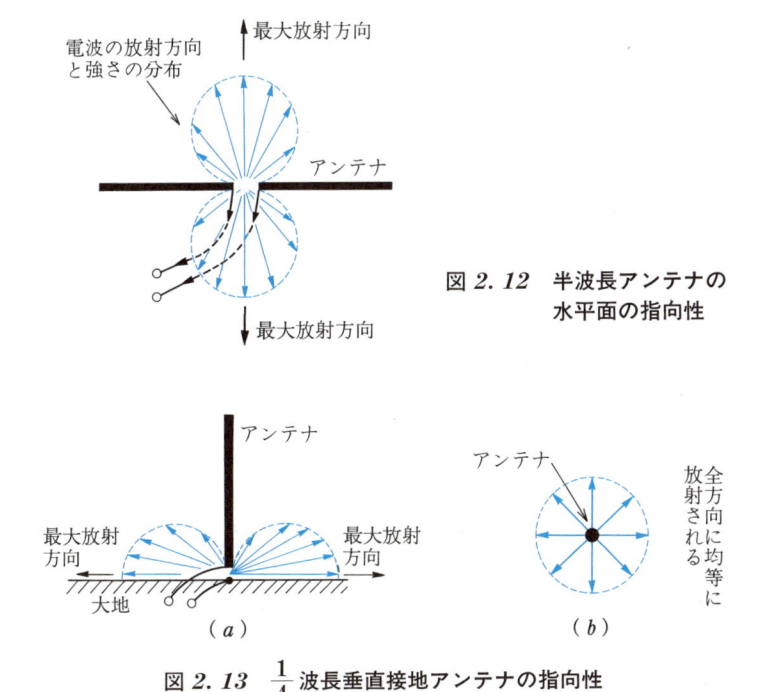

図 2.12 半波長アンテナの水平面の指向性

図 2.13 $\frac{1}{4}$ 波長垂直接地アンテナの指向性

(b)のように全方向に均等に放射している。

問 10. 半波長アンテナで受信する場合，電波の到来方向に対してアンテナをどの向きに設置すれば，最大感度が得られるか答えなさい。

3 アンテナ利得 図 2.14 のように，被測定アンテナに P 〔W〕の電力を加えたときと，基準アンテナに P_0 〔W〕の電力を加えたときに，最大放射方向の同一距離の地点 Q で，同一の電界を生じたとすると

$$G_0 = \frac{P_0}{P} \qquad (2.5)$$

$$G = 10 \log_{10} G_0 = 10 \log_{10} \frac{P_0}{P} \quad 〔dB〕 \qquad (2.6)$$

で G_0，G を表し，これらを**アンテナ利得** (antenna gain) という。

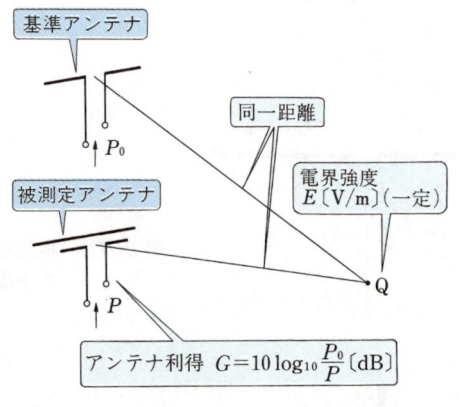

図 2.14 アンテナ利得

基準アンテナとして，全方向に均等に電波を放射するアンテナを仮定する場合を**絶対利得** (absolute gain) といい，半波長アンテナを基準アンテナとした場合を**相対利得** (relative gain) という。

相対利得 G_0 の受信アンテナの場合，その受信電力は，同一の電波

を半波長アンテナで受信したときの G_0 倍になる。

問 11. あるアンテナに 10 W を給電したところ，観測地点の電界強度が 500 μV/m となった。つぎに，半波長アンテナに 100 W を給電したところ，その地点の電界強度は前と同じ 500 μV/m となった。このアンテナの相対利得は何 dB か求めなさい。

問 12. 相対利得 6 dB のアンテナで 10 W の電力を送信している。同一受信地点で同じ電界強度を得るためには，半波長アンテナで送信すると何 W の電力が必要になるか求めなさい。

2.2.6 アンテナの実例

アンテナには，放射する電波の周波数やその使用目的によって，さまざまな形態のものがある。表 2.3 に現在よく用いられているアンテナの例を示す。

表 2.3 アンテナの例

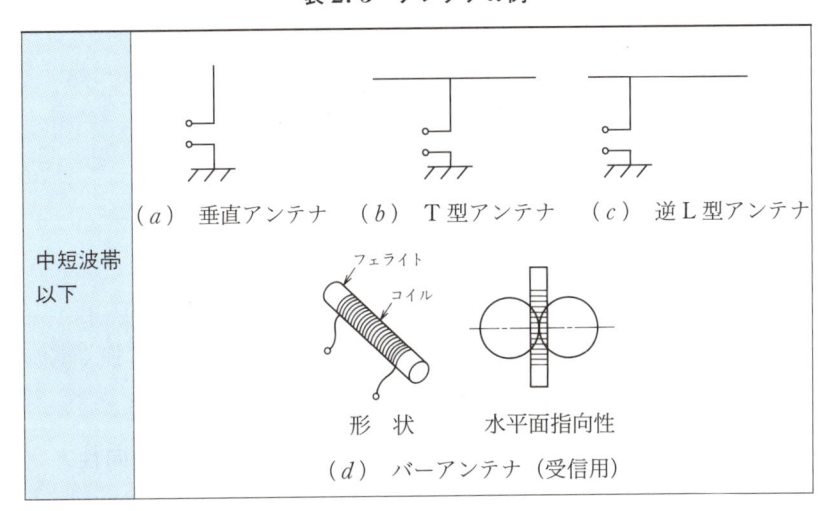

中短波帯以下	(a) 垂直アンテナ (b) T型アンテナ (c) 逆L型アンテナ
	(d) バーアンテナ（受信用）形状／水平面指向性（フェライト，コイル）

表 2.3 （つづき）

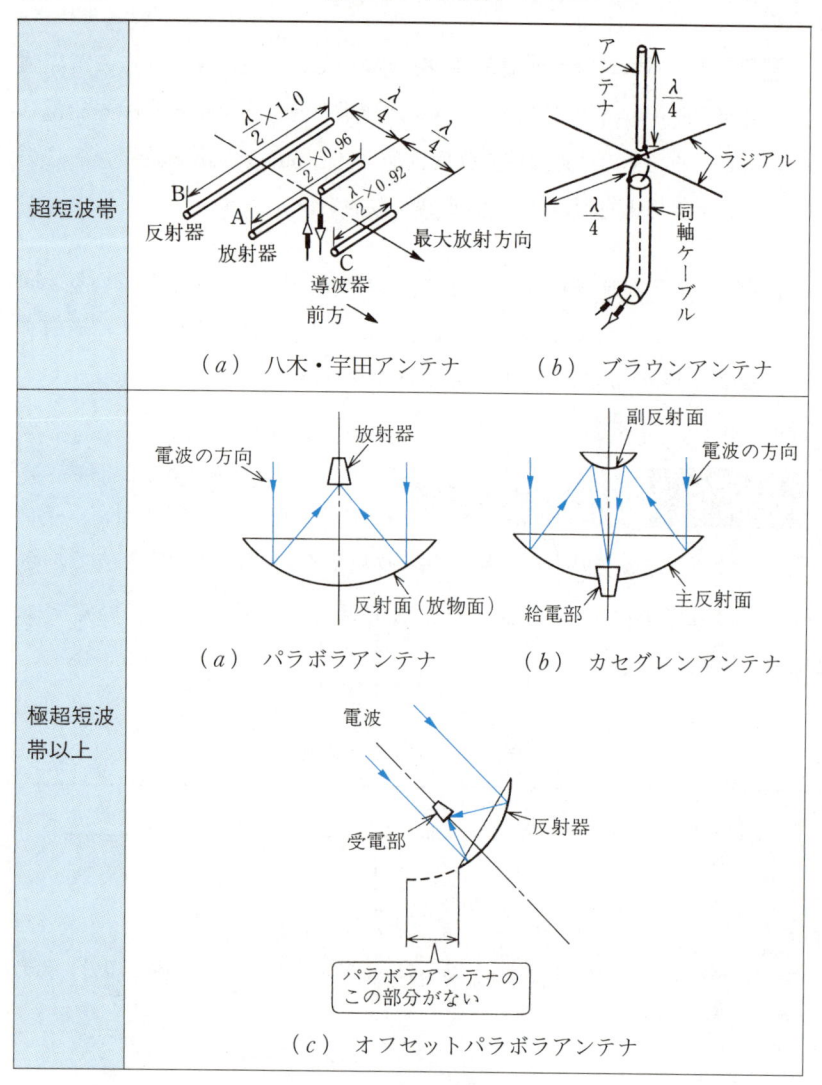

超短波帯	（a） 八木・宇田アンテナ　　（b） ブラウンアンテナ
極超短波帯以上	（a） パラボラアンテナ　　（b） カセグレンアンテナ （c） オフセットパラボラアンテナ

　一つの分類のめやすとして，指向性がある。一定の方向に強く電波を放射するアンテナを**指向性アンテナ**（directional antenna）といい，360°すべての方向に均等に電波を放射するアンテナを**無指向性アンテナ**（non-directional antenna）という。

2.2 電波とアンテナ

さらに，アンテナから放射する電波の波長，設置場所による制限，送信または受信専用，扱う電波の帯域幅，方向探知などの特殊な用途など，さまざまな目的に応じて多くのアンテナが考案され，使用されている。

2.2.7 給　　　電

1 給電線　アンテナと送信機または受信機を接続し，高周波電力を伝送するための線路を**給電線**（feeder）という。給電線上に定在波を生じないように，その特性インピーダンスとアンテナのインピーダンスとを整合させ，その結合部で反射が起こらないようにしたものを**非共振給電線**という。

このように整合させると，電圧，電流は給電線上を進行波として伝わり，伝送効率も高くとれる。

アンテナとのインピーダンス整合が不十分であると，定在波を生じる。この状態で，電圧の最大値と最小値の比，または電流の最大値と最小値の比を，**定在波比**（standing-wave ratio，略して**SWR**）とい

特性インピーダンス

$$Z_0 = \frac{138}{\sqrt{\varepsilon_r}} \log_{10} \frac{D_1}{D_2} \,[\Omega]$$

ポリエチレンの場合
$\varepsilon_r = 2.3$

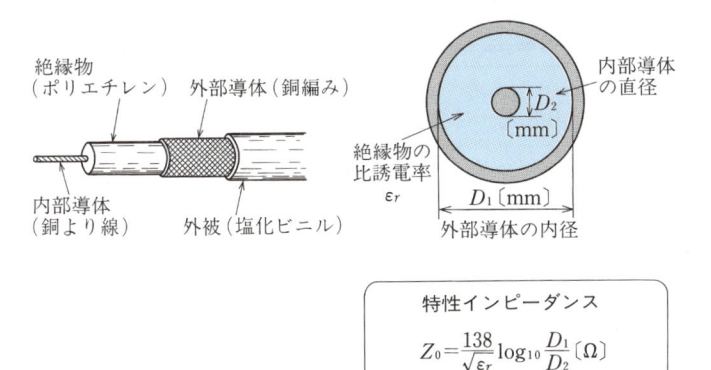

図2.15　非共振給電線

う。この値が1に近いほど，アンテナのインピーダンス整合が良好であり，損失の少ない給電が行われていることになる。

図 2.15 に非共振給電線の概要を示す。

同軸ケーブルは，図のように内部導体と外部導体の間に，絶縁物としてポリエチレンが入り，全体として同軸構造となっている。外部との遮へいがよく，雨などの天候の影響も受けにくい。現在の UHF 帯以下の無線機器に広く使用されている。

2　導波管　マイクロ波帯では，導線による電線の減衰量が極めて大きくなるため，高周波電力の伝送には図 2.16 のような導波管（waveguide）と呼ばれる金属管が用いられる。高周波電流は同軸ケーブルで導波管に導かれ管内のアンテナから電波として放射される。この電波は導波管内の壁面で反射し伝送される。

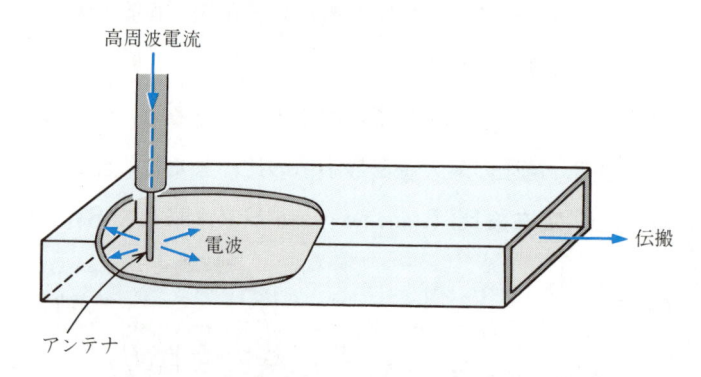

図 2.16　導波管

2.3 無線機器

　無線通信機は，出力電力，変調方式，それに周波数などが，無線業務や目的によって多くの種類に分けられる。

　受信機は，アンテナから入ってくる多くの周波数の電波から，目的の周波数の電波だけを選択して，もとの信号波を得る装置である。

　ここでは，AM と FM の代表的な送信機・受信機を例にとり，構成や性能の表し方などについて学ぶことにする。

2.3.1　無線通信における電波

1　無線通信と変調　　無線通信では，電波をアンテナから空間に放射して利用する。アンテナは図 2.17 のように共振回路と同様の性質を持っているので，電波は，高周波で周波数帯域幅の小さいほ

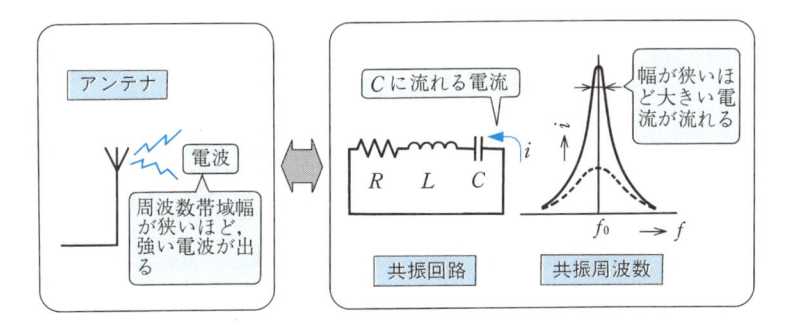

図 2.17　アンテナと共振回路

ど，アンテナから効率よく放射される。

一方，電波で送りたい音声信号やテレビジョンの映像信号などの信号波は，図 *2.18* に示すように，一般に低周波で周波数帯域幅が大きい。このために信号波は直接電波として放射されることはない。

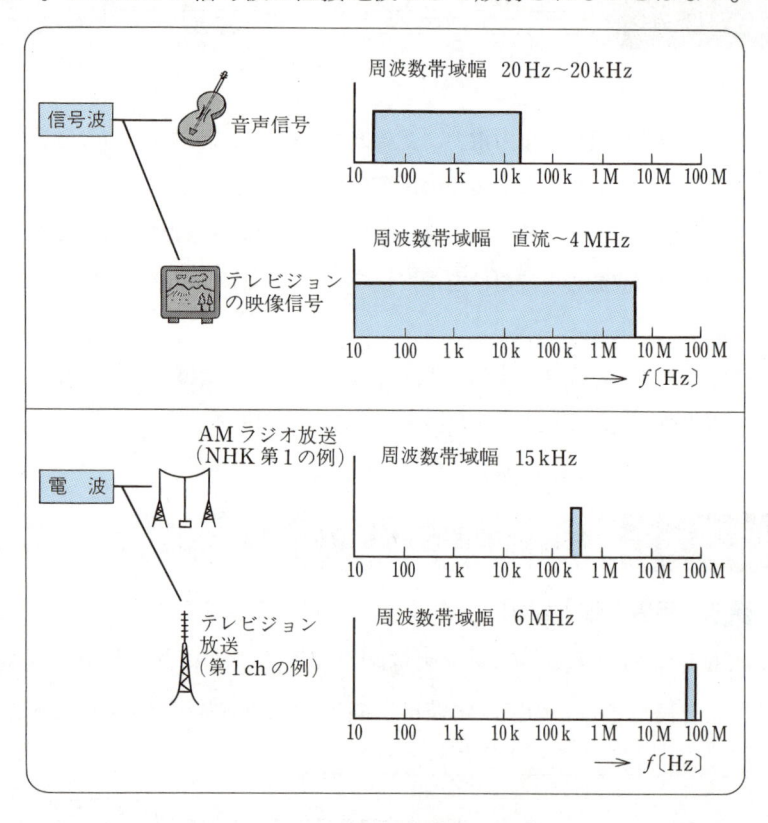

図 *2.18*　信号波と電波の周波数

電波として放射するためには，高い周波数の搬送波を信号波で変調しアンテナに供給する。変調には *1* 章で学んだようにいろいろな方式があるが，無線通信では，振幅変調，周波数変調，位相変調などがよく用いられる。

2　電波の形式と記号

電波は，変調の形式，信号の性質，信

表2.4 電波の形式

形式	記号	記号の意味
(1) 搬送波の変調の方式	N	無変調
	A	振幅変調（両側波帯）
	H	振幅変調（全搬送波による単側波帯）
	R	振幅変調（低減搬送波による単側波帯）
	J	振幅変調（抑圧搬送波による単側波帯）
	B	振幅変調（独立側波帯）
	C	振幅変調（残留側波帯）
	F	角度変調（周波数変調）
	G	角度変調（位相変調）
	D	同時に，または一定の順序で振幅変調および角度変調を行うもの
	P	無変調パルス列
	K	変調パルス列（振幅変調）
	L	変調パルス列（幅変調または時間変調）
	M	変調パルス列（位置変調または位相変調）
	Q	変調パルス列（パルスの期間中に搬送波を角度変調するもの）
	V	変調パルス列（各変調の組合せまたは他の方法によって変調するもの）
	W	同時または一定の順序で振幅変調，角度変調，またはパルス変調のうち二つ以上を組み合わせて行うもの
	X	その他のもの
(2) 変調する信号の性質	0	変調信号のないもの
	1	ディジタル信号である単一チャネルのもので変調のための副搬送波を使用しないもの
	2	ディジタル信号である単一チャネルのもので変調のための副搬送波を使用するもの
	3	アナログ信号である単一チャネルのもの
	7	ディジタル信号である2以上のチャネルのもの
	8	アナログ信号である2以上のチャネルのもの
	9	ディジタル信号の1または2以上のチャネルとアナログ信号の1または2以上のチャネルを複合したもの
	X	その他のもの
(3) 伝送情報の形式	N	無情報
	A	電信（聴覚受信を目的とするもの）
	B	電信（自動受信を目的とするもの）
	C	ファクシミリ
	D	データ伝送，遠隔測定または遠隔指令
	E	電話（音響の放送を含む）
	F	テレビジョン（映像に限る）
	W	N～Fまでの形式の組み合わせのもの
	X	その他のもの

〔注〕 電波は，上記の規定に従って(1)～(3)の順に3文字の記号で表示される。

号の種類によって分類することができ，それぞれ表 2.4 の記号で表すことになっている（電波法施行規則 第 4 条の 2）。

この記号表示によれば，AM ラジオ放送の電波の形式は，変調の形式が両側波帯の振幅変調の A，変調する信号がアナログ信号の 3，そして伝送情報の形式が音声（音響の放送）の E により，A3E となる。また，テレビジョン放送（映像）は，変調の形式が残留側波帯の振幅変調の C，変調する信号がアナログ信号の 3，そして伝送情報の形式がテレビジョン（映像）の F により，C3F となる。

2.3.2　AM 送信機の構成

図 2.19 は一般的な AM 送信機の構成図である。

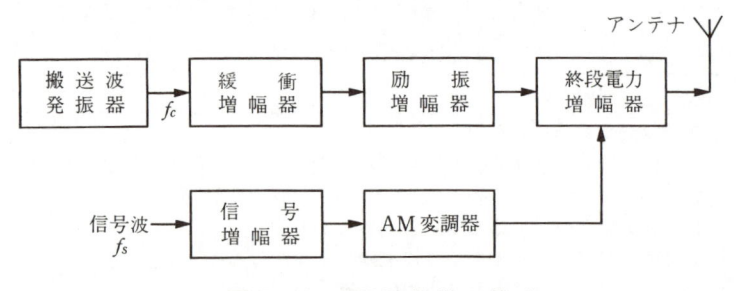

図 2.19　AM 送信機の構成

1　搬送波発振器　搬送波発振器（carrier oscillator）は搬送波を発生させる発振器である。周波数の安定がよいこと，それに高調波が少ないことが特に必要である。このため，水晶発振器と PLL 発振器がよく用いられる。

（**a**）**水晶発振器**　LC 発振回路の L や C の代わりに，水晶振動子を用いた発振器が**水晶発振器**（crystal oscillator）である。水晶発振器は周波数安定度がよい。

周波数が高い場合には，水晶振動子の製作が難しくなり，直接，目的の周波数を発振させず，図 2.20 のような**周波数逓倍器**(てい)（frequency multiplier）を用いて，目的の周波数を得ている。しかし，周波数逓倍器を用いても，水晶振動子固有の周波数 f_x の整数（n）倍の周波数しか得られない。

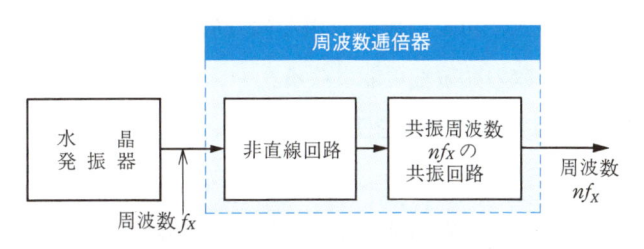

図中：周波数逓倍器（非直線回路 → 共振周波数 nf_x の共振回路），入力：水晶発振器，周波数 f_x，出力：周波数 nf_x

水晶発振器で発振させた f_x の信号を非直線回路に加えると，f_x の高調波 $f_x, 2f_x, 3f_x, \cdots$ が得られる。この高調波の中から，共振回路で nf_x の成分を得る

図 2.20　周波数逓倍器を用いた発振

（b）PLL 発振器　図 2.21 は **PLL 発振器**（phase-locked loop oscillator）の構成例である。

図において，水晶発振器で作られた周波数 f_x の信号は，**周波数分周器**によって低い周波数 f_R の信号 V_R に変えられる。一方，**電圧制御発振器**（voltage-controlled oscillator，略して **VCO**）で作られた周波

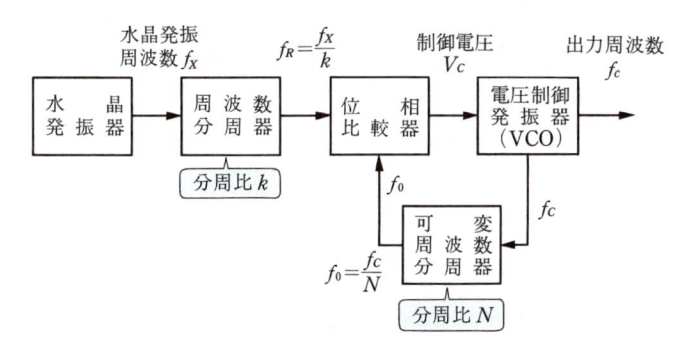

図中：水晶発振周波数 f_x → 水晶発振器 → 周波数分周器（分周比 k）→ $f_R = \dfrac{f_x}{k}$ → 位相比較器 → 制御電圧 V_c → 電圧制御発振器（VCO）→ 出力周波数 f_c；f_c → 可変周波数分周器（分周比 N）→ $f_0 = \dfrac{f_c}{N}$ → 位相比較器

図 2.21　PLL 発振器

数 f_C の信号 V_C は，**可変周波数分周器**によって $\dfrac{1}{N}$ の周波数 f_0 の信号 V_0 に変換される．**位相比較器**（phase comparator）では，V_R と V_0 の周波数と位相が比較されて，その差がなくなるように，VCO に対して制御電圧 V_C を与える．

この動作の結果，f_C の周波数安定度は水晶発振器と同程度のものが得られ，しかも，可変周波数分周器の分周比 N を変えることによって，高い周波数の発振も可能になる．

PLL 発振器は水晶発振器を使用するので，周波数は安定しており，また $\dfrac{f_X}{k}$ の間隔で周波数を可変できるので，割り当てられた周波数帯域幅の中でより多くの通話を行う移動用の無線機器などによく使用される．

2　緩衝増幅器　緩衝増幅器（buffer amplifier）は，後段の励振増幅器や電力増幅器などの電流，電圧の変化によって，搬送波発振器の周波数などが影響を受けないようにするために入れる増幅器である．一般には，疎結合された同調増幅器が用いられる．

3　励振増幅器　励振増幅器は，終段電力増幅器を動作させるのに必要な大きさにするための増幅器である．一般には，C 級動作の同調増幅器が用いられる．C 級動作の増幅回路は図 2.22 のように，1 周期の中で電流の流れる期間，すなわち流通角 θ が π ラジアンより小さい増幅器である．このため出力電流が間欠的に流れるので，出力に正弦波を得るためには，負荷に同調回路を設ける必要がある．

2.3 無線機器　149

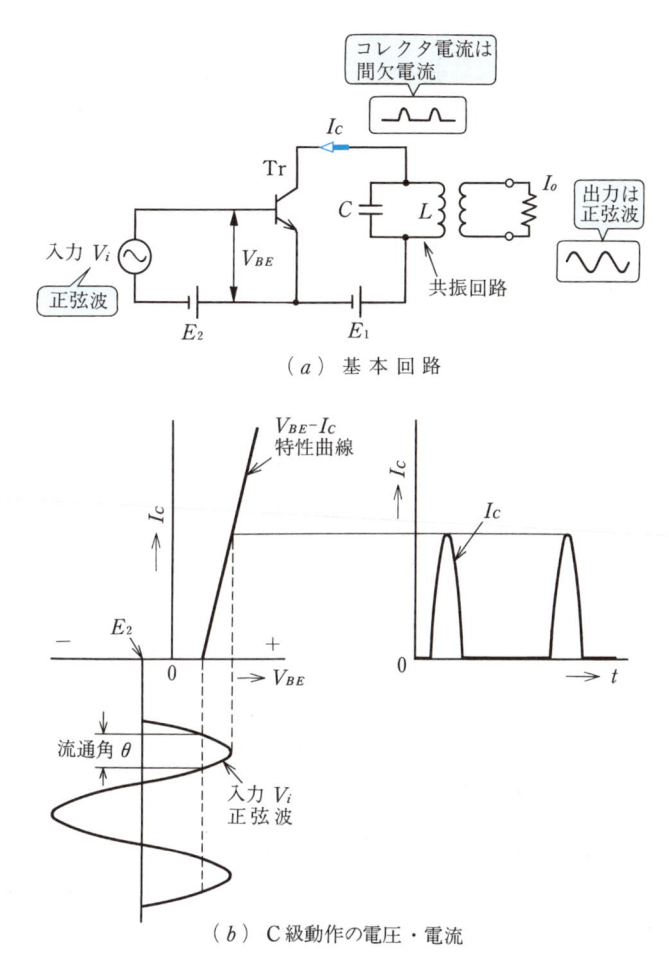

(a) 基本回路

(b) C級動作の電圧・電流

図 2.22　C級増幅回路

4 **終段電力増幅器**　終段電力増幅器は，送信機の出力電力を得るための増幅器である。大きな電力を扱うために，効率のよいこと，それにアンテナから不要な周波数成分の放射，すなわち**スプリアス放射**（spurious radiation）が少ないことなどが必要である。図 2.23 は終段電力増幅器の構成と回路例である。

150　2. 無線通信

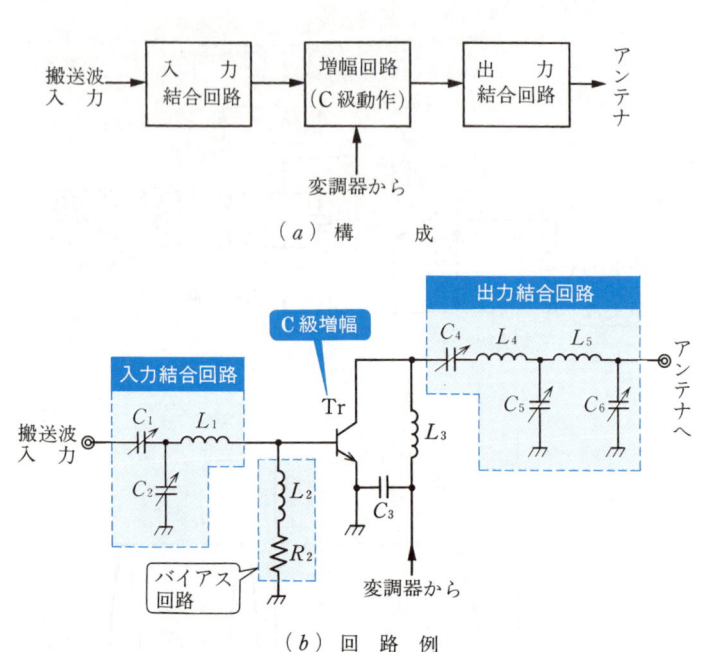

(a) 構　成

(b) 回　路　例

図 2.23　終段電力増幅器の構成と回路例

　結合回路は，搬送波周波数との同調，インピーダンス整合，スプリアス放射の低減などの働きを持つ。

　5　信号増幅器　　信号増幅器は，信号波を，変調器を動作させるための大きさにまで増幅する増幅器である。ひずみの少ないことが必要である。

　6　AM変調器　　AM変調器は，信号波の大きさに従って搬送波の振幅を変える。これは，図2.24のように，終段電力増幅回路の直流電源 E に，信号波の大きさに比例した交流電源 V_s を重畳することで行われる。

　ここに示した変調方式は，終段電力増幅器を制御するので，大きな変調器出力が必要である。この意味から，これを**高電力変調方式**という。

　これに対して，図2.25のように，励振増幅器を利用して変調さ

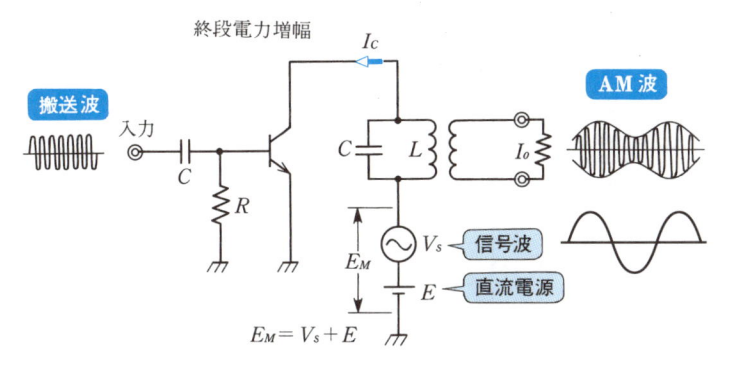

図 2.24　AM 変調器の原理

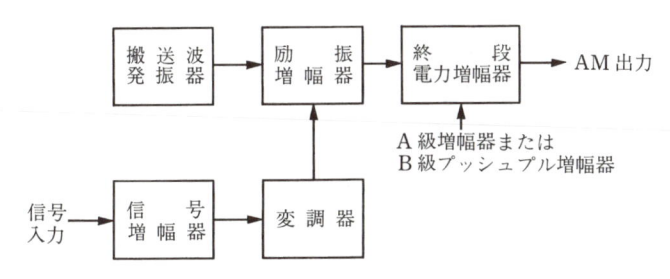

図 2.25　低電力変調方式

せることもできる。この方式は，小さな変調器出力で変調ができるので，**低電力変調方式**という。

　低電力変調方式では，終段電力増幅器に，ひずみの少ない A 級増幅器や B 級プッシュプル増幅器を使う必要があるので，効率が悪くなる。

2.3.3　AM 受信機

　図 2.26 は AM 受信機の構成例である。

　アンテナから入った電波は，高周波増幅器によって選択され，増幅された後，周波数変換器で決められた周波数に変換されてから，復調が行われる。このように，受信機内部で周波数変換を行う受信方式を

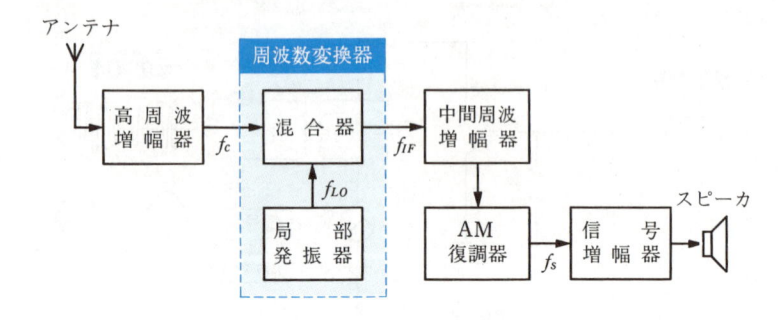

図 2.26 　AM 受信機の構成

スーパヘテロダイン（superheterodyne）**方式**という。これに対して，周波数変換を行わない方式を**ストレート方式**という。スーパヘテロダイン方式は，受信感度や選択性など多くの点で，ストレート方式より優れているので，一般にこの方式を用いる。

　スーパヘテロダイン受信機各部の働きを図 2.27 の AM 受信機の回路例で調べる。

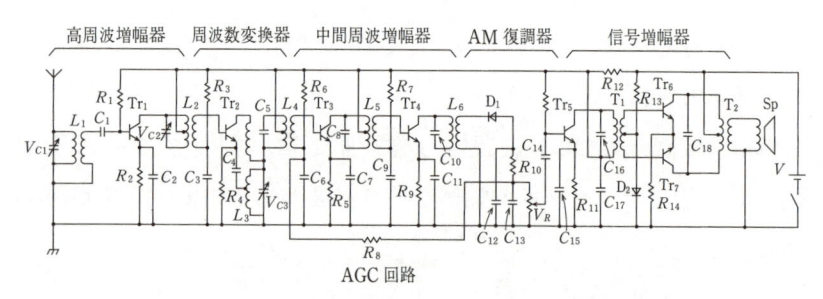

図 2.27 　スーパヘテロダイン AM 受信機の回路例

1　**高周波増幅器**　　高周波増幅器は，必要な電波を選択する入力回路と増幅回路に分けられる。入力回路は，アンテナとの整合をとることと，周波数選択性をよくして妨害や雑音を減らすために，LC 共振回路や帯域フィルタが使われる。

　増幅回路は低雑音の増幅が必要であり，FET を用いた IC や特に

高い周波数では GaAs FET などが使われる。

2　周波数変換器　周波数変換の目的は，増幅を容易にするとともに，受信機の性能を安定させることである。すなわち，異なる周波数の電波を受信しても，周波数変換で決められた**中間周波数**(intermediate frequency，略して **IF**)に変換すれば，それ以降の増幅回路などは，同じ周波数帯の信号を扱うことになり，設計が容易になるほか，特性も安定したものが得られる。

周波数変換の原理は図 2.28 に示すように，入出力特性が非直線である**混合器**(mixer)に，搬送波周波数 f_c の信号と，**局部発振器**(local oscillator)からの周波数 f_{LO} の信号を加えると，その出力には，f_c, f_{LO}, $(f_{LO} + f_c)$, $(f_{LO} - f_c)$ の四つの成分の信号が得られる。

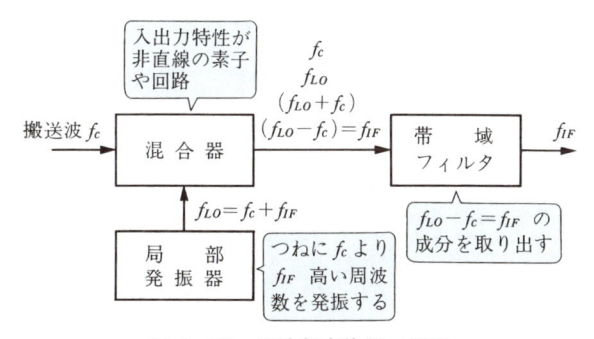

図 2.28　周波数変換器の原理

したがって，f_{LO} を f_c よりもつねに中間周波数 f_{IF} だけ高くしておき，さらに帯域フィルタによって $(f_{LO} - f_c)$ の成分だけを取り出すようにすれば，f_c がどのような周波数であっても，周波数 f_{IF} の信号に変換される。AM 放送用受信機では，f_{IF} としておもに 455 kHz が用いられる。

図 2.27 の回路では混合と局部発信を一つのトランジスタで行っている。

問 13. 搬送波の周波数が 590 kHz から 1 620 kHz, 中間周波数が 455 kHz のとき, 局部発振周波数の範囲を求めなさい。

3 中間周波増幅器 中間周波増幅器 (intermediate-frequency amplifier) では, 利得が高く, 選択性の優れた増幅が行われる。高利得は, 後段の復調のときに生じるひずみを少なくするために, そして優れた選択性は, 近接した妨害となる周波数の信号や, 周波数変換の際に生じる不要な周波数の信号を除去するために必要である。

安定な高利得を得るには, 多段増幅が有利である。また, 選択性を得るために, 帯域フィルタには共振回路のほかに, 水晶フィルタやセラミックフィルタなどを用いる。

4 AM復調器 AM復調器は AM波から信号を取り出す部分であり, **検波器** (detector) ともいわれる。

図 2.29 に, **ダイオード検波器** (diode detector) の原理を示す。ダ

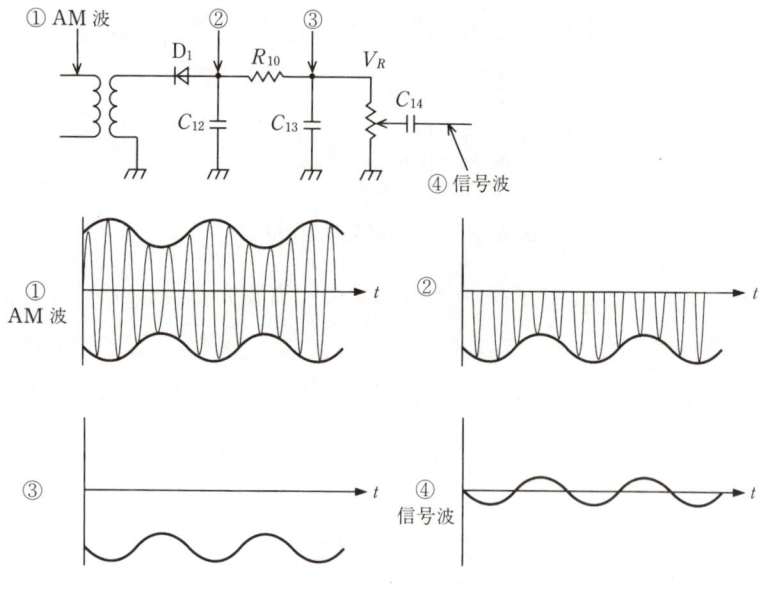

図 2.29 ダイオード検波器の原理

イオードにより AM 波を半分にし，その包絡線を C, R の充放電回路で取り出して，復調を行っている。

　一般の受信機では，復調器の出力を利用して**自動利得調節**（automatic gain control，略して **AGC**）が行われる。AGC とは，受信する電波が強い場合には受信機の増幅度（利得）を低下させ，受信する電波が弱い場合には受信機の増幅度が大きくなるように増幅度を自動的に調節して受信機の出力を一定にする仕組みである。図 2.30 のように，復調器出力の直流成分電圧が，AM 波の強さに比例するので，その電圧を利用して，中間周波増幅器の増幅度を自動的に変えることで行われる。

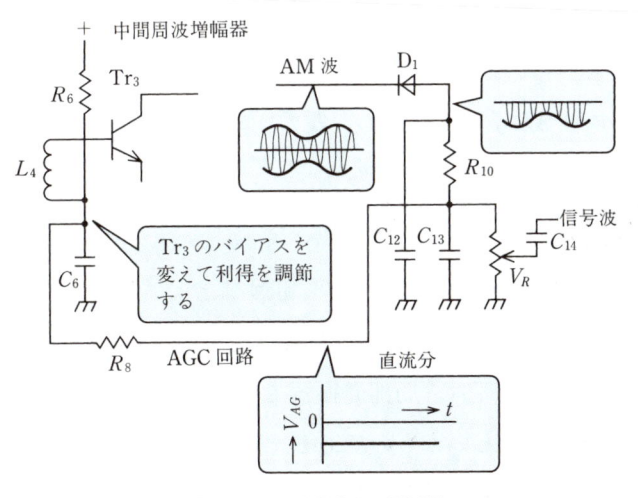

図 2.30　AGC の原理

5　**信号増幅器**　　信号波を増幅する信号増幅器には，ひずみの少ないことが要求されるので，目的に応じてトランジスタや IC によって，A 級増幅や B 級プッシュプル増幅などが利用される。

2.3.4　SSB 送信機

中短波帯での無線通信（放送を除く）には1章で学んだSSB（単側波帯伝送）がよく用いられる。図2.31はSSB送信機の構成例である。

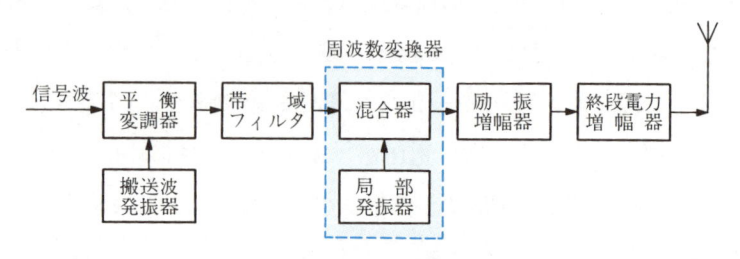

図 2.31　SSB 送信機の構成

平衡変調器で搬送波を抑圧したDSB波を発生させ，帯域フィルタで一方の側波帯のみを通過させてSSB波を作り出す。周波数変換器で目的の周波数に変換したのち，電力増幅する。

2.3.5　SSB 受信機

SSB受信機の構成は，図2.32に示すように，基本的にAM受信機と同じであり，大きく異なるのは復調器である。

SSB波の復調原理は，局部発振器で搬送波を発振させ，混合器でSSB波と加算するというものである。この加算によってAM波が作られるので，その後はAM復調をすれば信号波を得ることができる。

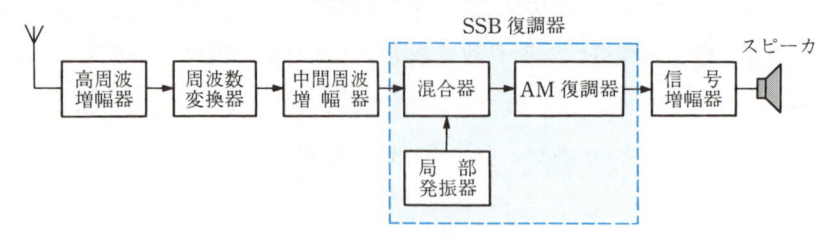

図 2.32　SSB 受信機の構成

2.3.6　FM送信機

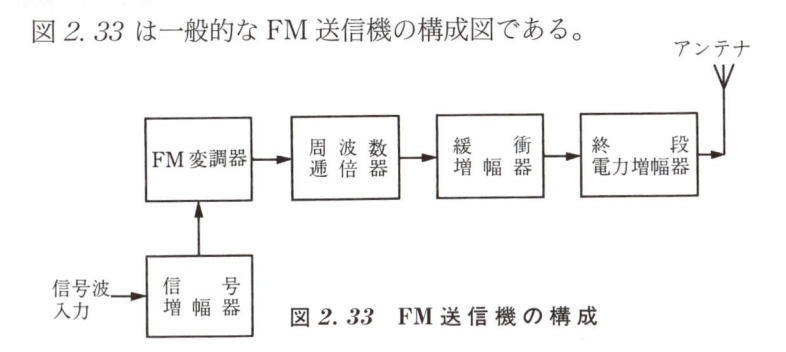

図 2.33 は一般的な FM 送信機の構成図である。

図 2.33　FM送信機の構成

つぎに，おもな部分の働きについて調べる。

1　信号増幅器　　信号増幅器は信号波を増幅する部分であるが，FM 方式は信号波の周波数が高くなるほど SN 比が悪化する特性を持っている。そこで FM 送信機では，信号波の高域をあらかじめ強めて変調し，この高域で SN 比が悪化するのを減らしている。これを，**プレエンファシス**（pre-emphasis）という。図 2.34 は，プレエ

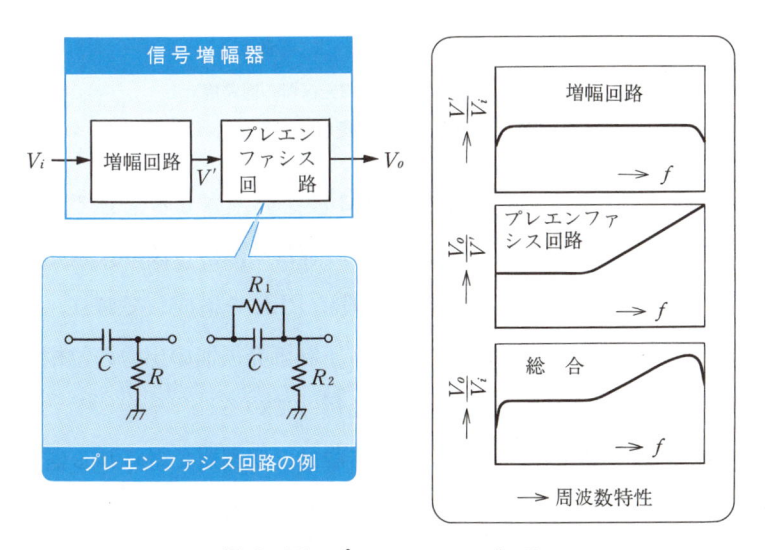

図 2.34　プレエンファシス

ンファシス回路の例と，この回路の周波数特性である。

2 FM 変調器　FM 変調器は，信号波の大きさによって発振器の周波数を変える部分であり，図 2.35 (a) はその構成例である。

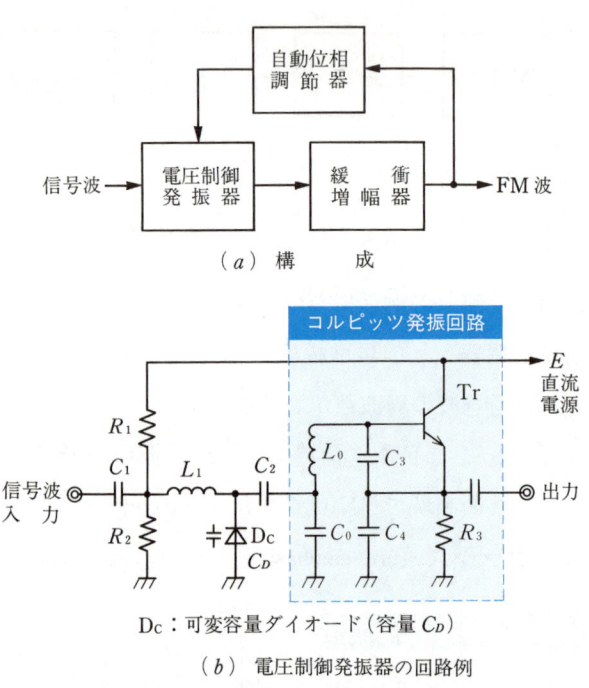

(a) 構　成

(b) 電圧制御発振器の回路例

D_C：可変容量ダイオード（容量 C_D）

図 2.35　FM 変調器の構成

図において，電圧制御発振器は FM 波を発生させる部分であり，図 (b) のように，LC 発振回路の C の容量を，信号波の大きさで変化させている。自動位相調節器は一般に PLL を構成しており，周波数の安定した水晶発振器の出力と，電圧制御発振器の出力の位相を比較することで，中心周波数の安定化を行っている。

3 周波数逓倍器　周波数逓倍器は，変調器で得られる信号の周波数を整数（n）倍する部分である。搬送波周波数が一定のとき，周波数の偏移が少ないほうが，ひずみの少ない変調ができる。このた

め，一般に変調器では，搬送波周波数と周波数の偏移を，目的とする周波数の $\frac{1}{n}$ に設定し，この周波数逓倍器で，目的とする搬送波周波数と周波数の偏移を得ている。

4 終段電力増幅器 終段電力増幅器は送信電力を得る部分である。AM送信機と同じようにC級増幅が行われる。

5 直接FMと間接FM いままで学んできたFM送信機は，発振器の周波数を直接変えてFM波を得ていた。この方式を**直接FM**（direct frequency modulation）という。

これに対して，図2.36に示すように，周波数 f_s に反比例した出力の得られる前置補償器を通した信号波を，位相変調器に加えると，FM波ができる。この方式を**間接FM**（indirect frequency modulation）という。

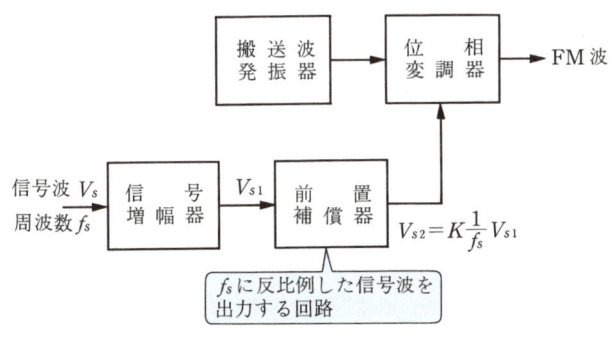

図2.36 間接FM

間接FMでは，周波数の偏移が大きくとれないので，周波数逓倍器の倍数を大きくする必要があるが，搬送波の発振に水晶発振器が使えるため，周波数安定化のための回路が簡単化できる。

2.3.7　FM受信機

図2.37はスーパヘテロダイン方式のFM受信機の構成例である。

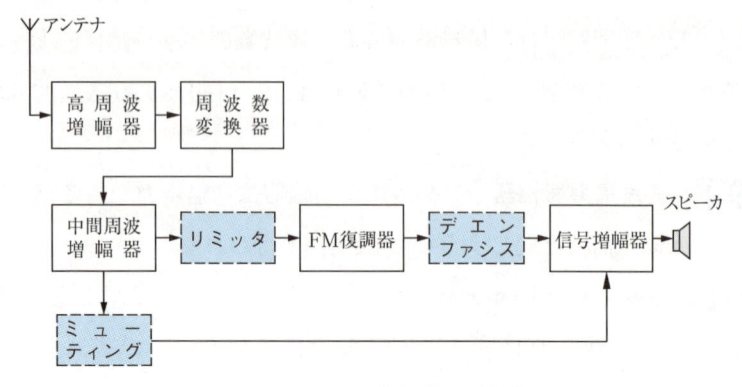

図 2.37　FM 受信機の構成

　FM 受信機は，いくつかの部分で AM 受信機と同じ構成をとるが，FM 波の持つ性質から，図に示すように，各部に，ミューティング，リミッタ，デエンファシスなどの特有の機能が必要になる。

　つぎに，各部の働きについて調べる。

1　高周波増幅器，周波数変換器　　高周波増幅器，周波数変換器は AM 受信機の場合と同様の構成である。

2　中間周波増幅器　　FM 放送用では，中間周波数として 10.7 MHz が使われ，帯域幅は 200 kHz が必要である。一般に，FM 受信機の中間周波増幅は，周波数も高く，また帯域幅も正確にとって増幅する必要があるので，中間周波増幅器は，広帯域の差動増幅用 IC と，セラミックフィルタなどの帯域フィルタによって構成する。

3　リミッタ　　FM 波は振幅一定で送信されるが，受信側では，フェージング，雑音，障害物の影響などによって，振幅が一定でなくなる。この振幅の変動は，復調器出力にひずみや雑音として現れるので，受信機では，図 2.38 のように，復調器の前に FM 波の振幅を制限する回路を入れる。この回路を**リミッタ** (limiter) という。

　リミッタは，ダイオードのスイッチ特性や増幅器の飽和特性を利用する。

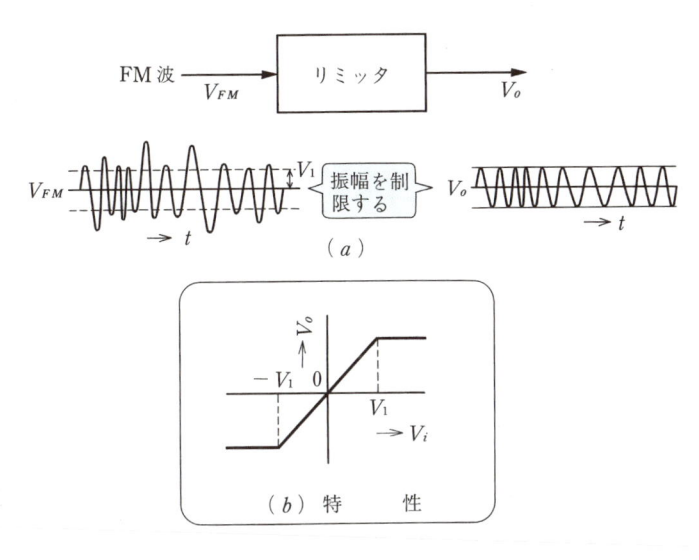

図 2.38　リ　ミ　ッ　タ

4　**FM 復調器**　　FM 復調器は周波数弁別器とも呼ばれる。FM 復調器には複同調型，PLL 型などいろいろな方式があるが，いずれの方式も FM 変調波の周波数変化を電圧もしくは電流の変化と

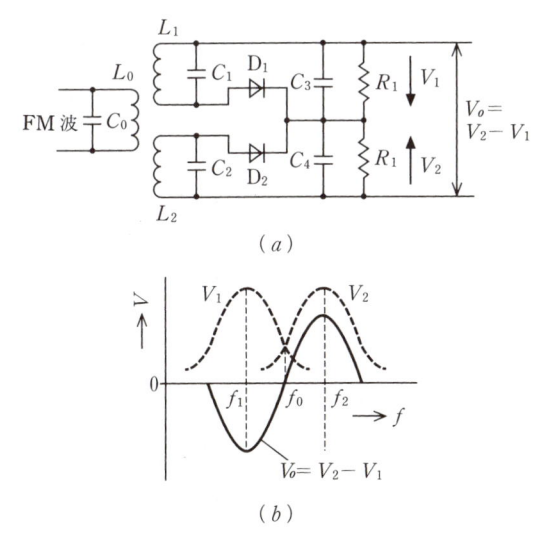

図 2.39　複同調型 FM 復調器

して取り出すことで復調を行う。図 $2.39(a)$ は,複同調型 FM 復調器の原理図である。

この回路では,L_1,C_1 と L_2,C_2 の同調回路の共振周数 f_1,f_2 を中間周波数 f_0 の上下に等しくずらしてある。また,それぞれの同調回路に発生する電圧 V_1,V_2 を整流して逆方向に加え合わせ,信号出力 $V_0 = V_2 - V_1$ を得るようになっている。

この回路に一定振幅の FM 波を加えた場合,周波数対出力電圧の特性は図 $2.39(b)$ となり,周波数変化を電圧変化として信号波を取り出すことができる。

最近よく用いられる FM 復調器には図 2.40 に示す PLL 復調器がある。

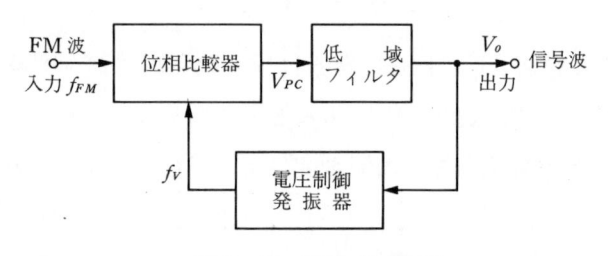

図 2.40 PLL 復 調 器

位相比較器は,つねに FM 波の周波数 f_{FM} と電圧制御発振器の周波数 f_V とを比較し,その差に比例した電圧 V_{PC} を出力する。低域フィルタは V_{PC} の雑音を取り除くだけであるから,出力 V_0 は V_{PC} に比例したものになる。したがって,出力 V_0 は,FM 波の中間周波数 f_0 との差に比例したものになり,信号波となる。

PLL 復調器は,内部回路は複雑であるが,つねに中間周波数を中心に復調が行われるために,ひずみが少なく,また,中間周波増幅や AGC などの回路と一緒に IC 化することによって,調整箇所が少なくなるなど多くの利点をもつ。

2.3 無線機器

5 ミューティング　FM受信機では，受信電波がないときや微弱なFM波を受信すると，大きな雑音を出す。このため，多くの受信機には，このようなときに中間周波増幅や信号増幅を遮断し，雑音を消す機能を持っている。この機能を**ミューティング**（muting）または**スケルチ**（squelch）という。ミューティングは，図2.41に示すような構成で行われる。

図2.41　ミューティング

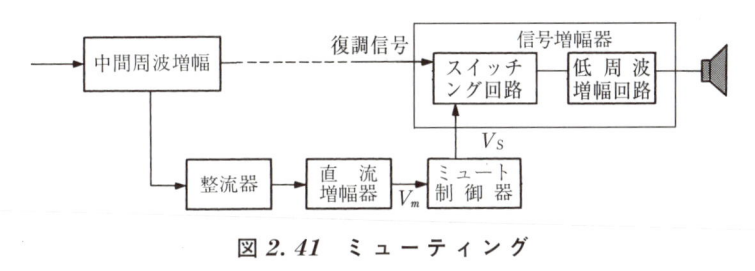

図に示すように，中間周波増幅器の途中から搬送波成分を取り出して整流し，搬送波に比例した大きさの直流に変換する。その直流を増幅した電圧 V_m が，ミュートレベル調節で決められた一定値以下のときに，ミュート制御器の出力信号 V_s でスイッチング回路を制御して復調信号を遮断し，信号を出力しないようにする。

6 デエンファシスと信号増幅器　信号増幅器は信号波を増幅する部分である。FMでは，送信機で信号波にプリエンファシス処理が行われ，高い周波数成分が強められているので，受信機で，図2.

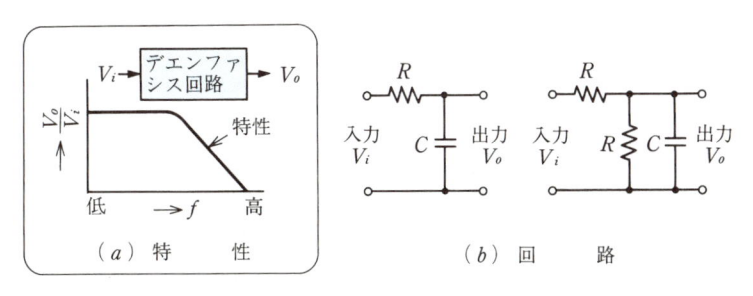

図2.42　デエンファシス

42 (a) のように，デエンファシス処理を行って，高い周波数成分を弱めなければならない。

デエンファシスには図 (b) のような回路が使われる。

2.3.8　FMステレオ

FMラジオ放送では左チャネル (L) と右チャネル (R) の信号波を多重化したステレオ放送を実施している。

図 2.43 のように送信側では $L+R$ の主信号と $L-R$ の信号を副搬送波 38 kHz で平衡変調した副信号と 19 kHz のパイロット信号を重ね合せた多重信号で FM 変調して送信する。

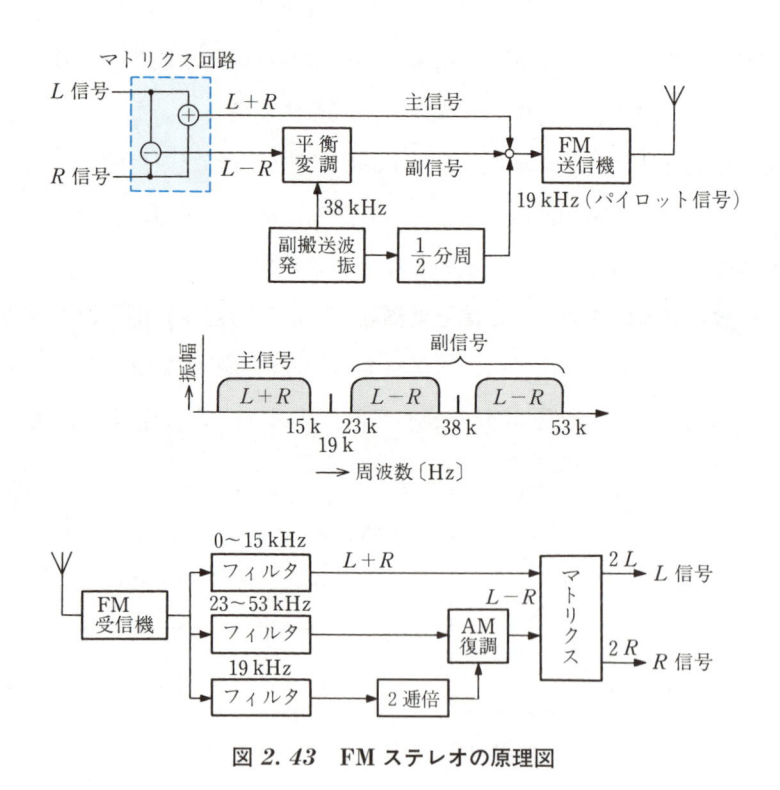

図 2.43　FMステレオの原理図

受信側では，FM復調器で得た多重信号を分離して$L+R$と$L-R$の信号に復調し，さらにそれぞれの和と差をとってRとLの信号を再生する。

2.3.9　送信機の性能

送信機の性能を表すものには，占有周波数帯幅，スプリアス放射，周波数安定度，アンテナ電力などがある。これらは発射する電波の質に大きく影響を与えるため，無線設備規則などの法令で規制されている。

1　占有周波数帯幅　電波法施行規則による**占有周波数帯幅**は，図2.44のように，送信される電力の周波数スペクトル全部の上端および下端から，送信される電力の0.5%ずつを除去した周波数帯域幅をいう[†1]。

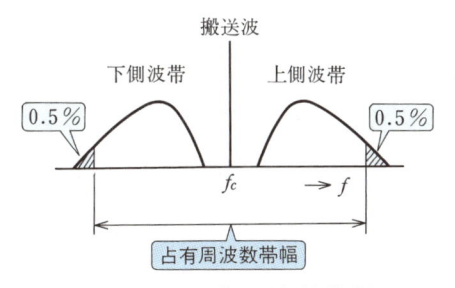

図2.44　占有周波数帯幅

また，その許容値は電波の形式や業務によって異なり，代表的なものを挙げると表2.5のようになっている。

無線通信を行う場合に，この許容値を超えると，他の無線局に妨害

[†1] 無線設備規則では，FM 放送の占有周波数帯幅の許容値は $200\,\mathrm{kHz}$ と定められている。

表2.5 占有周波数帯幅の許容値

電波の形式	無線業務	占有帯域幅
A3E	放送局 アマチュア局など	15 kHz 6 kHz
F3E	放送局 アマチュア局など	200 kHz 30 kHz
C3F F3E	テレビジョン放送	6 MHz
F9W F7W	放送衛星局 (11.7〜12.2 GHz)	27 MHz

(無線設備規則第6条)

を与えるなど，正常な通信が行われなくなるので，許容値を超えないように運用しなければならない。

占有周波数帯幅が広がる原因　AMでは，信号波の振幅が大きすぎることと，信号波の周波数が高すぎることである。また，FMでは，信号波の振幅が大きすぎることである。

2　スプリアス放射　スプリアス放射は，必要な周波数帯外における不要な電波の放射である。無線局のスプリアス放射許容値は，周波数帯によって表2.6のように決められている。

表2.6 スプリアス放射の許容値

周波数帯	許容値
30 MHz 以下	50 mW 以下かつ基本周波数の平均電力より 40 dB 以上低いこと
30〜54 MHz	1 mW 以下かつ基本周波数の平均電力より 60 dB 以上低いこと
54〜70 MHz	1 mW 以下かつ基本周波数の平均電力より 80 dB 以上低いこと

(無線設備規則第7条)

スプリアス放射の原因 　送信機にはC級増幅がよく使われる。この特性の非直線性によって生じる高調波成分と，周波数逓倍器に出力される不要な周波数成分が，おもなスプリアス放射の原因になる。

3　周波数安定度 　搬送波の周波数は安定していなければならない。無線局の周波数の許容偏差は，周波数と業務によって決められているが，そのおもなものを挙げると表2.7のようになっている。

表2.7　周波数許容偏差

無線局	周波数許容偏差
中波放送局 (526.5～1 605.5 kHz)	10 Hz
FM放送局 (29.7～100 MHz)	500 Hz
テレビジョン放送局 (90～108 MHz 170～222 MHz)	500 Hz
アマチュア無線局	500（百万分率）

（無線設備規則第5条）

周波数変動の原因と対策 　周波数変動のおもな原因としては，周囲の温度の変化，電源の変化，負荷の変化が挙げられる。温度の変化の対策としては，基準となる発振器には，周波数温度係数の小さい水晶振動子を使い，さらに安定をよくするには，水晶振動子を恒温槽に入れて使うこともある。

電源の変化および負荷の変化の対策としては，安定化電源にすること，各段間での結合を疎にすること，緩衝増幅器を使うことなどである。

4　アンテナ電力 　アンテナ電力は，送信機からアンテナへ供給される電力であり，つぎの三つのいずれかで表す。

◇ **せん頭電力 P_p**　変調波包絡線の最高せん頭における無線周波数1周期の電力である。搬送波を断続したり，抑圧したりして送信を行うときには，この電力で表すが，一般にせん頭電力は測定が困難であるので，つぎの平均電力や搬送波電力の測定から換算で求めることがある。

◇ **平均電力 P_m**　信号波の周期に比べて十分長い時間にわたって平均した変調波の電力である。すなわち，送信中の平均電力である。

◇ **搬送波電力 P_c**　無変調のときの平均電力であり，搬送波の送信電力となる。

アンテナ電力の表示は，2.3.1項で学んだ変調の形式，変調する信号の性質ごとに，電波法施行規則で，どの電力で表示するかが決められている。その例を表2.8に示す

表2.8　アンテナ電力の表示例

A1	………………	P_p
A3	放送局	P_c
	その他	P_m
F	………………	P_m

2.3.10　受信機の性能

受信機の性能は，感度，選択度，忠実度，安定度などで表される。送信機と違って他の無線通信に与える影響が少ないので，無線設備規則などによる規制は少ない。

感度（sensitivity）は微弱な電波を受信する性能，**選択度**（selectivity）は不要な電波を除去する性能，**忠実度**（fidelity）はひずみなく信

号波を再生できる性能を表す。

感度・選択度・忠実度の測定は，図 2.45 のように，標準信号発振器，擬似アンテナ，出力計を接続して行う。感度の測定は，標準信号発振器の周波数を変化させ，そのつど受信機を受信状態にして，規定の一定出力を得るための入力電圧を測定して表す。

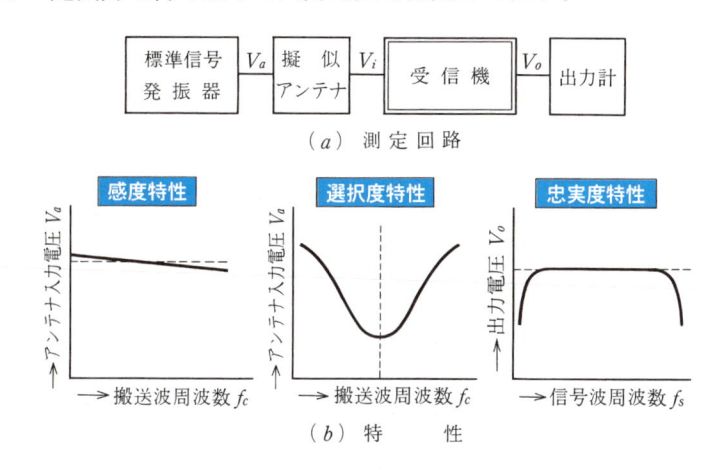

図 2.45 受信機の性能測定

選択度の測定は，受信機の受信周波数を固定し，標準信号発振器の周波数を変化させて，一定出力を得るための入力電圧を測定して表す。

忠実度は，受信機を受信状態にし，標準信号発振器の変調周波数を変化させて，出力電圧を測定して表す。それぞれの特性の概略は図 (b) のようになる。

安定度は，受信機を再調整しない限り，一度調整した受信周波数がずれない性能を表す。高い安定度は通信用受信機にとって不可欠なものである。

2.4 無線通信のいろいろ

　無線通信では，通信ケーブルが不要であるという特徴を生かして，いろいろな利用がなされている。
　ここでは，無線通信による固定通信，移動通信，衛星通信の利用について学ぶことにする。

2.4.1　固定通信

　有線通信ケーブルの敷設が困難な地点間の通信には無線通信が利用されている。
　マイクロ波帯は占有帯域幅が広いため多重通信が可能で一つの周波数にいろいろな情報を載せて通信することができる。
　また，見通し距離外のマイクロ波通信では図 2.46 のように中継局を介して通信を行う。

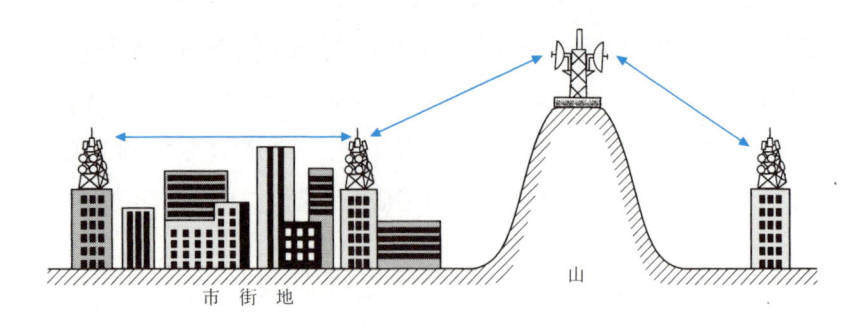

図 2.46　マイクロ波中継局

2.4.2　移　動　通　信

ここでは移動無線の例として携帯電話システムをとりあげる。

携帯電話システム（portable telephone system）は，図 2.47 のように移動携帯端末，基地局と専用通信網からなる通信システムである。

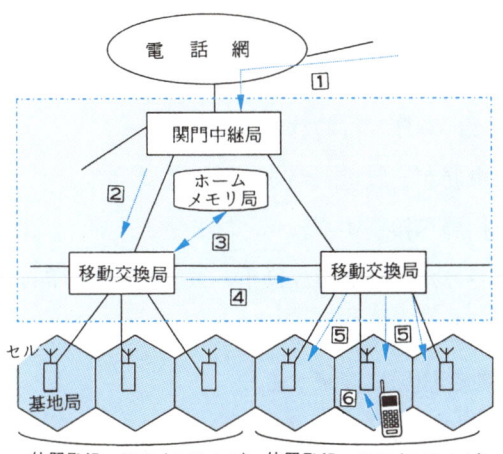

図 2.47　携帯電話システム

5　　**1**　**セルとクラスタ**　　携帯電話のサービスエリアは**セル**（cell）の集合として構成される。各セルごとに基地局が設置されセル内の移動携帯端末との通信を行う。それぞれのセルで使用する電波の周波数は隣接するセルと異なるようにしてある。図 2.48 のように

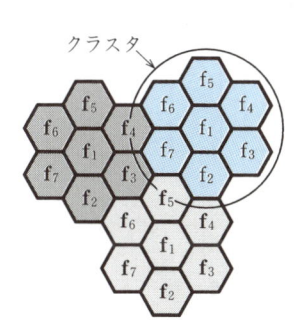

図 2.48　セルとクラスタ

複数のセルで**クラスタ** (cluster) を形成し，このクラスタを繰り返し配置してサービスエリアをカバーしている。このようにすると同一周波数を使用するセル間の距離を大きくとることができ混信の恐れがなくなる。

2 位置登録　移動携帯端末はどのクラスタにいるかホームメモリ局につねに位置登録されている。

3 呼出応答　図 2.47 において，移動携帯端末への呼び出しと通信はつぎの順序で行われる。

1. 関門中継局が一般電話からの着信を受ける。
2. 移動交換局へ接続する。
3. 着信を受けた移動交換局はホームメモリ局に問い合わせ，目的の移動携帯端末が存在する位置登録エリアを得る。
4. 当該移動交換局に接続する。
5. 全セルに対して一斉呼出を行う。
6. 目的の移動携帯端末が基地局に応答すると，基地局は通信チャネルを確保し通話が可能となる。

4 多元接続　基地局はそのセル内の複数の移動電話端末と同時通信を行う必要があるため，図 2.49 のように同一周波数帯を

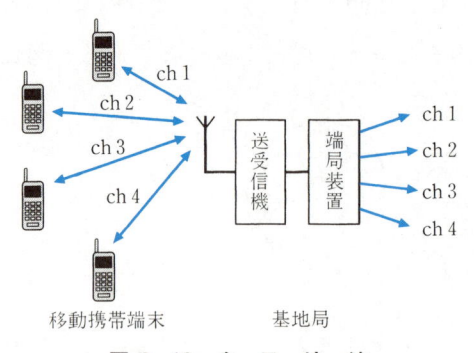

図 2.49　多　元　接　続

2.4 無線通信のいろいろ   173

複数の移動携帯端末が同時利用する**多元接続**（multiple access）で通信が行われる。

携帯電話システムでは**周波数分割多元接続**（frequency division multiple access，略して**FDMA**），**時分割多元接続**（time division multiple access，略して**TDMA**）や**符号分割多元接続**（code division multiple access，略して**CDMA**）が用いられている。ここでは，符号分割多元接続の原理を調べる。

符号分割多元接続は，伝送する電波のスペクトラム（帯域幅）を1.25〜15MHzともとの変調信号よりもはるかに広くするスペクトラム拡散通信という技術を用いたものである。

スペクトラムを広げるためには，まず初めに他の変調方法で搬送波を変調する。これを1次変調という。この1次変調波をスペクトラムの広い別の信号でもう一度変調する（図2.50）。これを2次変調という。2次変調に用いる信号にはランダム性を持ったパルス列の信号が用いられ，このパルス列を拡散符号という。

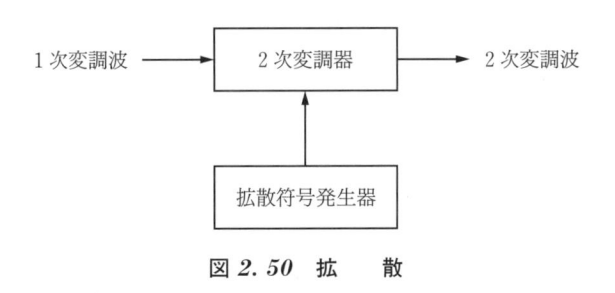

```
1次変調波 ──→ ┌─────────┐ ──→ 2次変調波
              │ 2次変調器 │
              └─────────┘
                   ↑
              ┌─────────┐
              │拡散符号発生器│
              └─────────┘
```

図 2.50　拡　　散

スペクトラム拡散信号をもとに戻すことを逆拡散と呼び，逆拡散は，受信した信号と拡散符号の二つのパルス列のパターンを時間的に少しずつシフトさせて同期をとり，両者の相関（一致具合）を見ていく作業で，パターンが一致したときだけ高い相関値（1次変調波）が得られる（図2.51）。

図 2.51 逆拡散

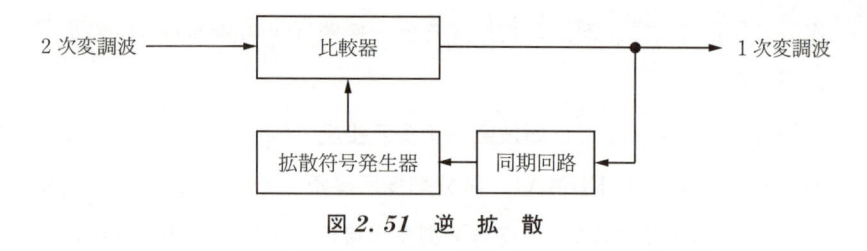

　スペクトラム拡散通信では，拡散符号を別々に設定すればスペクトラムが重なっていても別々に復調できるので多重通信が可能となる。これを**符号分割多重方式**（code-division multiplex，略して **CDM**）と呼ぶ。

　移動携帯端末に別々の拡散符号を割り当てれば多元接続として利用できる。これを符号分割多元接続という。

5 PHS　　PHS（personal handyphone system）は，図 2.52 のようなシステム構成となっている。

　PHS は，専用の通信ネットワークが不要であること，既存の通信回線（ISDN）を用いて基地局や交換局との通信が行えること，基地局がカバーするセルの大きさが小さいこと，システムを安価に設置で

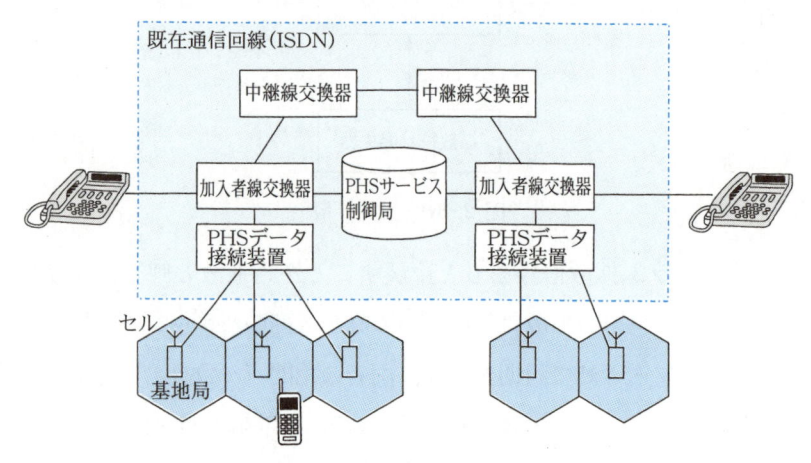

図 2.52　PHS のシステム構成

きることなどがその特徴である。

PHS は比較的安価に設置できるため，公衆通信だけでなく工場や病院などの構内通信網としても設置利用されている。

表 2.9 は携帯電話システムと PHS の諸元比較表である。

表 2.9　携帯電話システムと PHS の諸元比較表

	携帯電話システム	PHS
基地局のサービスエリア半径	1～数 km	100～500 m
使用周波数帯	800 MHz 帯，1.5 GHz 帯，2 GHz 帯	1.9 GHz 帯
基地局の出力	0.5～30 W	20～500 mW
端末機の出力	0.8 W	10 mW
多元接続方式	TDMA / FDMA / CDMA	TDMA
有線通信網	専用網と関門局などにより構成	ISDN を利用

6　携帯電話システムのサービス　携帯電話システムや PHS では音声などの信号はすべてディジタル化して伝送する構成となっているため，音声に限らず文字情報や画像などもディジタル化すれば容易に送受信ができる。最近の移動携帯端末は音声だけでなく文字や画像などを扱うマルチメディア端末としての機能を有している。

また，携帯電話システムや PHS の有線通信網上にインターネットへの関門中継局（ゲートウェイ）を設けて，移動携帯端末からのインターネット接続を可能にするサービスも提供されている。

2.4.3　衛星通信

衛星通信は，広い地域を通信の対象範囲にできること，高帯域信号の通信が可能なこと，台風や地震などの災害に強いこと，などの利点

がある。

1 **衛星通信システム**　人工衛星を無線通信の中継局として利用する通信を**衛星通信**（satellite communication）という。人工衛星に設置された無線局を宇宙局といい，地球局から受信した電波を受信し周波数変換したのち増幅して地上に再送信するために**トランスポンダ**（transponder）と呼ばれる中継機を搭載している。

衛星通信は，一般に図 2.53 に示すようなシステムで行われる。この通信において，地球局から宇宙局への通信路は**アップリンク**（up-link），宇宙局から地球局への通信路は**ダウンリンク**（down-link）と呼ばれる。

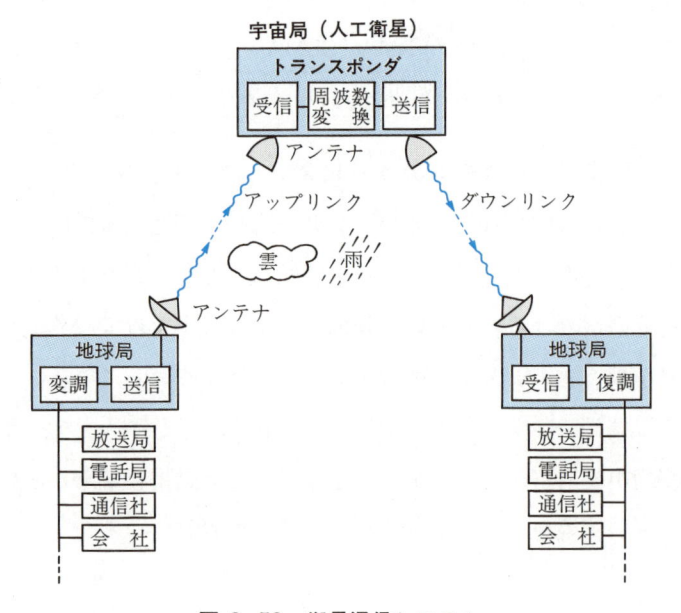

図 2.53　衛星通信システム

2 **使用する電波の周波数**　衛星通信で多く使われる電波の周波数は，$1 \sim 10\,\mathrm{GHz}$ である。この周波数帯は，雑音が少なく，大気圏での降雨や空気分子による減衰も比較的少なく，**電波の窓**（radio window）と呼ばれている。

3 衛星とその軌道　地球を周回する衛星の軌道は楕円軌道か円軌道となる。図2.54に示すように，円軌道を周回する衛星のうち，赤道上約35 860 kmの上空を周回する衛星は，その周期が地球の周期と一致するため，地上からは静止して見える。このように，地上から見て静止状態になる衛星を**静止衛星**（geostationary satellite）という。

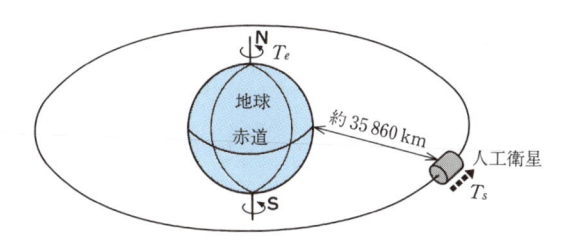

地球の自転周期 T_e ＝人工衛星の公転周期 T_s

図2.54　静止衛星

問 14.　静止衛星の速度を求めなさい。ただし，地球の自転周期は24時間，半径は6 400 kmとする。

4 アンテナ　周波数が高いこと，指向性をよくすることなどから，地球局では，パラボラアンテナやカセグレンアンテナが使われる。

5 宇宙局　宇宙局は修理や点検が困難なため，信頼性の高いことが必要である。ここではおもに，双方向通信を可能にするために，アップリンクとダウンリンクで異なった周波数変換を行う。

変調などの伝送方式は，時分割多重方式，周波数分割多重方式や符号分割多重方式を利用する。また，衛星通信では複数の地上局が一つの衛星を多元接続して利用する。

6 **衛星通信の例**　従来の遠距離海上移動通信は，主として短波帯により行われていたが，通信時間帯や通信可能地域に制約を受けるとともに，通信品質の点でも十分なものとはいえなかった。

このような諸問題の解決手段として，静止衛星を赤道上空に3個配置し極地域の一部を除く地球上の大部分での遠距離海上移動通信を中継する**インマルサット**（inmarsat）**システム**が開発され実用化されている。

インマルサットシステムは，図 2.55 のように宇宙局，海岸地球局，通信網管理局および船舶地球局から構成されている。

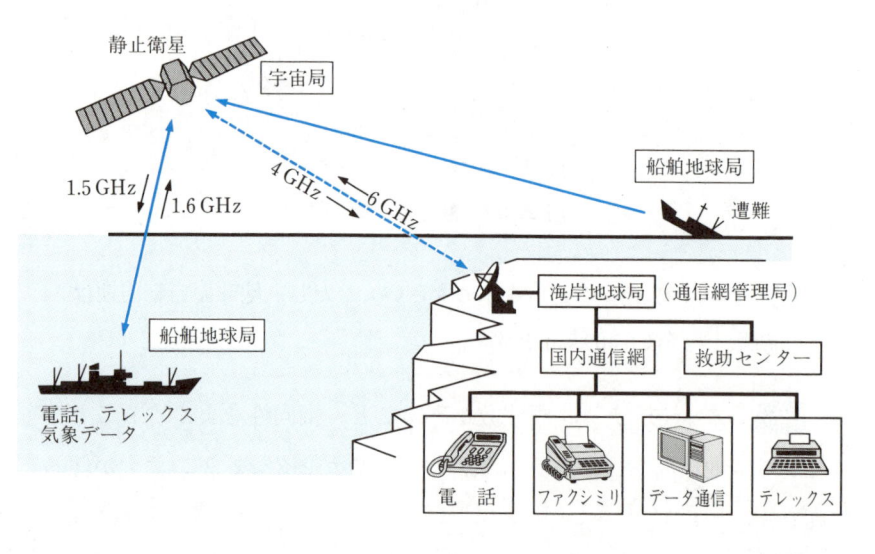

図 2.55　インマルサットシステム

船舶地球局は宇宙局および海岸地球局を介して，陸上の加入者またはほかの船舶地球局との間で電話，テレックスなどの通信を行い，電話などには FDMA，テレックスなどには TDMA による多元接続通信が行われている。

宇宙局と海岸地球局間の使用周波数は，アップリンクが6GHz帯，ダウンリンクが4GHz帯の電波を使用し，宇宙局と船舶地球局間の使用周波数は，アップリンクが1.6GHz帯，ダウンリンクが1.5GHz帯の電波を使用している。

　船舶地球局で使用するアンテナには1.0m程度のパラボラアンテナが使用され，船の動揺や針路にかかわらず，つねに衛星に向くように自動制御されている。

7　衛星放送　衛星を使って行う放送を**衛星放送**（satellite broadcasting）といい，それに使う衛星を**放送衛星**（broadcasting satellite，略して**BS**）という。わが国の放送衛星は，東経110°の赤道上に設置された静止衛星であり，図2.56に衛星放送システムを示す。

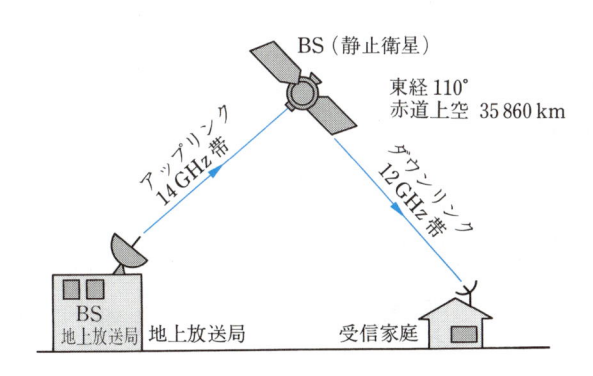

図2.56　衛　星　放　送

図において，地上放送局からは，14GHz帯のアップリンク周波数を使って，信号が衛星に送られ，受信側では，12GHz帯のダウンリンク周波数を使って放送が行われる。

2.5 無線応用

　船舶や航空機は自分の現在位置を知るために，電波の直進する性質や一定速度で空間を伝搬する性質などを利用した無線応用機器を搭載している。これらを用いれば天候や昼夜を問わずその位置を知ることができ，能率的な運行や安全確保に大いに役立っている。

　ここでは，これら無線応用システムについて学ぶ。

2.5.1　レーダ

　図 2.57 のように，**レーダ**（radar）は送信と受信を同一の場所で

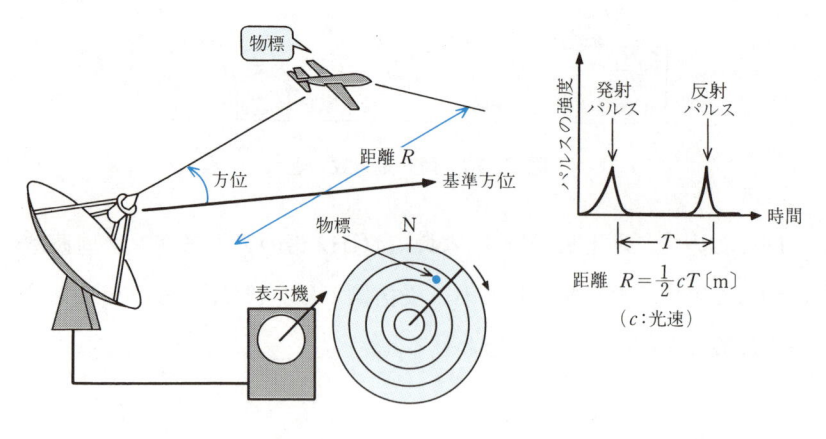

(a) 物標の探知　　　　(b) 距離測定

距離 $R = \frac{1}{2}cT$〔m〕
（c：光速）

図 2.57　レーダの原理

行い，アンテナから指向性の鋭い電波を放射し，目標からの反射電波を受信して，電波の往復時間とアンテナの向きから，目標までの距離と方位を測定し，ブラウン管上に表示する装置である。

最近のレーダには，映像をコンピュータで画像処理して物標の方位，距離，移動方向や衝突予測などを計算表示できるものがある。

レーダには，船舶や航空機に設置し，ほかの船舶や航空機，顕著な物標などの探知に用いるものや，陸上に設置して船舶や航空機の動静を監視し，その航行援助や管制などに用いるものがある（図 2.58）。

図 2.58　船舶航行援助用陸上レーダ

また，水蒸気による電波の反射・散乱から雲の状況をとらえる気象レーダや，測地衛星のリモートセンシングに使われる合成開口レーダなどがある。

2.5.2　電波航法システム

電波の直進，定速度という特性を利用して船舶や航空機の位置や針路を示して航行を援助するのが電波航法システムである。

1 無線標識

(a) 中波無線標識　中波無線標識は，中波帯の電波（190〜415 kHz）を用いた中・近距離用（利用範囲約100〜150海里）の無線標識で，船舶向けのものと航空機向けのものがある。いずれも定められた時刻に自局の標識符号および長音を送信している。

船舶や航空機は，無線標識局の電波を方向探知機で受信して自船からの無線標識局の方位を求める。図 2.59 に中波無線標識と電波方向探知機の例を示す。船舶用の無線標識局には，標識符号とあわせて標識局周辺の気象状況（船舶気象通報）を送信している局もある。

(a) 中波無線標識　　　　　(b) 電波方向探知器

図 2.59　中波無線標識と電波方向探知器

(b) VOR/DME　VOR（VHF 全方向式無線標識施設：VHF omni-directional range）は超短波帯（112〜118 MHz）を利用した航空機向け無線標識局で，VOR 局からは方位信号を含む指向性が回転する電波が発射されている。航空機はこの指向性電波を受信し，それに含まれる方位信号から VOR 局の方位を得る。

航空路の要所にVOR局を設置することにより，航空機は正確に航空路を飛行することができる。また，VHF帯を利用しているために雷などの影響が少なく，VOR局は飛行コースを正確に指示することができる。通常**DME**（距離測定装置：distance measuring equipment）を併設し，**VOR/DME**（方位・距離情報提供施設）として使用される。図 2.60 にVOR/DMEの例を示す。

図 2.60　VOR/DME

DMEでは960〜1 215 MHzまでの周波数の電波が使用されている。航空機は地上のDME局に向けて距離質問電波を発射し，これに応じてDME局から発射される応答電波を受信するまでの時間経過によって地上局までの距離を測定する。

2 ロラン　　ロラン（LORAN）とはlong range navigation（長距離電波航法）の頭文字をとったもので，「二つの点からの距離の差が，一定の値となる軌跡は，二つの点を焦点とする双曲線となる」という原理を応用した電波航法システムである。この原理によるものを双曲線航法という。

ロランには中短波帯（1 700〜2 000 kHz）を用いたロランAと，長波帯（100 kHz）を用いて有効範囲の拡大と測位精度の向上を図ったロランCとがある。

現在，ロランは一般船舶や漁船などの海上での利用はもちろんのこ

と航空・陸上においても広く利用されている。

ロランCシステムは千数百kmの距離をおいた複数の送信局（3〜5局）で構成されており，これを**チェーン**（chain）という。チェーンは，一つの**主局**（master）と複数の**従局**（slave）が配置され，主局と従局がそれぞれ同期したパルス波を発射している。図2.61は，わが国周辺のロランCチェーンである。

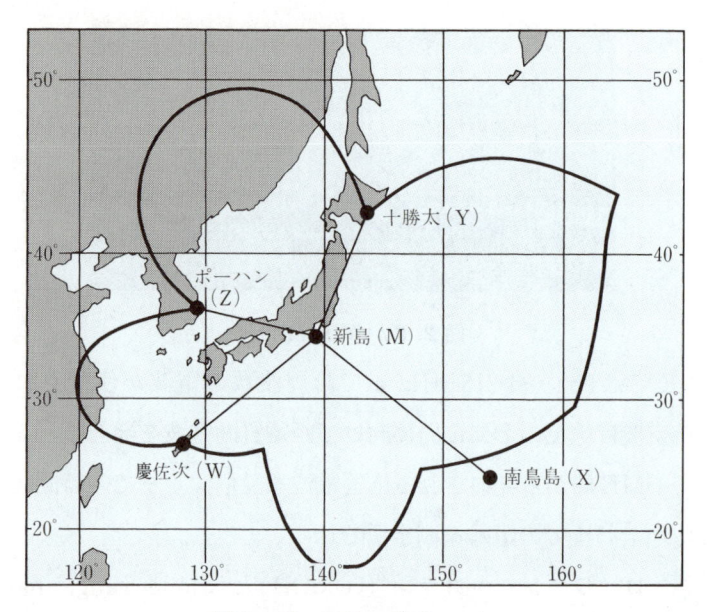

図2.61 ロランCチェーン

船舶などは主局と従局からの電波を船上の受信機で受信し，両局からの電波の到達時間差を測定する。この同一の時間差のところをプロットしてできる線を**位置の線**（line of position，略してLOP）という。

図2.62のように二対の主局と従局から得た位置の線（LOP 1，LOP 2）の交点がその船舶の位置となる。

3 **全地球測位システム** 　**全地球測位システム**（global positioning system，略して**GPS**）は，人工衛星（GPS衛星）から発射される

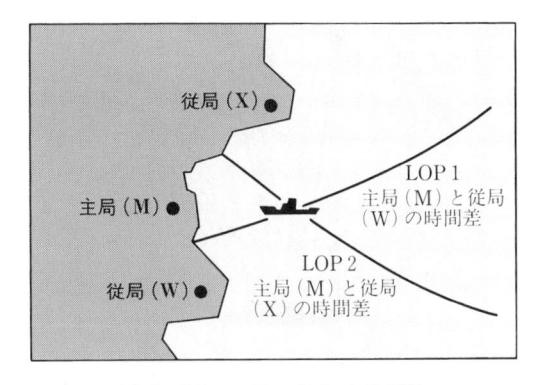

図 2.62 ロラン C による測位

電波の到達時間を測定して，現在位置や高度を得る測位システムである。GPS は船舶や航空機での利用以外にカーナビゲーションシステムとして広く一般に普及している。

(**a**) **原　　理**　GPS による測位は，GPS 衛星から発射された電波が受信点に届くまでの時間を測定することによって GPS 衛星からの距離をもとに受信点の位置を求める。

　GPS 衛星には，精密な原子時計（誤差 100 万分の 1 秒）が搭載されていて，地球に向けて電波を発射したときの時刻信号，軌道情報や各衛星固有の識別信号を定常的に送信している。

　GPS 受信機は複数の衛星からの信号を受信し，衛星からの信号に含まれる軌道情報と時刻情報から衛星の軌道計算を行い，それぞれの GPS 衛星の位置と，信号に含まれる送信時刻と GPS 受信機内部の時計を比較して電波の到達時間を求め，GPS 衛星からの距離を計算する。

　受信機の位置は，図 2.63 のように三つの GPS 衛星（A，B，C）からの距離 r_1，r_2，r_3 を求め，半径 r_1，r_2，r_3 を持つ三つの球面の交点として求める。

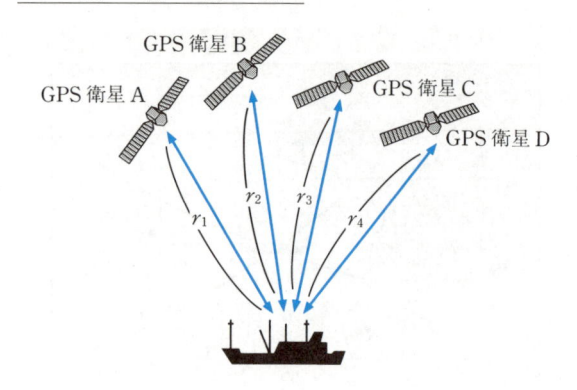

図 2.63　GPS の測位原理

(b)　**測位精度**　GPS 衛星からの距離は，GPS 衛星が電波を発射してから GPS 受信機に届くまでの時間をもとに計算している。このため，GPS 受信機に内蔵されている時計に GPS 衛星の時間とわずかでもくるいがあると，求めた距離には共通の誤差が生じる。そこで，さらにもう一つの GPS 衛星（D）からの距離 r_4 を加えてこの誤差を補正し，正確な測位を行う。

したがって，GPS では，正確な測位を行うためには四個の GPS 衛星からの電波を受信する必要がある。

(c)　**DGPS**　GPS の民間利用時の測位精度は 10～100 m である。**DGPS**（ディファレンシャル GPS：differential GPS）はこの精度を 10 m 以下にまで向上させる方法である。

図 2.64 のように，DGPS では，あらかじめ位置が正確にわかっている基準点に GPS 受信機を設置してその基準点の位置を GPS で測定し，既知の位置と測定された位置とのずれから，GPS における距離測定誤差を計算している。そしてこの誤差をディファレンシャル補正データとして編集し，中波無線標識局や FM ラジオ放送局などの電波に乗せて送信している。船舶や航空機では GPS による測位を

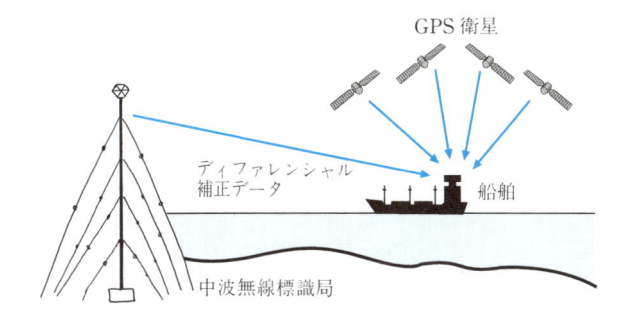

図 2.64 DGPS

行う際に，このディファレンシャル補正データを受信して位置の補正を行い，測位精度を向上させることができる。

静止衛星を用いた DGPS に SBAS（satellite based augmentation system）がある。SBAS は衛星からディファレンシャル補正データを広域に放送すると同時に，その衛星も GPS 衛星の一つとして機能し，GPS の測位精度や機能を補強しようとするものである。

衛星の可視域全域がサービスエリアとなるので，広域にわたり高精度の GPS 測位が可能となる。

練習問題 2

❶ 周波数が 100 kHz，5 MHz，10 GHz の電波の波長はそれぞれいくらになるか求めなさい。

❷ 波長が 50 m，4 m，0.2 m の電波の周波数はそれぞれいくらになるか求めなさい。

❸ 国際電気通信連合の目的と，わが国の電波法の目的をそれぞれ説明

しなさい。

❹ 短波を反射するのはおもになんという電離層か述べなさい。また，超短波は電離層に対してどのような性質があるか説明しなさい。

❺ スポラジックE層はどのような電波を反射するか説明しなさい。

❻ 超短波の通信で，送信アンテナおよび受信アンテナの高さをそれぞれ20m，8mとした場合，通信可能な見通し距離はいくらになるか求めなさい。

❼ 長さ6mの半波長アンテナの固有周波数はいくらか求めなさい。また，このアンテナの実効長はいくらになるか求めなさい。

❽ 水平に置いた半波長アンテナの水平面の指向性を図に描いて説明しなさい。

❾ 半波長アンテナで100Wの電力を送信している。相対利得8dBのアンテナで，同一受信地点にて同じ電界強度を得るためには，送信電力が何W必要か求めなさい。

❿ 非共振給電線でインピーダンス整合が良好なとき，定在波比はどのような値に近づくか求めなさい。

⓫ 同軸ケーブルはどのような給電線か説明しなさい。

⓬ 図2.65はAM送信機の構成を示す図である。a，b，cにあてはまる名称とその働きを示しなさい。

⓭ 図2.66はFM送信機の構成を示す図である。a，bにあてはまる名称とその働きを示しなさい。

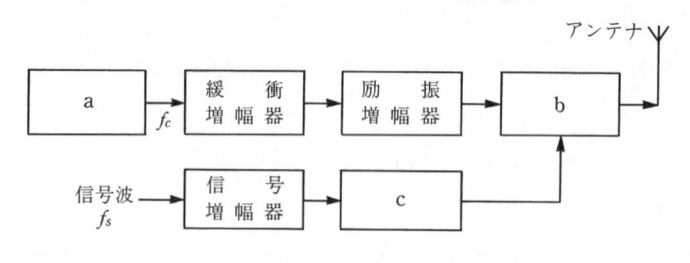

図2.65

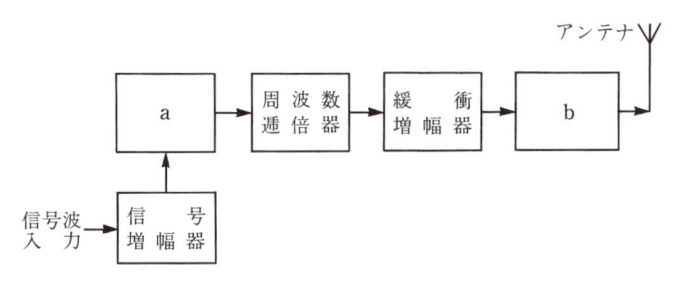

図 2.66

⓮ つぎの対の用語を比較して説明せよ。
  (a) 直接FMと間接FM　　(b) せん頭電力と平均電力

⓯ 図 2.67 は AM 受信機の構成を示す図である。a, b, c にあてはまる名称とその働きを示しなさい。

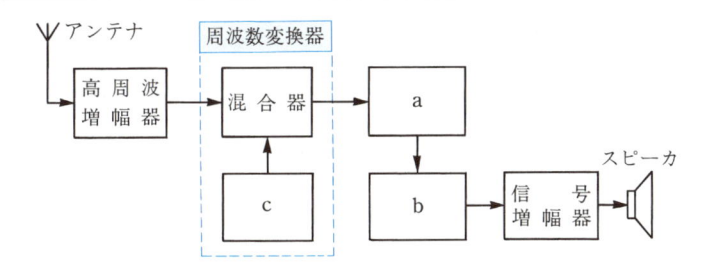

図 2.67

⓰ 図 2.68 は FM 受信機の構成を示す図である。a, b, c にあてはまる名称とその働きを示しなさい。

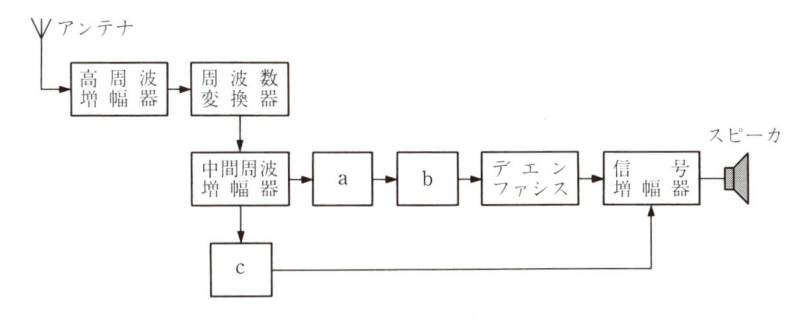

図 2.68

3 画像通信

　わたしたちは，視覚，聴覚，触覚などの器官により，さまざまな情報を得て，これに基づいて活動している。各器官は，その特性に応じて情報を収集するが，目を通して得る視覚情報は，他の器官による情報に比べて，量的にも質的にも多くの情報を含んでいる。この視覚情報を伝送する通信が画像通信である。

　電気通信技術は，聴覚情報のみを伝える電話やラジオのような音声通信から，視覚情報を伝えるファクシミリやテレビジョンのような画像通信，さらにはコンピュータを用いたマルチメディア通信へと急速な発展を続けている。

　本章では，画像通信とマルチメディア通信について学ぶ。

3.1 画像通信の概要

　写真や図面または文書を用いると，音声による場合よりもより多くの情報を正確に伝達することができる。より速く，しかも遠くに情報を伝達したい場合は，通信を利用する。

　ここでは，通信を利用した写真や文書などの画像の伝達について，その概要と原理を学ぶ。

3.1.1　画像通信の構成

　画像通信（visual communication）とは，写真，図面，文書などの視覚情報を電気信号に変換して伝送し，これを受信側で忠実に再現する通信の形態をいう。図 3.1 に画像通信の構成をブロック図で示す。

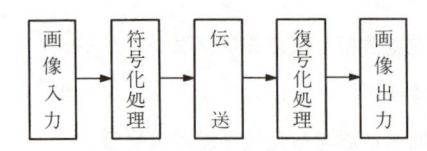

画像入力 → 符号化処理 → 伝送 → 復号化処理 → 画像出力

図 3.1　画像通信の構成

　画像は電気信号に変換され，さらに伝送路に適合した形の信号に変えて，伝送される。受信側では，受信した信号から画像信号を取り出し，画像を復元する。

　送信する画像のうち，ファクシミリのような静止画像の場合を**静止画像通信**（still image communication）といい，テレビジョンのような動画像の場合を**動画像通信**（moving image communication）という。ま

た，受信側での画像の再現は，ファクシミリのように用紙に印字する方法とテレビジョンのようにディスプレイに出力する方法とがある。

画像通信にはつぎの特徴がある。① 人間にとって直感的でわかりやすい。② 2次元的な情報表現ができる。③ 豊富な情報量を持つ。

3.1.2　画像通信の原理

画像を網目状に分解すると，網目の一つ一つは明るさと色を持った点とみなせる。この画像を細分化した最小単位を**画素**(pixel)という。

静止画像通信は，図 3.2 に示すように画像の左から右，上から下へと一定の順序に従って，画像を画素に分解する。このように，一定の順序に従って画素に分解したり，画面に画像を組み立てる動作を**走査** (scanning) という。また，画面上の走査の軌跡を**走査線** (scanning line) という。動画像通信は，静止画像通信を高速かつ連続的に行っている。静止画像をつぎつぎに表示させることで，各画素の時間的な変化が再現される。

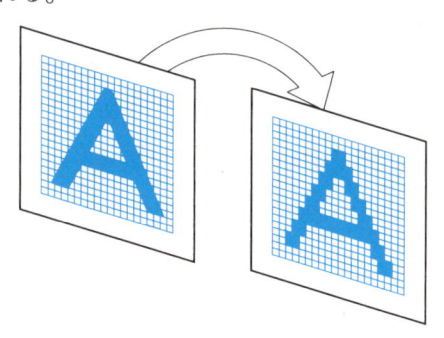

図 3.2　画素の分解と組立て

従来，これらの処理はアナログ信号で行われていた。しかし，ディジタル化技術が進歩した現在では，高度でさまざまな機能が利用できるディジタル信号への移行が進んでいる。

3.2 ファクシミリ

　ファクシミリの基本原理は，1843年にイギリスのベインによって発明された。わが国においては1927（昭和2）年に丹羽保次郎らによりNE式写真伝送方式が発明され，新聞社や官公庁などで利用された。1972（昭和47）年に通常の電話網にファクシミリが接続できるようになり，民間企業などでの利用が急速に拡大した。現在では，オフィスだけでなく，家庭でも広く用いられている。

　ここでは，ファクシミリの概要と仕組みについて学ぶ。

3.2.1　画像の走査と同期

　ファクシミリ（facsimile）の語源は，ラテン語で「写しとる」という意味の言葉である。送信側では原画に光をあて，その反射光を光センサなどで受光して，画素の明暗に応じた信号を取り出す。この信号を**画信号**（picture signal）という。受信側では画信号に応じて，記録装置で画像を復元する。図3.3にファクシミリの構成を示す。

　原画に対して横方向に行う走査を**主走査**（main scanning）といい，縦方向の走査を**副走査**（feed）という。この走査の軌跡を示すと図3.4のようになる。

　主走査方向で1mmの間に画素がいくつあるかを表す単位として，**画素密度**（画素/mm）がある。また副走査方向では，走査線が1mm

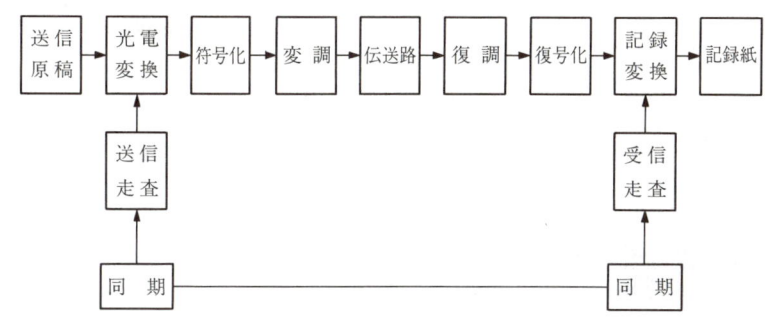

図 3.3 ファクシミリの構成

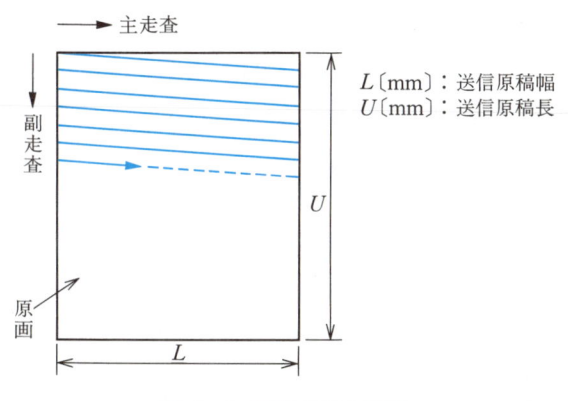

図 3.4 画像走査の原理

L [mm]：送信原稿幅
U [mm]：送信原稿長

の間にいくつあるかを表す単位として**線密度**（本/mm）がある。それぞれの密度が高いほど受信側の**解像度**（resolution）が向上する。現在の一般的なファクシミリにおいては，画素密度が 8 画素/mm，線密度は 3.85 本/mm，7.7 本/mm，15.4 本/mm の 3 種類がある[†1]。

受信側において受信画が正しく復元されるためには，送信側と受信側の画素の位置が一致している必要がある。そのため送信側と受信側

[†1] 3.2.3 項で学ぶ G3 の解像度。G4 の場合は，主走査で 200 画素/インチ，400 画素/インチ，副走査で 100 画素/インチ，200 画素/インチ，400 画素/インチが用いられる。

の双方で走査の開始点を一致させるなど，同期をとる必要がある。

問 1. A4判原稿の短辺210 mm を8画素/mm の画素密度で走査すると，1本の主走査線あたりの画素数はいくらになるか答えなさい。

3.2.2　光電変換と記録変換

各画素の明るさや色を電気信号に変えることを**光電変換** (photoelectric conversion) といい，受信側において信号を受信・復元し，出力することを**記録変換** (transferring for signal record) という。

ファクシミリの光電変換には，CCD[†1]などの半導体イメージセンサによる**固体走査方式** (solid state scanning) が用いられる。これには，光学レンズを用いて光学画像を縮小してからセンサが読み取る方式と，大形のセンサを原稿に押しつけて読み取る密着式とがある。また，イメージセンサは**エリアセンサ**と**リニアセンサ**に大別することができる。ファクシミリにおいては，走査線ごとに光電変換を行うリニアセンサが一般的に用いられる。図3.5 に光電変換の原理を示す。

記録変換には，4.2.5 項で学ぶ熱転写プリンタ方式，インクジェ

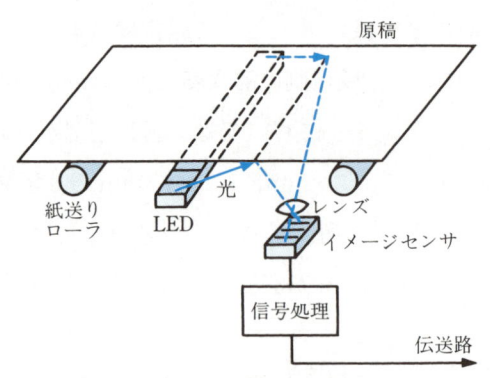

図 3.5　光電変換の原理

[†1] 詳しくは 3.7.2 項で学ぶ。

ットプリンタ方式，レーザプリンタ方式などが用いられる。

3.2.3　伝送方式

　画信号は直流成分から高周波成分までの広範囲の周波数成分を含んでいる。このような信号を伝送するためには，伝送路に応じた信号形態に変換する必要がある。

　現在では，画信号をディジタル信号処理して送る**ディジタル伝送** (digital transmission) **方式**が用いられている。ディジタル伝送方式は伝送効率がよく，雑音の影響を受けにくい。伝送方式は国際電気通信連合 (ITU-T) により，G1からG4の4種類に標準化されている。表3.1にファクシミリの伝送方式の分類を示す。

　最近ではG3の発展形として，伝送速度を28.8〜33.6 kbpsと高速化した**スーパーG3**と呼ばれる方式も用いられている。

表3.1　ファクシミリの伝送方式の分類

機　種	適用回線	伝送方式	A4判1枚の伝送時間（伝送速度）
グループ1 (G1)	電話回線	アナログ伝送	約6分
グループ2 (G2)	電話回線	アナログ伝送	約3分
グループ3 (G3)	電話回線	画信号を冗長度抑圧符号化し，モデムによりアナログ回線で伝送する。	約1分 (14.4 kbps)
グループ4 (G4)	ISDN 公衆データ網	冗長度抑圧符号化された信号をディジタル回線で伝送する。	約4秒 (64 kbps)

3.2.4　信号処理

　ファクシミリの伝送方式には，G1からG4まであり，G3とG4がディジタル伝送方式である。G3は伝送路として電話回線，G4はISDNなどの公衆データ網を用いる。G3，G4は画信号の**冗長度抑圧符号化**（redundancy reduction）を行い，データを圧縮して伝送する。G3は伝送路としてアナログ回線を使用するため，画信号をディジタル化した後，モデムにより変調してから，伝送路にアナログ信号として送り出す。

　G4はディジタル回線を使用するため，画信号はディジタル信号のまま伝送路に送り出される。

　1　**エントロピー符号化**　図 3.6(a) は，1 走査線の画信号を1 728 ビットで標本化し，符号化した例である。**ランレングス**（run length）は，標本化した画信号の白や黒の信号の連続する長さを表す。符号は，図(b)に示すように，ランレングスの長さに応じて，白，黒ごとに決めておく。このような符号を可変長符号という。

　黒2や黒3のように出現頻度の高いランレングスにはビット数の短い符号を，白1 712のように出現頻度の低いランレングスにはビット数の長い符号を割り当てる。すると，画素ごとに1ビットを割り当てた場合と比べて，総ビット数が大幅に削減され，27 ビットとなる。

　このようにランレングスの出現頻度に基づいてデータの圧縮を行う圧縮方法を確率的データ圧縮といい，この方法を利用した符号化を**エントロピー符号化**という。

　ファクシミリに用いるエントロピー符号化方式には，画信号を1走査線ごとに符号化する**モディファイドハフマン符号**（modified Huffman code，略して **MH**）**方式**，一つ前の走査線情報と比較をし

3.2 ファクシミリ

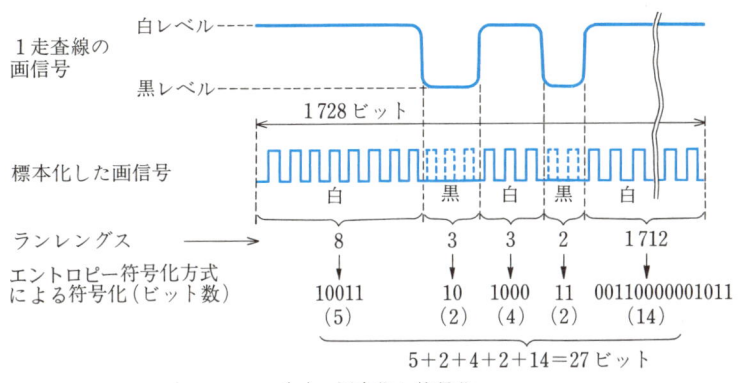

(a) 標本化と符号化

ランレングス	白用符号	黒用符号
0	00110101	0000110111
1	000111	010
2	0111	11
3	1000	10
4	1011	011
5	1100	0011
6	1110	0010
7	1111	00011
8	10011	000101
⋮		
1712	00110000001011	0000001100100000001100100

(b) エントロピー符号化方式の符号表

図 3.6 エントロピー符号化方式の符号化の例

て，変化した部分だけを符号化する**モディファイド READ 符号**（modified READ code，略して **MR**）**方式**，MR 方式を改良した**拡張 MR**（modified modified READ，略して **MMR**）**方式**などがある。

また最近では，画素のまわりの白黒パターンをもとに，ある画素が黒となるか白となるかを統計的手法を用いて予測して符号化する **JBIG**（joint bi-level image experts group）**方式**[†1] も使用されるようにな

[†1] 濃淡のある2値画像の符号化方式の標準化を進める組織の名称。この団体が定めた画像の圧縮・伸張方式に関する規格も同じ名称で呼ばれる。

りつつある。これは，最も高いデータ圧縮率を持つ。

　2　**エントロピー復号化**　　可変長符号のビット列が得られたら，図 3.6(b) を用いて逆変換すれば，もとのビット列が得られる。このように可変長符号のビット列からもとのビット列に戻すことを**エントロピー復号化**という。

3.2.5　カラーファクシミリ

　白黒ファクシミリは，白黒 2 階調の画像しか伝送できないが，カラーファクシミリはカラー画像の伝送が可能である。

　伝送方法は白黒ファクシミリと同様である。記録変換には，カラーレーザプリンタ方式やカラーインクジェット方式が用いられる。また光電変換も同様に CCD などの半導体イメージセンサを用いる。

　ただし，冗長度抑圧符号化には **JPEG**（joint photographic experts group）[†1] **方式**が用いられる。JPEG は静止画像データの圧縮方法の国際規格である。高い圧縮率が得られる反面，JPEG によって圧縮された画像は，もとどおりの画像には復元できない。しかし，その利用範囲は広く，ディジタルカメラの静止画像の記録や，インターネット上の静止画像の伝送などにも利用されている。

　カラーファクシミリ信号は，色の信号を含んでいるため，JPEG のような高効率の冗長度抑圧符号化を行っても情報量が多く，伝送時間は白黒ファクシミリの数倍程度必要となる。

[†1]　カラー静止画像の符号化方式の標準化を進める組織の名称。この団体が定めたカラー静止画像の圧縮・伸張方式に関する規格も同じ名称で呼ばれる。

3.3 テレビジョン

　テレビジョン（television）の語源は、「遠方」を意味するtele と「視力」を意味するvisionである。テレビジョンは代表的な動画像通信であり、今日では社会生活に不可欠な通信メディアとなっている。

　わが国では、1953（昭和28）年に白黒テレビジョン放送、1960（昭和35）年にカラーテレビジョン放送が開始された。1984（昭和59）年に放送衛星（BS）による衛星放送が開始され、1989（平成元）年には高精細度テレビジョンであるハイビジョンの試験放送が開始された。これらはテレビジョン信号にアナログ信号を用いているため、アナログテレビジョンという。

　ここでは、アナログテレビジョンの仕組みについて学ぶ。

3.3.1 テレビジョンの概要

1　アナログテレビジョンの仕組み　図3.7はテレビジョン放送の仕組みである。送信側では、テレビカメラで撮影した画像の**映像信号**（video signal）とマイクロホンで取り出した**音声信号**（audio signal）をテレビジョン信号とし、おもに電波によって伝送する。受信側はテレビジョン信号から映像信号と音声信号を取り出し、受像機により映像や音声を再現する。

　テレビジョン放送は、その伝送経路により、おもに地上放送、衛星

3. 画像通信

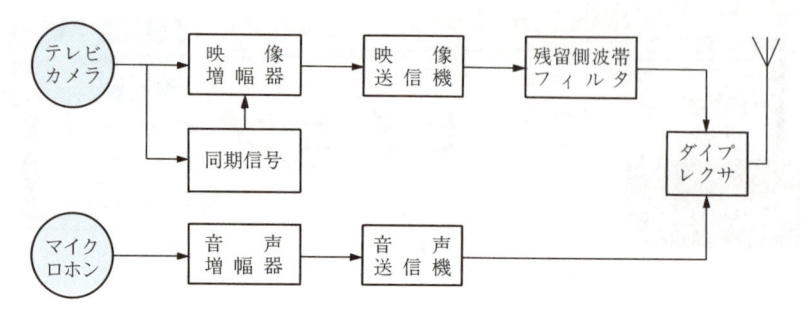

図 3.7 テレビジョン放送の仕組み

表 3.2 テレビジョン放送の周波数

	チャネル番号	周波数〔MHz〕		チャネル番号	周波数〔MHz〕		チャネル番号	周波数〔MHz〕
V H F	1	90～96	U H F	23	530～536	U H F	45	662～668
	2	96～102		24	536～542		46	668～674
	3	102～108		25	542～548		47	674～680
	4	170～176		26	548～554		48	680～686
	5	176～182		27	554～560		49	686～692
	6	182～188		28	560～566		50	692～698
	7	188～194		29	566～572		51	698～704
	8	192～198		30	572～578		52	704～710
	9	198～204		31	578～584		53	710～716
	10	204～210		32	584～590		54	716～722
	11	210～216		33	590～596		55	722～728
	12	216～222		34	596～602		56	728～734
U H F	13	470～476		35	602～608		57	734～740
	14	476～482		36	608～614		58	740～746
	15	482～488		37	614～620		59	746～752
	16	488～494		38	620～626		60	752～758
	17	494～500		39	626～632		61	758～764
	18	500～506		40	632～638		62	764～770
	19	506～512		41	638～644	S H F 63 ～ 80		周波数〔GHz〕
	20	512～518		42	644～650			12.092 ～ 12.200
	21	518～524		43	650～656			
	22	524～530		44	656～662			

放送，ケーブルテレビの三つに分類することができる。

2　テレビジョンの電波　テレビジョンは地上放送と衛星放送においては，伝送に電波を用いる。テレビジョン放送用の周波数帯を表3.2に示す。地上放送用にVHFが12チャネルとUHFが50チャネル，高層建築物などによる受信障害の解消を目的とする用途にSHFが18チャネル割り当てられている。また，衛星放送用としてSHFが8チャネル割り当てられている。

3.3.2　撮像装置

撮像装置は，光電変換を連続的に行って動画像の信号を得る装置であり，テレビカメラあるいはビデオカメラと呼ばれる。撮像装置は光学レンズ系と光学画像を電気信号に変換する撮像素子，およびその周辺回路から構成されている。従来，撮像素子には撮像管と呼ばれる真空管の一種が用いられてきたが，現在では3.7.2項で学ぶCCDを利用したCCD撮像素子が用いられている。CCD撮像素子を用いた撮像装置は小形で低消費電力という特徴がある。

問 *2.* CCD撮像装置の特徴を述べなさい。

3.3.3　走査

テレビジョン画像もファクシミリと同様に多数の画素により構成されている。テレビジョンの走査にも，横方向の**水平走査**（horizontal scanning）と，縦方向の**垂直走査**（vertical scanning）がある。

人間の目は残像作用を持つため，1秒間に20～30枚の静止画像が順次切り替わっていくと，動画像として認識する。また，ファクシミ

リと同様に線密度が高くなるほど鮮明な映像になる。わが国の標準テレビジョン放送は，NTSC方式[†1]を採用しており，1枚の画像を水平走査線525本で走査し，1秒間の送信画像数を30枚としている。また，横と縦の比を**アスペクト比**（aspect ratio）といい，画面のアスペクト比は4：3と決められている。

伝送周波数帯域が広がるのを抑え，画質をあまり低下させない方法として考案されたのが，**飛越し走査**[†2]（interlaced scanning）である。飛越し走査の概要を図3.8に示す。

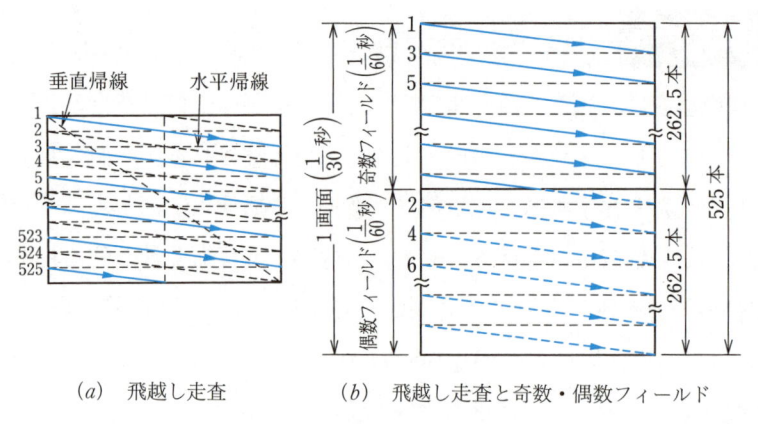

(a) 飛越し走査　　(b) 飛越し走査と奇数・偶数フィールド

図3.8　飛越し走査

飛越し走査では図(a)のように，水平走査線を1本おきに飛び越して走査し，2回の走査で1枚の画像が完成する。奇数番目，偶数番目それぞれの走査を**フィールド走査**（field scanning），その周波数を**フ**

[†1] NTSCはアメリカのNational Television System Committeeの略称。NTSC方式は，日本，アメリカ，カナダなどで採用されている。他のテレビジョン方式としては，ドイツ，イギリスなどのPAL方式，フランス，ロシアなどで採用されているSECAM方式がある。PAL，SECAMとも走査線が625本，毎秒送信画面数は1秒間に25枚である。

[†2] 飛越し走査に対して，上から下に向けて順番に走査していく方式を順次走査（progressive scanning）という。

ィールド周波数（field frequency）という。また，2回のフィールド走査によって全画像を描く走査を**フレーム走査**（frame scanning），その周波数を**フレーム周波数**（frame frequency）という。走査によって得られる走査線のみの画像を**ラスタ**（raster）という。

飛越し走査の場合，図(b)のように，$\dfrac{1}{60}$秒間に$262.5\left(=\dfrac{525}{2}\right)$回の水平走査を行って，毎秒約30枚の画像を分解したり，または組み立てたりする。1回の走査の終点からつぎの走査の始点までの戻り線を**帰線**（retrace line）といい，走査の方向によりそれぞれ**水平帰線**（horizontal retrace line），**垂直帰線**（vertical retrace line）という。これらNTSCのおもな規格を表3.3に示す。

表3.3　NTSCのおもな規格

走査線数	525本
アスペクト比	4：3
走査方法	飛越し走査
フィールド周波数	60 Hz
フレーム周波数	30 Hz

問 3. NTSC方式で1秒間に走査される水平走査線は何本か。また，1本の水平走査線の走査する時間を求めなさい。

3.3.4　映像信号

映像信号は画像の明暗に応じて振幅が変化する。図3.9(a)のように画像が明るければ振幅が大きくなり，暗くなれば小さくなる。映像信号の帰線期間に明暗の信号が存在すると受信側で障害になるため，図(c)のように**帰線消去信号**（blanking pulse）を挿入し，帰線期間を固定する。

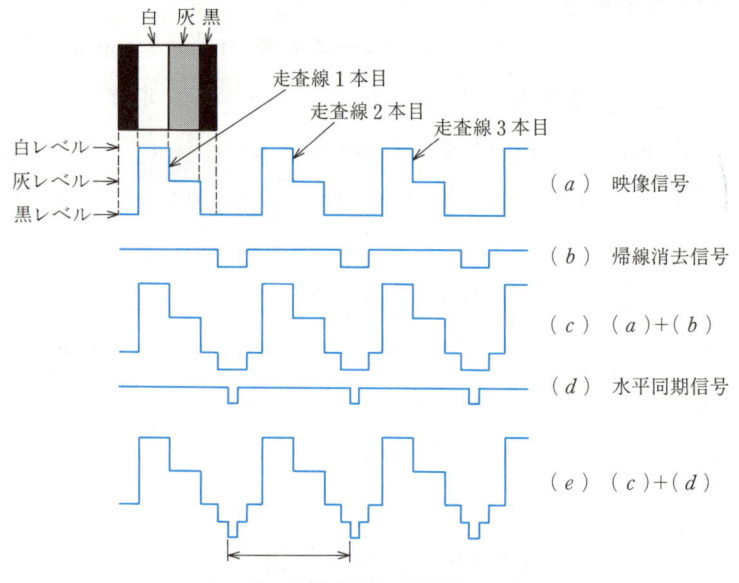

図 3.9 映像信号と同期信号の合成

　また，受像側の組立て走査を同期させる必要があるため，図(e)のように**同期信号**を挿入する．同期信号には，水平走査の同期をとる**水平同期信号**（horizontal synchronizing signal）と，垂直走査の同期をとる**垂直同期信号**（vertical synchronizing signal）がある．

　水平同期信号は1水平走査ごとに，垂直同期信号は1フィールド走査ごとに発生させ，帰線消去期間に付加される．水平同期信号と垂直同期信号の分離を容易にするため，垂直同期信号の幅は水平同期信号に比べて広くとられている．図 3.10 に同期信号を示す．

　映像信号は画像が細かいと周波数が高くなる．図 3.11 のような走査線幅のしま模様の画面において，走査線数を525本，画面のアスペクト比を4:3，1水平走査線期間を $\dfrac{1}{15\,750}$ 秒[†1] として，この場合の

[†1] 水平走査線期間 $= \dfrac{1}{\text{フレーム数}\times\text{走査線数}} = \dfrac{1}{30\times 525} = \dfrac{1}{15\,750}$ となる．

3.3 テレビジョン　　207

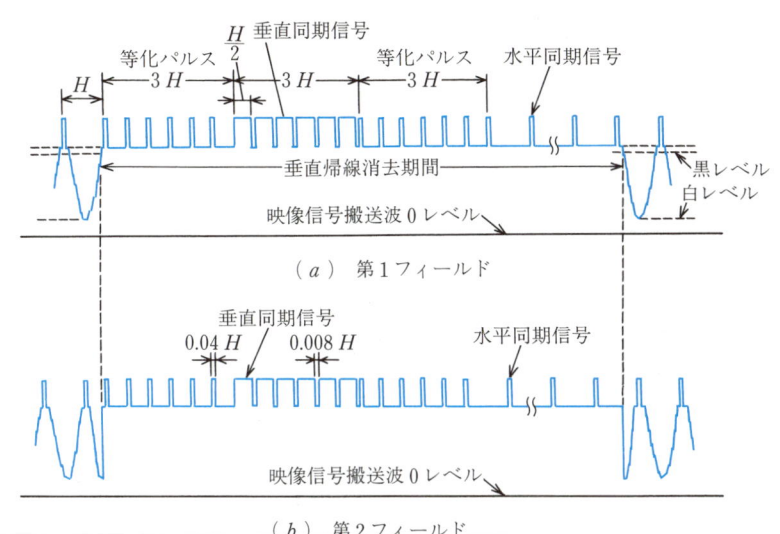

(a) 第1フィールド

(b) 第2フィールド

図 **3.10**　水平同期信号と垂直同期信号

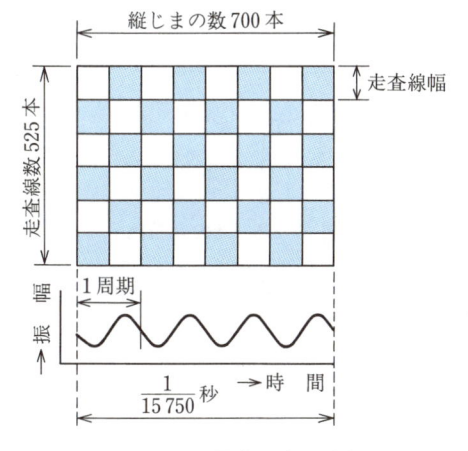

図 **3.11**　最高映像周波数

映像信号の周波数を求めると，縦じまの数は，アスペクト比が4：3であるから，$525 \times \dfrac{4}{3} = 700$ 本である。1本の水平走査が $\dfrac{1}{15\,750}$ 秒で行われるから，映像信号の周波数は $\dfrac{700}{2} \div \dfrac{1}{15\,750} = 5.5$〔MHz〕となる。これを**最高映像周波数**（highest video frequency）という。実際

には，帰線期間や有効走査線数などの関係で最高映像周波数は約 4.2 MHz 程度になる。

3.3.5 カラー信号

図 *3.12* のように赤，緑，青の 3 色の光線を混合すると，その割合によりすべての色を作り出すことができる。これらの色を**光の 3 原色**または**加法減色の 3 原色**という。

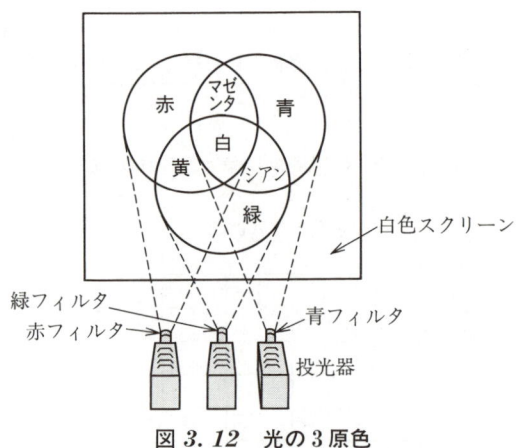

図 *3.12*　光の 3 原色

撮影装置からは赤，緑，青の各色に応じた信号が得られる。これらを**色信号**（color signal）といい，赤を R，緑を G，青を B で表す。カラーテレビジョン信号では，白黒テレビジョン信号との両立性を考慮し，色信号をそのまま伝送するのではなく，映像信号すなわち明るさを表す**輝度信号**（luminance signal）と，輝度信号と色信号の差である**色差信号**（color difference signal）を伝送する。

3 原色に対して人間の目の感度は，緑，赤，青の順に低下する。輝度信号 Y は，人間の目の感度特性に一致するように，R を 30 %，G

を 59％，B を 11％の割合で混合して作られるので，次式で表すことができる。

$$Y = 0.30\,R + 0.59\,G + 0.11\,B \tag{3.1}$$

同様に色差信号は，つぎの式で表される。

$$R-Y = 0.70\,R - 0.59\,G - 0.11\,B \tag{3.2}$$

$$G-Y = -0.30\,R + 0.41\,G - 0.11\,B \tag{3.3}$$

$$B-Y = -0.30\,R - 0.59\,G + 0.89\,B \tag{3.4}$$

しかし，実際に伝送する信号は，輝度信号 Y と R−Y 信号をもとにした **I 信号**（in phase signal）と B−Y 信号をもとにした **Q 信号**（quadrature phase signal）である。これは人間の視覚特性を利用した周波数帯域を節約するための工夫である。図 3.13 において，I 軸方向（橙−シアン）に対する人間の視力は，ある程度細かな部分まで色の変化を感じるが，Q 軸方向（黄緑−紫）には細かな色の変化を感じにくい。I 信号と Q 信号は，R−Y 信号と B−Y 信号のベクトルをそれぞれ I 軸と Q 軸に一致するように回転させることで得られる。これにより得られる I 信号と Q 信号は，次式で表すことができる。

$$I = 0.74(R-Y) - 0.27(B-Y)$$

$$Q = 0.48(R-Y) + 0.41(B-Y)$$

視覚感度の高い I 信号は 1.5 MHz，感度の低い Q 信号は 0.5 MHz

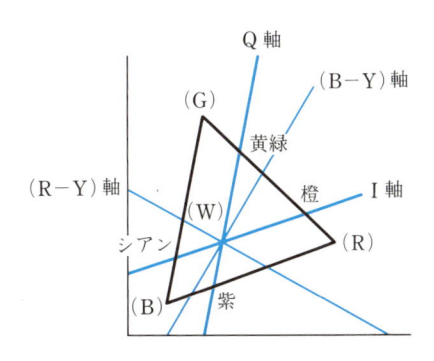

図 3.13　Q 信号と I 信号

の周波数帯域で伝送する。

3.3.6　カラーテレビジョン信号

　I信号とQ信号の二つの色信号は，**色副搬送波**（chrominance subcarrier）と呼ばれる3.58 MHzの搬送波によって伝送する。図 *3.14* のように，I信号およびQ信号を平衡変調器に加え，位相差90°の色副搬送波によって別々に振幅変調し，この二つを合成した**搬送色信号**（carrier chrominance signal）として伝送する。このような変調を**直角変調**（quadrature modulation）という。

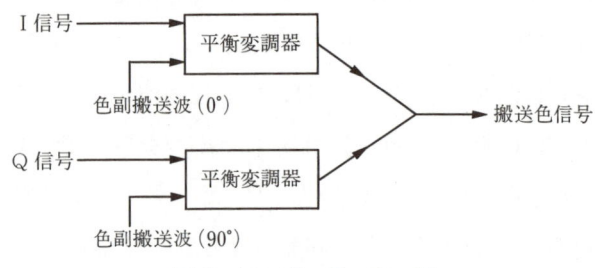

図 *3.14*　直　角　変　調

　受像機側で搬送色信号を復調する場合，変調に使った色副搬送波とまったく同じ位相と周波数の信号が必要となる。そのため，送信側で，水平同期信号の直後に，8〜12周期の色副搬送波を挿入して送信している。これを**カラーバースト**（color burst）または**カラー同期信**

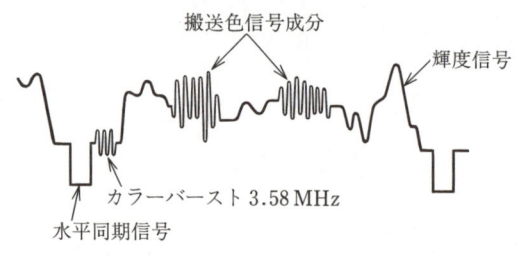

図 *3.15*　カラーテレビジョン信号

号（color synchronizing signal）という。

図 3.15 に，1 水平走査期間の**カラーテレビジョン信号**（color television signal）を示す。カラーテレビジョン信号は音声信号とともに，図 3.16 に示す周波数帯域で送信される。

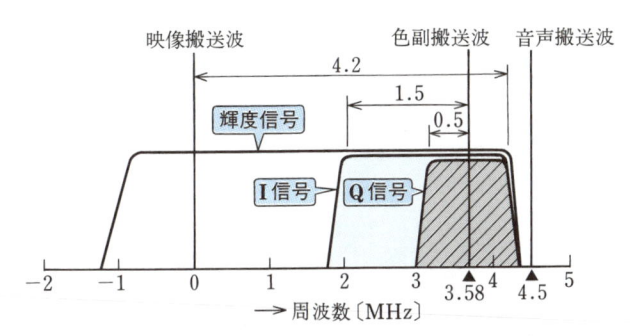

図 3.16　カラーテレビジョン電波の周波数帯域

3.3.7　周波数インタリービング

図 3.15 のように，輝度信号に搬送色信号を乗せて送ると，受信側では，搬送色信号によって画像の明るさが変わる。これを防ぐために，色副搬送波の周波数を，水平走査周波数の半分の奇数倍 3.58 MHz[†1] にしている。

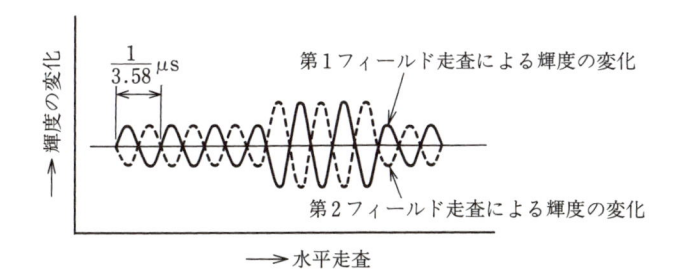

図 3.17　搬送色信号による輝度の変化

[†1]　$15\,734.264 \div 2 \times 455 = 3.579\,545 \times 10^6$ Hz ≒ 3.58 MHz

このように定めると,図 3.17 のように,奇数フィールド走査と偶数フィールド走査では,搬送色信号の位相が反転する。人間の目には,奇数フィールド走査と偶数フィールド走査で 1 枚の画像として映るため,明暗の変化が消去され,搬送色信号による妨害を防ぐことができる。このような信号の多重化方法を**周波数インタリービング**(frequency interleaving)または**周波数インタレース**(frequency interlace)という。

3.4 テレビジョン受像機の仕組み

　テレビジョン受像機は，半導体技術の進歩による回路の集積化が進むとともに，テレビジョン放送の受像機としてだけでなく，家庭用ビデオテープレコーダの画像再生に用いられるなど，多機能化している。
　ここでは，テレビジョン受像機の基本的な仕組みについて学ぶ。

3.4.1　テレビジョン受像機の構成

　図 3.18 のように，テレビジョン受像機は，アンテナ入力信号から映像信号や音声信号を取り出す映像信号系回路，画像を組み立てる偏向系回路，色を再現するための色信号系回路および電源回路から成り立っている。これに映像を再現するディスプレイと音声を再現する

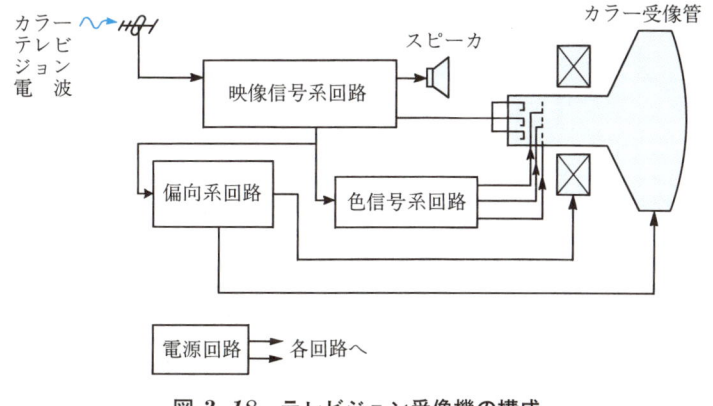

図 3.18　テレビジョン受像機の構成

3.4.2 ディスプレイ

1 ブラウン管　ブラウン管 (Braun tube) は **CRT** (cathode ray tube) とも呼ばれ，図 3.19 のような構造を持つ．

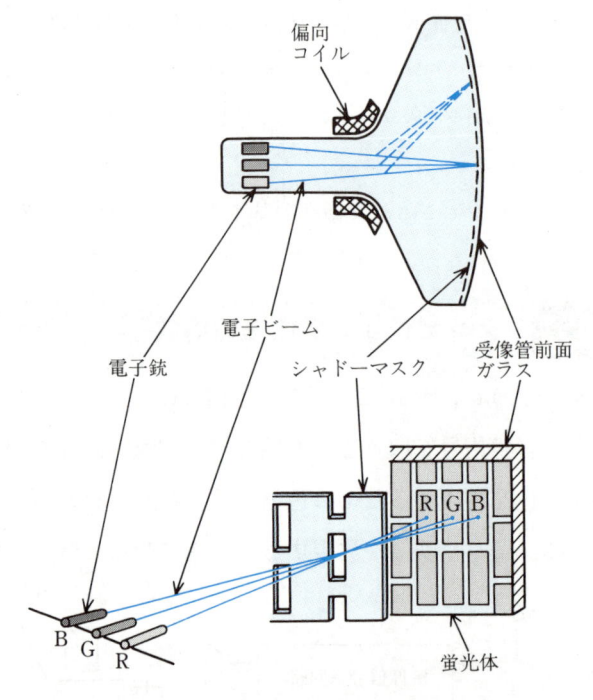

図 3.19　ブラウン管の構造

ブラウン管のネック部分に，光の3原色に対応した赤R，緑G，青Bの3本の電子銃があり，蛍光面には，R，G，Bの蛍光体が塗布されている．電子銃から出たR，G，Bそれぞれの電子ビームは，偏向コイルの磁界によって偏向され，シャドーマスクにより色選別される．シャドーマスクの穴を通った電子ビームは，おのおのに対応する

色の蛍光体を照射し発光させるが，はずれたビームはマスクに遮られ，目標以外の余計な蛍光体を発光させない。

シャドーマスクの代わりに，アパチャーグリルと呼ばれる縦方向のスリット状のマスクを用いるブラウン管もある。

2 液晶ディスプレイ

液晶 (liquid crystal) は，固体と液体の中間の状態にある物質を指す。液体のように流れるが，方向によって光学的性質が異なり，結晶のような性質を持っている。液晶に電気的な刺激を与えると光の通し方が変わるので，電気信号によって光の通し方を制御することができる。

液晶ディスプレイにはいくつかの方式があるが，ここでは**TN** (twisted nematic) 形を例にとって原理を説明する。

配向膜と呼ばれる一定方向に微細な溝を持つ板に液晶を接触させると，液晶分子はその溝に沿って並ぶ。図 3.20 の左側の図のように，溝の向きがたがいに 90° 異なる透明な配向膜で液晶を挟む。これをセルという。セル上部の液晶分子は図中の a 方向に並んでいるが，下にいくほど徐々にねじれ，下部では 90° ねじれた b 方向に並ぶ。この

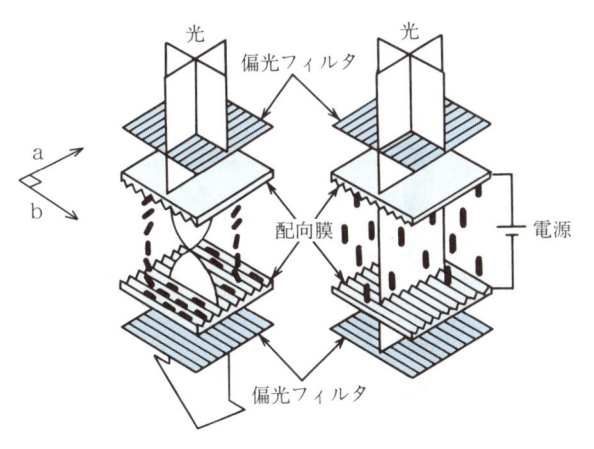

図 3.20 TN 形液晶の構造

セルを，さらに配向膜の溝の方向に合わせた偏光フィルタで挟み込む。この状態で上から光をあてると，光は液晶分子の隙間に沿って進み，光の偏光面の向きが徐々に 90°ねじれる。これにより光は下部の偏光フィルタを通過することができる。

一方，右側の図はセルに電圧を加えた状態である。電圧が加わると液晶分子は電界に沿って並ぶため，直立してねじれが解ける。この状態で上から光をあてると，入った光はそのまま進むため光の偏光面はねじれず，下部の偏光フィルタを通過することができない。したがって，光はセル内で遮断されることとなる。このように，電圧を加えることにより，光のシャッタとして液晶を機能させることができる。また，ねじれ角を 180°以上にして表示品位を改良したものを **STN** (super twist nematic) **形**という。

液晶ディスプレイは自ら発光しないため，バックライトなどの光源が別に必要となる。

液晶ディスプレイの駆動方式には，さまざまな方式があるが，テレビジョン用液晶ディスプレイには，図 3.21 のような**アクティブマトリクス方式**が用いられる。

この方式では，画素の一つ一つにアクティブ素子と呼ばれるスイッ

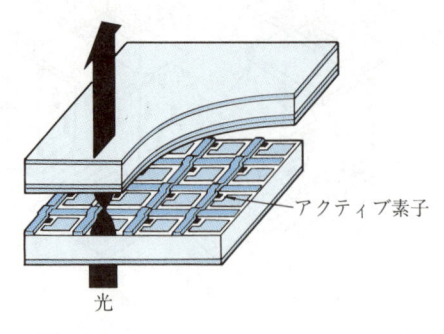

図 3.21　アクティブマトリクス方式

チングのための薄膜(はくまく)トランジスタ（thin film transistor，略して **TFT**）と信号記憶用コンデンサを形成し，駆動する。TFT によって表示情報を一定期間保持することができ，情報を書き変える周期を長くできるため，比較的応答の遅い液晶分子にも対応することができる。また，カラー表示するために，各画素の前面に R，G，B のカラーフィルタを形成している。液晶ディスプレイは，薄形，低電圧動作，低消費電力という特徴を持っている。

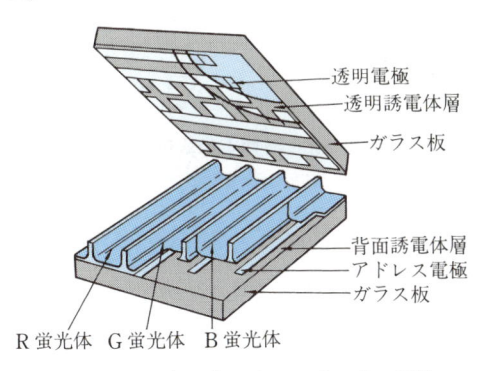

3 **プラズマディスプレイ**　　プラズマディスプレイ（plasma display panel，略して **PDP**）は，図 3.22 に示すような構造を持つ。透明電極を貼り付けた 2 枚の近接したガラス板の間に，アルゴンやネオンなどの不活性ガスを封入し，そこでプラズマ放電を起こし，生じた紫外線でガラスの内側に塗布された R，G，B の蛍光体を発光させる。プラズマディスプレイは，AC 駆動方式と DC 駆動方式に大別することができる。

図 3.22　プラズマディスプレイの構造

プラズマディスプレイは，コントラストが高く，大面積化も比較的容易である。ブラウン管に比べ薄形で軽量のため，大形ディスプレイに用いられるようになりつつある。しかし，消費電力が大きいという短所があり，それを解決するために技術開発が進められている。

4 有機ELディスプレイ

有機EL (organic electro-luminescence)[†1]ディスプレイは，有機EL素子で画素を形成したディスプレイである。

有機EL素子は，図3.23のように透明電極と金属電極の間に有機薄膜を挟み込んだ構造となっている。透明電極が陽極，金属電極が陰極となるように直流電圧を加える。陽極からは正孔，陰極からは電子が供給され，有機薄膜中で正孔と電子の再結合が起こる。その際に発生したエネルギーが有機材料を励起して発光する。この光は透明電極とガラス基板を通して外部に放出される。有機材料を変えることで任意の色で発光させることが可能である。

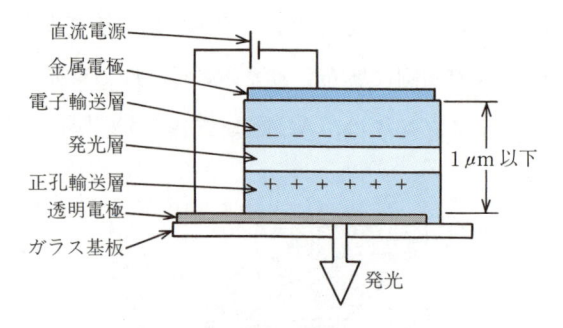

図3.23 有機EL素子の構造

有機ELディスプレイは液晶ディスプレイの数百倍の応答速度を持ち，面全体が発光するためバックライトが不要，薄形軽量，視野角が広いなどの優れた特徴を持っているが，長寿命化，大形化が課題となっている。

問 4. ディスプレイの種類とそれぞれの特徴を述べなさい。

[†1] 蛍光性化合物に電界を加えることで発光をする素子をエレクトロルミネッセント（EL）素子という。有機化合物を用いた有機EL素子以外に無機化合物を用いた無機EL素子もある。

3.4.3 信号系回路

信号系回路は，図 3.24 のように構成されており，映像信号と音声信号を復元するための働きをする。

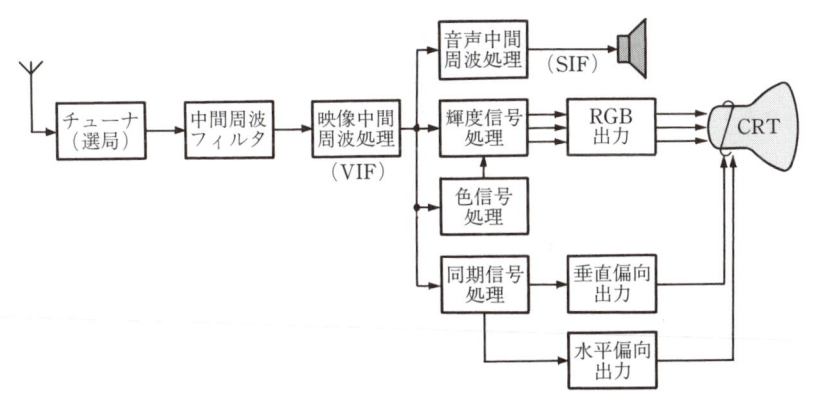

図 3.24 信号系回路

1 チューナ チューナは，アンテナに誘起された VHF や UHF のテレビジョン電波の中から，希望チャネルを選択し，受信電波を増幅した後，映像中間周波信号に変換する。VHF 用と UHF 用があるが，いずれも高周波増幅回路と周波数変換回路から構成されている。これにより映像搬送波は 58.75 MHz，音声搬送波は 54.25 MHz の中間周波信号に変換され，中間周波フィルタへ伝えられる。

2 中間周波フィルタ チューナからの出力信号には，中間周波信号だけでなく隣接チャネルの信号などが混在しているために，中間周波フィルタによって中間周波信号のみを抜き出す必要がある。従来，中間周波フィルタはコイルとコンデンサによって構成されていたが，現在ではおもに **SAW**（surface acoustic wave）**フィルタ**が用いられる。SAW フィルタは図 3.25 のような構造を持っている。

入力側のくし形電極に信号電圧を加えると，基板の表面に機械的な

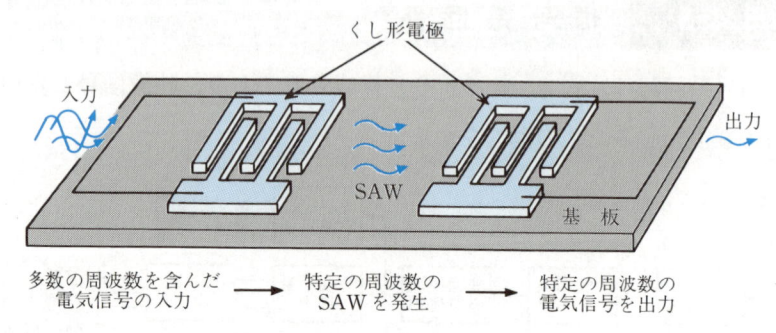

図 3.25 SAW フィルタの構造

振動が起こり，それが表面波となって出力側の電極に伝わる。このくし形電極の構造によってさまざまな周波数特性を得ることができる。

3　映像中間周波処理　中間周波フィルタで帯域制限された中間周波信号は，利得可変増幅回路で増幅される。この増幅器には，広帯域で高利得であるなどの高い性能が要求される。

利得可変増幅回路で増幅された中間周波信号は，おもに **PLL** (phase locked loop) **検波方式**などによる映像検波回路で，検波される。音声中間周波信号はここで 4.5 MHz に変換される。

4　音声中間周波処理　音声中間周波信号は，リミッタ回路で AM 成分を抑圧した後，FM 復調される。得られた音声信号は低周波増幅回路で増幅され，スピーカで音声となる。

5　輝度・色信号処理　映像検波回路によって得られた映像信号には，輝度信号と色信号が含まれている。輝度信号と色信号は周波数インタリービングによって多重化され，輝度信号と色信号の周波数スペクトルが交互に分布している。

この二つの信号は分離され，輝度信号処理と色信号処理へ送られる。この処理を **Y/C 分離**という。分離には，IC 化された**くし形フィルタ**（コムフィルタ）などが用いられる。このフィルタは図 3.26

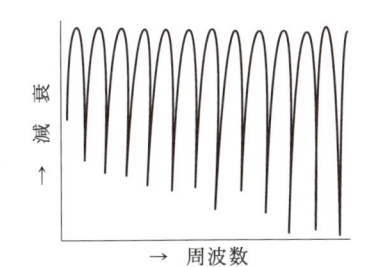

図 3.26 くし形フィルタの特性

に示すように、くしの歯のような特性を持っており、輝度信号と色信号の分離が高精度に行える。Y/C 分離が十分に行われないと、輝度信号成分と色信号成分がたがいに妨害し合い、色のないところに色が付いてしまうクロスカラーや、色の付いているところに緑の点が動いて見えるドット妨害などが発生する。

Y/C 分離された色信号は、色復調回路や色同期回路などから構成される色信号処理回路に入力される。色同期回路は、間欠的な信号であるカラーバースト信号を基準として、連続した色副搬送波を得るための回路である。また色復調回路は、色信号と色副搬送波を乗算し、色差信号 R−Y, G−Y, B−Y を得るための回路である。一般的な色復調回路では、R−Y 信号用と B−Y 信号用の二つの復調器を用いて復調を行う。G−Y は、これら二つの信号と Y 信号とのベクトルマトリクスを合成して得られる。

色信号処理によって得られた色差信号と輝度信号が加算され、**RGB 信号**としてディスプレイに出力される。

6 電源回路 電源回路 (power circuit) は、回路用の 12 V 程度の低電圧から、ブラウン管駆動用の 25 kV の高圧まで、さまざまな直流電圧を作る回路である。高電圧を得るためには、**フライバックトランス**と呼ばれる変圧器が用いられる。

7 映像信号のディジタル処理 最近は、信号処理のディジタ

ル化が進み，テレビジョン受像機も映像処理回路を中心にディジタル処理になりつつある。

アナログ信号である映像信号をA-D変換器によって，ディジタル信号に変換した後，画像メモリに蓄積し，各種ディジタル処理を行う。これにより，アナログ回路では実現できない高度な機能の実現や品質の高い画像を再現できる。これには，**ディジタルノイズリダクション**（digital noise reduction），**ライン倍速変換，3次元Y/C分離**などさまざまな方法が実用化されている。

NTSCテレビジョン方式では飛越し走査が用いられており，1フレームの画像は2フィールドに分割されて送られている。

近年，受像機の大画面化が進み，飛越し走査では走査線の荒さが目立つようになってきた。そこで考えられたのがライン倍速変換である。これはノンインタレース変換とも呼ばれる。

各フィールドにおいて，走査線は1本おきに飛越し走査を行っているが，ライン倍速変換ではこの飛び越した分の走査線の信号を受像機側で補い，順次走査の信号に変換をする。これを走査線補間といい，1本前の信号で走査する方式と前後2本の信号の平均値を用いて走査する方法とがある。いずれも，ディジタル化したRGB信号を一度ラインメモリという画像メモリに書き込み，指示どおりに読み出すという作業が行われる。

3.4.4　偏向系回路

偏向系回路は，ディスプレイにブラウン管を用いる場合に必要な回路である。他のディスプレイの場合には，専用のドライバ回路が用いられる。

3.4 テレビジョン受像機の仕組み

偏向系回路は図 3.27 に示すように，テレビジョン信号から同期信号を分離して増幅する同期回路と，垂直偏向回路および水平偏向回路から構成されている。

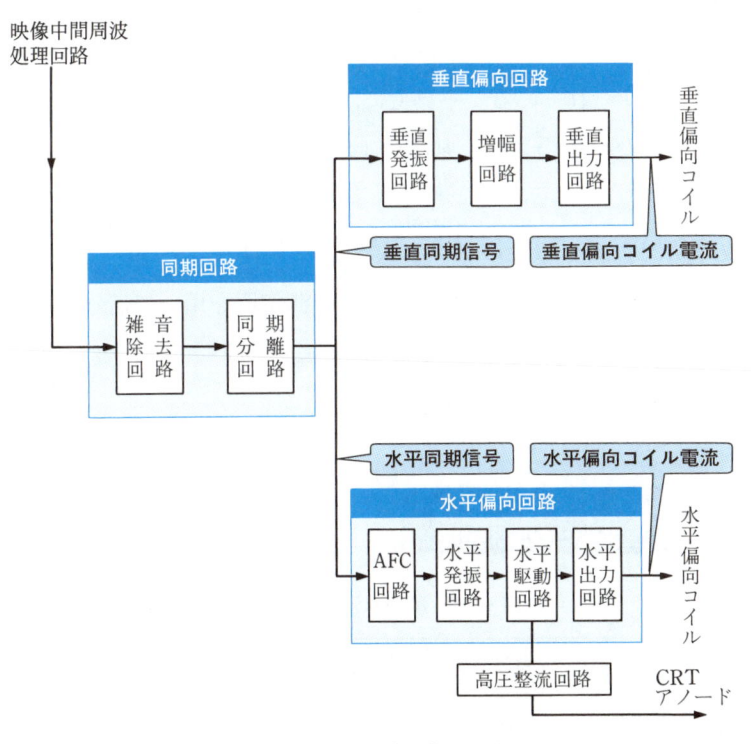

図 3.27 偏向系回路

ブラウン管は，電子ビームで画面を走査することによって画像の組立てを行っている。ブラウン管の電子ビームの進む方向を，電気的・磁気的な方法によって変えることを**偏向**(deflection)という。ブラウン管には垂直偏向用と水平偏向用のコイルがあり，これらにのこぎり波を加えることで電子ビームを画面の左右と上下に移動させ走査を行う。

垂直同期信号をもとに垂直偏向用ののこぎり波を発生させるのが垂直偏向回路であり，水平同期信号から水平偏向用ののこぎり波を発生

3.4.5　故障と点検

　現在のテレビジョン受像機は，マイクロコンピュータやLSIなどを集約して作られている。不具合に対して，各回路を調整することでは対応できない場合には，基板やLSIなどの部品を取り換えることになる。

　故障状況を調べるために，テスタやオシロスコープ，図3.28に示すようなパターンジェネレータなどの測定器を用いて信号測定や波形観測を行う。故障個所が特定されたら，修理を行う。表3.4に一般的な故障状況と故障個所を示す。

図3.28　パターンジェネレータ

表3.4　故障状況と故障個所

故障状況	考えられる故障個所
電源をONにしても動作しない。	電源回路，高圧回路，はんだ不良
画面は表示されないが，音声は出る。	高圧回路，映像回路，はんだ不良など
VHFまたはUHFしか受信できない。	チューナ
色が悪い。	色回路
横一本線しか出ない。	垂直偏向回路
上部または下部が伸びる。 上下部が縮む。	垂直偏向回路
音が出ない。	音声回路
時々いろいろな故障が発生する。	はんだ不良

3.5 ディジタルテレビジョン

わが国において，1996（平成8）年に通信衛星（CS）を用いたディジタル衛星放送が開始され，2000（平成12）年には放送衛星（BS）によるディジタル衛星放送が開始された。現在では，さらに地上波のディジタル化が進められている。ここでは，ディジタルテレビジョンの仕組みについて学ぶ。

3.5.1　ディジタルテレビジョンの概要

ディジタルテレビジョン信号は，映像信号と音声信号につぎのような処理を行って，ディジタル伝送される。図 3.29 (a) のように送信側は，信号のディジタル変換とデータ圧縮を行う**高能率符号化**

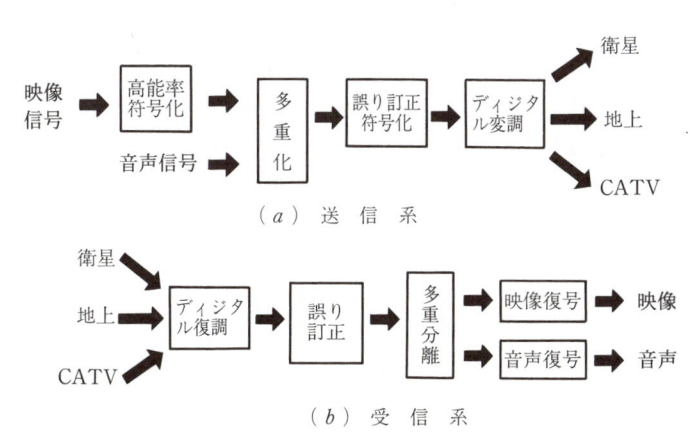

図 3.29　ディジタルテレビジョンの送信系と受信系

(low bit rate coding),複数の情報を組み合わせる多重化,伝送中の誤りを訂正するための符号を付加する誤り訂正符号化,電波として伝送するためのディジタル変調などによって構成される。受信側では,図(b)のように送信側と逆の処理であるディジタル復調,誤り訂正,多重分離,復号を経て,映像と音声が再現される。

ディジタルテレビジョンは,以下のような特徴を持つ(図3.30)。

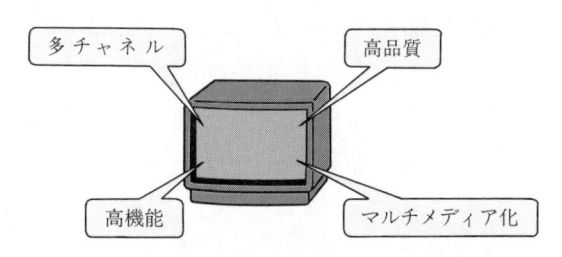

図3.30 ディジタルテレビジョンの特徴

◇ **多チャネル**　高能率符号化により,伝送に必要な情報量を3分の1程度に圧縮することができる。したがって標準画質の場合,ディジタルテレビジョンの1チャネルで,アナログテレビジョンの3チャネル分の番組を伝送することが可能である。

◇ **高　品　質**　情報量の圧縮を行うことにより,NTSCに準じた標準放送(SDTV)だけでなく,走査線が多くワイド画面の高精細度画像放送(HDTV)が可能である。また,ディジタル変調は復調時に雑音を排除できるため,雑音の影響を受けにくい。さらにアナログテレビジョンでは,電界強度が低下するとそれに比例して画質も低下するが,ディジタルテレビジョンでは誤り訂正を行うため,電界強度が極端に低下するまでは,安定した画像を得ることができる。

◇ **高　機　能**　画像信号や音声信号以外のデータを送ることが

できる。これにより，電子番組案内（EPG），文字情報，動画像・静止画像を含む映像情報サービスなどのデータ放送，特定の視聴者だけが受信できる機能などを利用することができる。

◇ **マルチメディア化** コンピュータやインターネットと接続し，双方向の通信メディアとして利用することができる。

3.5.2 映像信号と音声信号のディジタル化

アナログ信号をパルス符号変調（PCM）によってディジタル信号にすることを符号化という。テレビジョン信号の符号化には，輝度信号と色差信号の分離された**コンポーネント**（component）**信号**をそれぞれ別々に符号化する**分離符号化**（component coding）が用いられる。

コンポーネント信号の伝送における輝度信号と色差信号の伝送帯域の比を**クロマフォーマット**（chroma format）といい，ディジタルテレビジョンでは4：2：2方式[1]が用いられる。標準テレビジョンでは，輝度信号の標本化周波数13.5 MHzに対し，二つの色差信号はそれぞれ6.75 MHzが用いられる。

音声信号のディジタル化における標本化周波数には，48 kHz，44.1 kHz，32 kHzの3種類がある。符号化は線形量子化PCMで行われ，量子化ビット数は16ビットが用いられる。

ディジタル信号のデータ伝送速度をビットレートという。ディジタル化によって得られる映像信号のビットレートは，標準テレビジョンで最大270 Mbps，高精細テレビジョンで最大1 485 Mbpsとなる。音

---

[1] ITU-R勧告において，信号をディジタル化する際の標本化周波数などが定められている。これ以外に4：2：0方式，4：1：1方式がある。

声信号は最大 1.536 Mbps となる。

3.5.3　高能率符号化と多重化

　ディジタルテレビジョンの映像信号と音声信号のデータの圧縮符号化や多重化には，国際標準規格である **MPEG-2**[†1] (moving picture experts group 2) が用いられる。MPEG-2 は，映像信号を対象とした **MPEG-2 ビデオ**，音声信号を対象とした **MPEG-2 オーディオ**，これらの信号を多重化する **MPEG-2 システム**から構成されている。

　動画像は画像の移動があるものの，その背景はほとんど変化がないという特徴を持つ。MPEG-2 ビデオでは，背景などの変化しない部分は過去の画像をそのまま利用し，それ以外の変化するであろう部分の画像のみを取り上げる。そして，その部分がどの方向にどのくらいの速さで運動するかを推測して，それを符号化することで大幅なデータ圧縮を行っている。MPEG-2 ビデオを用いることで，映像信号は20 分の 1 から 40 分の 1 程度に圧縮される。これにより標準テレビジョン信号は最大 15 Mbps，高精細テレビジョン信号は最大 80 Mbps 程度のビットレートとなる。

　ディジタルテレビジョンの映像フォーマットは，表 3.5 のように5 種類が定められている。

　音声信号の高能率符号化は，MPEG-2 オーディオで行う。**BC** (backward compatible) と **AAC** (advanced audio coding) の二つの方式があり，ディジタルテレビジョンではおもに AAC が用いられる。2チャネルステレオで 128 kbps，5.1 チャネルステレオで 320 kbps の

[†1]　MPEG には，MPEG-1，MPEG-2，MPEG-4 の 3 種類がある。MPEG について詳しくは，3.7.6 項で学ぶ。

表 3.5 ディジタルテレビジョンの画像フォーマット

	有効画素数	アスペクト比	走査方式
1 080 p	1 920×1 080	16：9	ノンインタレース
1 080 i	1 920×1 080	16：9	インタレース
720 p	1 280×720	16：9	ノンインタレース
480 p	720×480	16：9	ノンインタレース
480 i	720×480	4：3，16：9	インタレース

ビットレートとなる。

　多重化には，MPEG-2 システムを用いる。映像信号や音声信号を符号化したビット列を**ストリーム**（stream）という。ディジタルテレビジョンでは，一つのストリーム中に複数のプログラムを含むことのできる**トランスポートストリーム**（transport stream）が用いられる。

3.5.4　ディジタル変調

　ディジタル変調には伝送路の特性に応じた方式が用いられる。地上放送には，ゴースト妨害に強い**直交周波数分割多重**（orthogonal frequency division multiplexing，略して **OFDM**）が用いられる。しかし衛星放送の場合は，中継器の振幅ひずみのために振幅成分が使えず，位相偏移変調である 2 相 PSK（BPSK），4 相 PSK（QPSK），トレリス 8 相 PSK[†1]（TC 8 PSK）などが用いられる。

　図 3.31 に OFDM の周波数スペクトルを示す。OFDM は単一の搬送波で伝送するのではなく，サブキャリヤと呼ばれる多数の搬送波で信号を多重化して伝送する。

[†1] 8 相位相変調時に隣接する信号点に対して誤り訂正符号化を行い，伝送効率を QPSK よりも改善した方式。

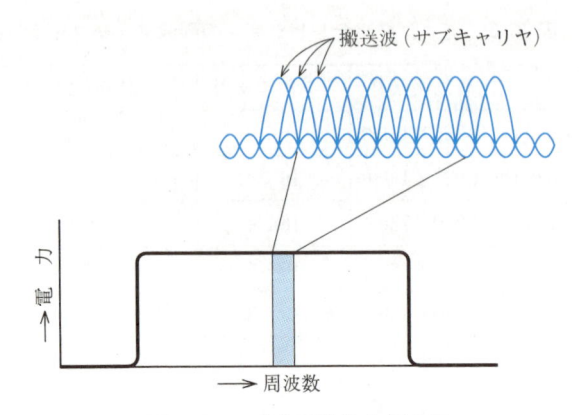

図 3.31　直交周波数分割多重

　一般に，地上波放送は伝送経路上にビルや山などの障害物が多い。そのため，電波の反射が起きやすく，複数の経路からの電波がそれぞれ時間遅れを伴って受信機に到達するマルチパス障害が起きやすい。マルチパス障害の代表的なものとして，映像が二重三重に重なって見えるゴースト障害がある。

　OFDM はサブキャリヤで多重化して伝送するため，ディジタル信号の各ビットを並列伝送することと似ており，各信号の伝送速度を直列伝送よりも遅くすることができる。このため伝送上の障害を受けにくくなる。また，ガードインタバルと呼ばれる，データを時間的に一部重複させて送る処理がなされるため，伝送上の障害はさらに発生しにくくなっている。

3.5.5　ディジタルテレビジョン受像機の構成

　ディジタルテレビジョンの受像機は図 3.32 のように構成されている。

　アンテナで受信された信号は，チューナで選局と増幅が行われた

3.5 ディジタルテレビジョン

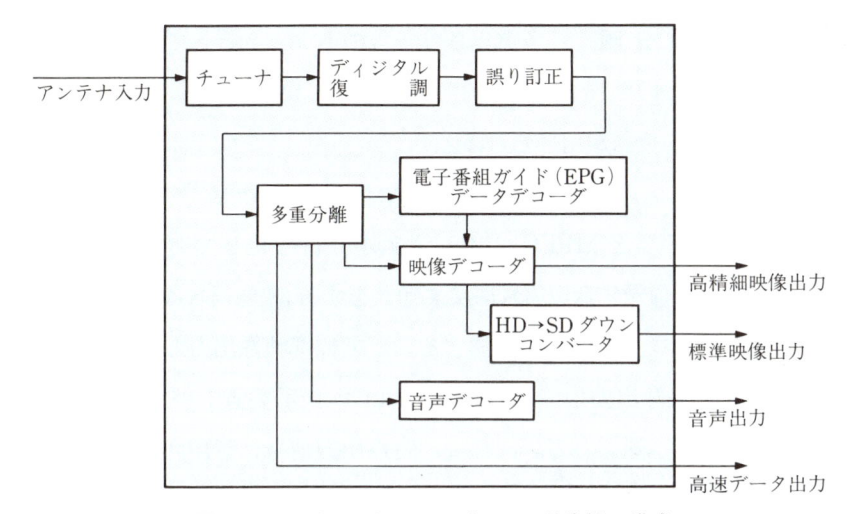

図 3.32 ディジタルテレビジョン受像機の構成

後，ディジタル復調，誤り訂正，多重分離，各種デコーダによる復号が行われ，映像信号，音声信号，データが得られる．

1　ディジタル復調　ディジタル復調回路は，搬送波の同期やシンボルのタイミングなど正確に再生する必要があるため，アナログ復調に比べ複雑となる．

2　誤り訂正　伝送中や記録中に生じた信号の誤りを，送信側で付加した誤り訂正符号をもとに，正しい信号に復元する働きをする．ディジタルテレビジョンは雑音の影響を受けやすい電波によって伝送されるため，誤り訂正能力の高い**畳込み符号**[†1]（convolutional code）と**リードソロモン符号**[†2]（RS：Reed-Solomon codes）を組み合わせた方式[†3]などが用いられる．

[†1] 情報源からの符号を順々に畳み込みながら別の形式に符号化する方式．ビタビ（Viterbi）によって考案された高性能な復号方法を用いる．

[†2] バイト単位で誤りを訂正するブロック符号方式の一つ．

[†3] 送受信での伝送路を挟んで，内側を内符号，外側を外符号と呼ぶ．外符号でリードソロモン符号を付加し，つぎにそのリードソロモン符号も含めて内符号で畳込み符号を行い，その後伝送する．

3 多重分離 多重化され一つのパケットとして送られてきた情報をもとの映像信号や音声信号などに戻す働きをする部分でMPEG-2システムが用いられる。

4 復　　号 送信側で映像信号と音声信号をそれぞれMPEG-2ビデオとMPEG-2オーディオで符号化しており，これらをもとの映像信号や音声信号に戻す働きをする。映像信号は高精細映像出力をダウンコンバータで変換することで標準映像出力としている。

得られた映像出力信号は，CRTやLCD表示装置などディスプレイの駆動回路へ送られる。同様に，音声出力信号は音声回路を経たのち，スピーカへ送られて音声となる。

3.5.6　ディジタルテレビジョン放送方式

ディジタルテレビジョン放送方式について，伝送路ごとにまとめた一覧を表3.6に示す。

表3.6　ディジタルテレビジョン放送方式

伝送路	通信衛星経由	放送衛星経由	地上波
映像符号化	MPEG-2 ビデオ		
音声符号化	MPEG-2 オーディオ (BC, AAC)	MPEG-2 オーディオ (AAC)	
多重化	MPEG-2 システム		
変調方式	QPSK	TC 8 PSK QPSKとBPSKの切替えまたは併用	OFDM
誤り訂正方式	内符号：畳込み符号	内符号：畳込み符号 トレリス符号化変調	内符号：畳込み符号
	外符号：短縮化リードソロモン符号		
伝送帯域幅	27 MHz	34.5 MHz	5.6 MHz
伝送速度	34 Mbps	52 Mbps	23 Mbps

3.6 ケーブルテレビシステム

　ケーブルテレビはCATVとも呼ばれる。1955（昭和30）年，共同でアンテナを立ててテレビジョン信号を受信し，ケーブルで信号を分配する共同受信として，ケーブルテレビは始まった。その後，都市部において高層ビルの電波障害対策に有効な方法として利用されるようになった。現在では，多チャネルの伝送が可能になり，地上波や衛星波を補完するものとして普及が進みつつある。また，最近ではケーブルテレビ網が高速の通信回線としても利用されるようになった。

　ここではケーブルテレビシステムについて学ぶ。

3.6.1　ケーブルテレビシステムの概要

　通常のテレビジョン放送の受信においては，受信者がそれぞれアンテナを設置し，電波で送られてくるテレビジョン信号を受信するが，ケーブルテレビにおいては，事業者が高性能なアンテナを設置し，その信号をケーブルで広範囲な加入者に伝送する。図3.33にケーブルテレビシステムの概要を示す。

　ケーブルテレビは，つぎのような特徴を持つ。

　　◇多チャネル伝送が可能

　　◇伝送品質がよい

　　◇双方向通信が可能

3. 画像通信

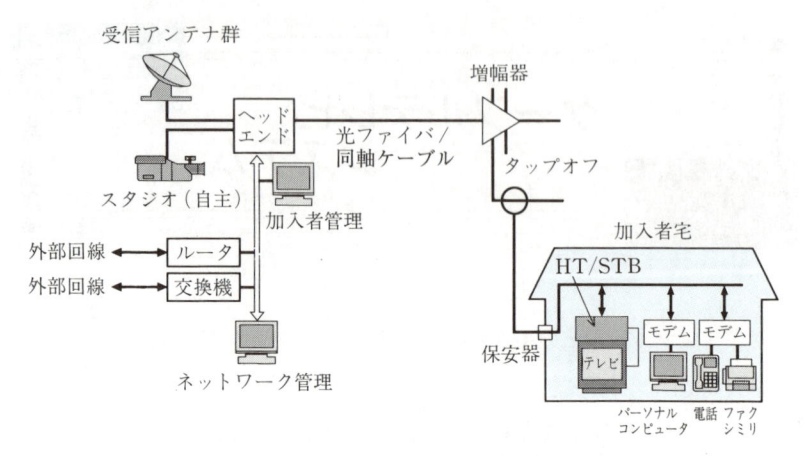

図 3.33 ケーブルテレビシステムの概要

3.6.2　ケーブルテレビシステムの構成

ケーブルテレビシステムは図 3.34 のように，センタ系設備，伝送系設備，端末系設備から構成される。

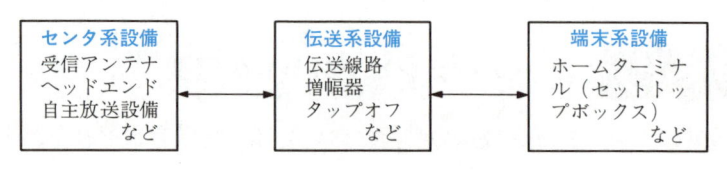

図 3.34 ケーブルテレビの構成

センタ系設備	伝送系設備	端末系設備
受信アンテナ ヘッドエンド 自主放送設備 など	伝送線路 増幅器 タップオフ など	ホームターミナル（セットトップボックス） など

　センタ系設備は，受信アンテナ，スタジオなどの自主放送制作設備，**ヘッドエンド**（head end，略して HE）**設備**などで構成される。ヘッドエンド設備の例を，図 3.35 に示す。ヘッドエンド設備は，外部通信回線とのインタフェース装置，受信信号の変調・再変調と多重化をするための装置，端末制御装置（スクランブラ）などから構成される。

図 3.35　ヘッドエンド設備

　伝送系設備は伝送線路，増幅器，タップオフと呼ばれる分配器などから構成される。

　端末系設備は，加入者宅の保安器や引込ケーブルなどのホーム受信設備，テレビジョン受像機と伝送路間のインタフェース装置で構成される。このインタフェース装置が，**ホームターミナル**[†1]（home terminal，略して HT）や**セットトップボックス**[†2]（set top box，略して STB）と呼ばれる。図 3.36 にセットトップボックスの例を示す。

図 3.36　セットトップボックス

　ケーブルテレビシステムは，アナログ伝送によるアナログ方式とディジタル伝送によるディジタル方式があり，伝送路に同軸ケーブルのみを用いる**同軸方式**と光ファイバと同軸ケーブルを用いる**光同軸方式**（hybrid fiber coaxial，略して HFC）に分類できる。また，信号がセンタ側から端末側への一方向だけに限られる単方向方式と送受信両方向の伝送が可能な双方向方式がある。

---

　†1　ケーブルテレビ専用の受信装置。
　†2　ケーブルテレビの双方向サービスに用いる端末機器。

3.6.3 伝送方式

ケーブルテレビの伝送周波数帯域は，一般的に 10～450 MHz 帯や 10～770 MHz 帯が用いられる。図 3.37 のように，この伝送周波数帯域を二つの帯域に分割し，10～50 MHz 帯の低域を上り帯域とし，双方向方式における宅内装置側からセンタ系設備への上り回線に使用する。また，70 MHz 以上の高域を下り帯域として下り回線に使用する。

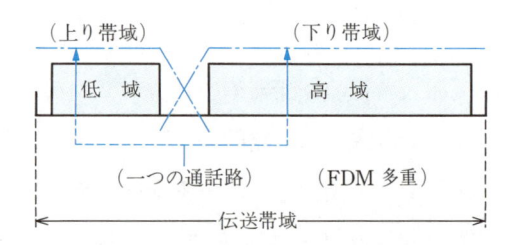

図 3.37　ケーブルテレビの伝送周波数帯域

下り回線によって伝送されるテレビジョンの信号は，周波数分割多重方式（FDM）により多チャネルの伝送を行う。1 チャネルに 6 MHz ずつの帯域が割り当てられている。

このうち，70～222 MHz の周波数帯は FM ラジオと VHF 放送を地上波の周波数のまま伝送する。それ以上の周波数帯には，衛星波などが割り当てられる。

ただし，通常はヘッドエンド設備の端末制御装置において特殊な信号処理がほどこされるため，テレビジョン受像機がこのチャネルに対応していても，ホームターミナルを用いなければ正しく受信することはできない。

双方向方式においては，その広い伝送帯域を生かした高速伝送が可能になり，インターネットをはじめとする情報通信ネットワーク用の

通信回線としての利用も進みつつある[†1]。

3.6.4　ディジタルケーブルテレビ

　衛星波系，地上波系の放送と同様に，ケーブルテレビもディジタル化が進みつつある。ケーブルテレビのディジタル伝送方式には三つの方式があり，それぞれつぎのような特徴がある。

　◇　**パススルー方式**　　受信したディジタル放送をそのままの形で再送信するが，衛星波はケーブルテレビ用周波数に変換してから伝送する。

　◇　**トランスモジュレーション方式**　　受信したディジタル放送を，ケーブルテレビ伝送用の変調方式に再変換して伝送する。

　◇　**リマックス方式**　　ディジタル放送を番組編成単位で受信し，ケーブルテレビ事業者の希望する番組配列に編成しなおし，ケーブルテレビ伝送用の変調方式に再変換してから伝送する。

　図 3.38 にトランスモジュレーション方式の構成の例を示す。パススルー，トランスモジュレーション，リマックスの順にヘッドエン

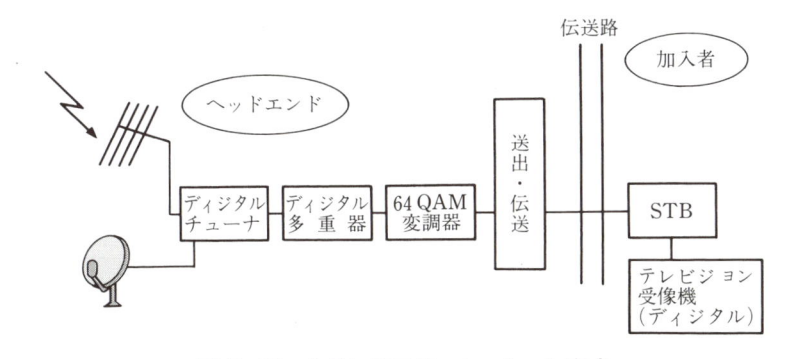

図 3.38　トランスモジュレーション方式

[†1]　利用例については 3.7.3 項で学ぶ。

ドの装置は大規模なものとなる。

　ディジタルケーブルテレビの伝送路は有線のため，伝送途中の障害が少なく，誤り訂正には比較的簡単な方式である短縮化リードソロモン符号が用いられ，変調には伝送効率の高い方式である **64値直交振幅変調**[†1] (64 quadrature amplitude modulation，略して 64 QAM) が用いられる。これにより，1チャネル 6 MHz の帯域幅で，約 29 Mbps のビットレートとなる。

---

　†1　1符号で8ビットの伝送が可能。伝送効率が高い。

3.7 マルチメディアの通信技術

　近年，インターネットの急速な普及により，文字，図，音，静止画像，動画像をまじえた人間の感性に合う表現力豊かな内容が求められるようになった。ディジタルデータ化された画像は膨大なデータ量となるが，飛躍的な半導体技術の進歩により，画像のディジタルデータ化や膨大なディジタルデータの圧縮を迅速に処理できる LSI が開発され，ディジタル画像データの保存が可能になった。

　一方，伝送路では高速で広帯域の伝送ができる光ファイバが敷設されるようになった。そのため，画像の画質を大きく損なうことなく，高速で伝送することができるようになった。

　ここではディジタル画像の取り扱いについて学習する。

3.7.1　マルチメディアの概要

　1　マルチメディア　　われわれは相手に情報を伝達したいとき，その情報は文字，音，静止画像，動画像のようなアナログデータの形で伝達している。ここで文字，音，静止画像，動画像は情報を表現する媒体であり，これらをメディアという。これらメディアはアナログデータでは形態が異なるため，一緒に処理して伝送することはできない。しかし図 3.39 のような機能を持ったパーソナルコンピュータでこれらメディアを 0 と 1 で表すディジタルデータに変換するこ

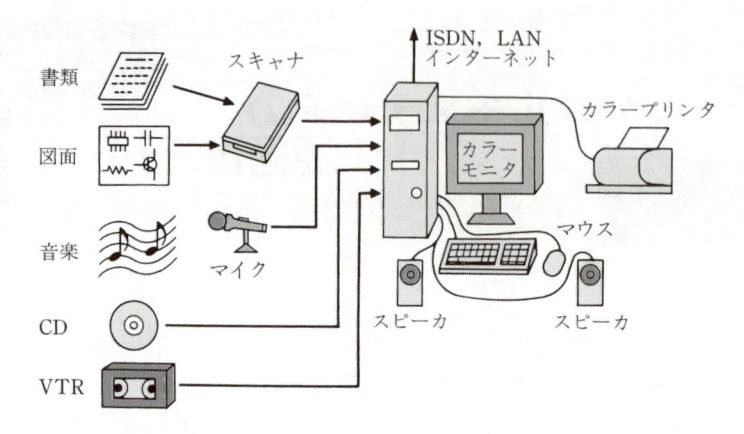

図 3.39 マルチメディアとは

とができれば，すべて一緒に処理したり，伝送することができるようになる。

時間的に変化のない文字，静止画像，時間的に変化する音，動画像というメディアをディジタル化することによって統合し包括したものを**マルチメディア**（multimedia）という。

<u>2</u>　**マルチメディアの特徴**　　マルチメディアには，つぎのような特徴がある。

（*a*）　**雑音に強い統合メディア**　　文字，音，静止画像，動画像などのメディアはアナログデータである。これらのアナログデータをディジタルデータに変換すると，遠隔地に伝送しても，また複写しても雑音の影響を受けることなく，もとの音，文字，図形，画像に非常に近い形で復元することができる。

（*b*）　**対話的機能**　　現状のテレビ，ラジオ放送のように一方的な情報の伝達ではなく，供給者と需要者が，いつでも必要なときに必要な情報をたがいに交換しあえる双方向性の特徴を持った情報伝達をすることができる。このような機能を対話的機能あるいはインタラクテ

ィブな機能という。

(c) 膨大なデータ量　画像などのアナログデータをディジタルデータに変換すると，膨大なデータ量になる。

例えば，カラーの静止画像1枚では，コンピュータで扱う画像の解像度は NTSC 方式のテレビジョンに近い 640×480 ドットが基準となり，さらに光の3原色，赤，緑，青の色の濃度にそれぞれ8ビットを割り当てているのでデータ量は以下のとおりとなる。

$$640×480×3×8=7\,372\,800 〔ビット〕$$

さらに，NTSC 方式のテレビジョンでは1秒間に 30 枚の静止画像を送るので，1秒間のデータ量は以下のようになる。

$$7\,372\,800×30=221.184 〔Mbps〕$$

このように，マルチメディアでは膨大なデータ量となるため，保存する場合，記録容量の大きい CD-ROM，DVD，MD などが使われる。

例題　1.

音楽用の CD は標本化周波数 44.1 kHz，量子化ビット数 16 ビットでディジタル化している。音楽用 CD は毎秒どのくらいのデータ量となるか計算しなさい。

解答　標本化周波数が 44.1 kHz，量子化ビットが 16 ビットであり，さらにステレオは2チャネル（右信号，左信号）なので，つぎのようになる。

$$16〔ビット〕×44.1〔kHz〕×2〔チャネル〕=1\,411\,200〔bps〕$$

問　5.　ステレオの音楽データを標本化周波数 96 kHz，量子化ビット数 24 ビットでディジタル化すると何 bps になるか計算しなさい。

例題 2.

赤色の濃度の階調を表すのに8ビットを用いた。8ビットで表される濃度の階調の数を求めなさい。

解答 8ビットで表される数は2^8となり256である。よって256とおりの濃度の階調を表すことができる。

問 6. 色の3原色の赤，緑，青にそれぞれ8ビットを割り与えると，どのくらいの色の数を表すことができるか求めなさい。

3.7.2 マルチメディア通信の概要

マルチメディア通信とは，ディジタル回線網やインターネットを介して，マルチメディアの特徴である対話的機能をリアルタイムで利用

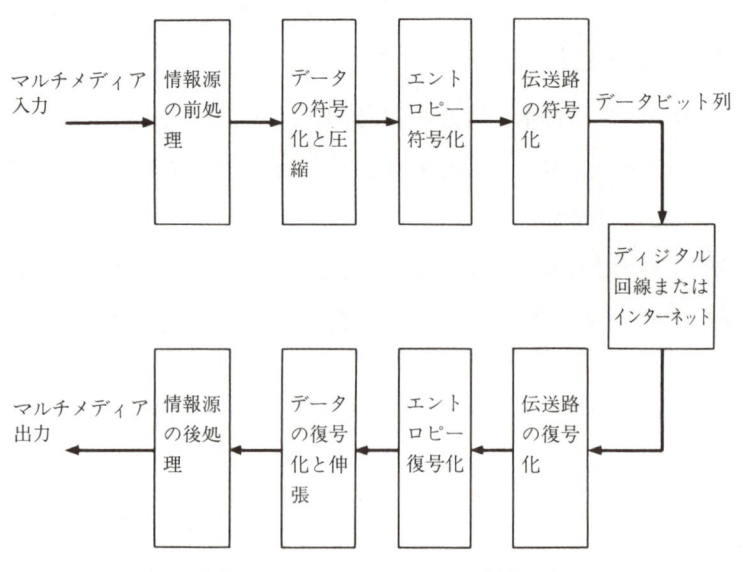

図 3.40 マルチメディア通信

して，必要な情報を必要なときに，必要な表現でやりとりできる通信をいう。

マルチメディア通信は，一般的に図3.40に示すような構成で行われる。

1　情報源の前処理　　文字や画像，音などのメディアに含まれている情報をいろいろなセンサを使用して電気信号に変換する。

画像情報を電気信号に置き換えるには半導体イメージセンサである

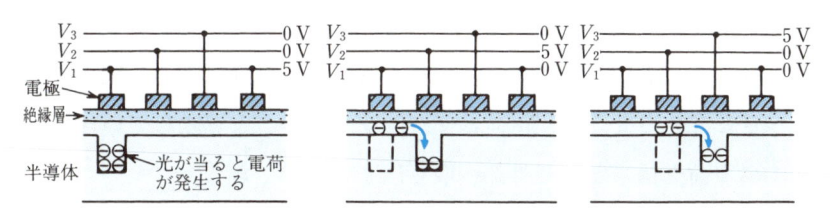

(a) CCDの原理

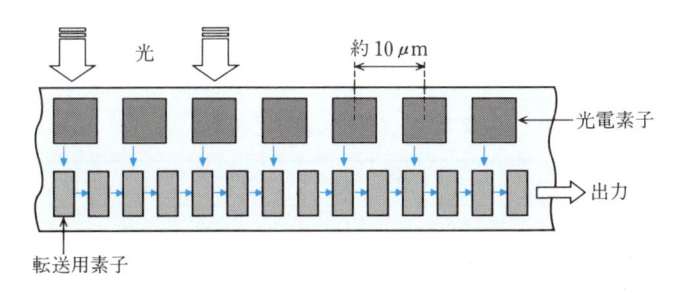

(b) リニアCCD

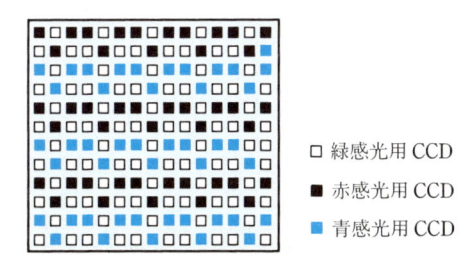

(c) エリアCCD

図3.41　CCD

CCD（charge coupled device）を使用する。CCD は電荷結合素子と呼ばれ，光量を電荷量に変換する小さなホトダイオードで構成されている。CCD を構成するこの小さなホトダイオードはセルと呼ばれる。

CCD の原理を図 3.41(a) に示す。電極 1 に電圧を加えると，真下の電荷が遠ざけられて空乏層ができる。ここに光電素子で発生した電荷が貯えられる。つぎに電極 1 の電圧を小さくして，電極 2 の電圧を大きくすると，電位の傾斜ができ，電極 1 の空乏層の中にある電荷が電極 2 の空乏層に移動する。このように 3 本の電極に加える電圧をつぎつぎと変化させると，電荷はセル間をつぎつぎと移動していき，最終的に電荷を信号として外部へ取り出すことができる。

CCD には信号の取り方によって，図(b)に示すリニア CCD と，図(c)に示すエリア CCD の二つの種類がある。それぞれの働きと用途を表 3.7 に示す。

表 3.7　CCD の働きと用途

CCD の種類	働き	用途
リニア CCD	受光素子が直線上に並び，画像の縦方向の一列が読み取れる。これを横方向に移動すると，画像全体が読み取れる。	イメージスキャナ
エリア CCD	カメラのように，入ってきた光を瞬間に記録するため，受光素子が平面に並んでいる。カラー入力の場合，各受光素子の前に赤，緑，青のフィルタを付けて受光している。	ディジタルカメラ ディジタルビデオカメラ

カラー画像の色情報は，光の 3 原色である赤，緑，青の各フィルタを CCD の前に置き，赤，緑，青の各信号を得ている。

2　データの符号化と圧縮　　光電変換素子で変換された色の 3

原色の信号電圧はつぎに示す二つの理由から輝度信号，色差信号に変換している。

◇輝度信号があると，カラー画像は白黒画像で再現できる。

◇人間の視覚は色の変化に対して鈍いので，色の変化情報が入っている色差信号を圧縮する対象にすることができる。

変換された信号電圧は 1 章で学んだ方法などで符号化され，ディジタルデータになる。しかし画像の色情報は膨大なディジタルデータとなるため，処理時間が長くなったり，記憶に大容量の媒体を必要とするなどの不都合が出てくる。そこで，つぎに示す方法でデータ圧縮を行っている。

(a) 時間的圧縮　人物の背景，海や山の風景などの画像は，注意深く見ると，時間が経過しても，色の変化が少なく，そのままである部分が非常に多いことに気がつく。

画像が時間的に連続しているというこの相関関係を利用すると，送るべき色の情報量は一部でよい。例えば時刻 T_0 の情報量は A_0 であるが，図 3.42 に示すように T_{-1} から T_0 の間で変化した情報の差分量 Δa だけでよい。なぜならば，すでに一つ前の時刻 T_{-1} に送った A_{-1} の情報量を保持しておき，これをもとにすれば，新たな差分量 Δa をそれに加えることで A_0 の情報量が得られるからである。

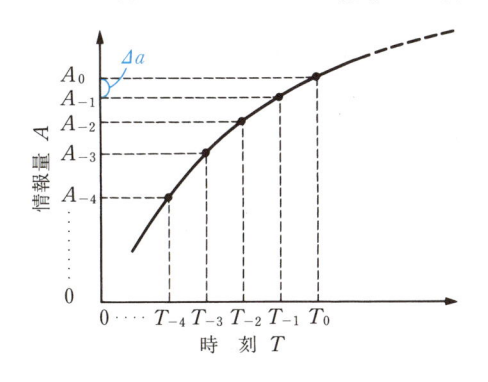

図 3.42　時間的圧縮

これを利用すると，ディジタル化する情報量はわずかな差分量 Δa だけでよく，これによってビット数を大幅に削減することができる。このようなデータの圧縮を時間的圧縮という。

(b) **空間的圧縮**　人間の視覚特性は低域フィルタの特性に似ており，明るさの変化については非常に敏感であるが，人物と背景といった像の境目や輪郭で変化する色の急激な濃淡や，なだらかに変化する色の変化については敏感ではない。

一般的な写真や絵画のような静止画像は 3.7.4 項で学ぶフーリエ変換をすると，画像の大部分の情報は直流＋低周波成分に集中し，像の境目，輪郭の情報は高周波成分となる。そこで人間の視覚特性に注目し，敏感でない情報が含まれている高周波成分を図 3.43 のように削除して，信号のビット数を圧縮する方法がある。この方法を空間的圧縮という。空間的圧縮処理が行われた静止画像は逆フーリエ変換をすると境目，輪郭の情報が失われているのでぼやけた像になる。

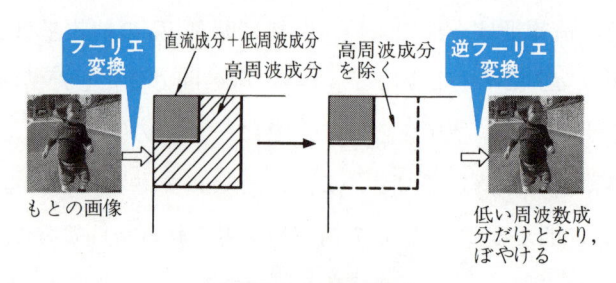

図 3.43　空間的圧縮

(c) **確率的圧縮**　3.4.2 項で学んだように，確率的データ圧縮を利用した符号化をエントロピー符号化という。この符号化には**ハフマン符号化**がよく用いられる。

つぎのような信号が発生したとする。

0　2　0　1　3　0　1　0　4　0

発生した信号の最大値は4なので，2進数で表すには3ビットあればよい。この信号を2進数のデータに変換すると，つぎのようなビット列となる。

000　010　000　001　011　000　001　000　100　000

各信号を表3.8の1次元ハフマン符号を適用すると，以下のような可変長符号のビット列に変換される。

0　110　0　10　1110　0　10　0　1111　0

表3.8　1次元ハフマン符号

信号 (10進数)	信号 (2進数)	可変数符号	発生確率
0	000	0	0.6
1	001	10	0.2
2	010	110	0.1
3	011	1110	0.06
4	100	1111	0.04

変換の結果，30ビットのビット列だった信号は，ハフマン符号化によって20ビットに圧縮されたことになる。

問 7. データの時間的圧縮，空間的圧縮，確率的圧縮について簡単に説明しなさい。

3 ディジタル回線やインターネット　膨大なマルチメディアの情報量は，高速にしかも大容量を伝送できるディジタル回線が適している。表3.9にいくつかのディジタル回線を示す。

4 誤り訂正符号化　ディジタル信号は，伝送中や記録中に電気的雑音の影響を受けて信号の一部が誤って0が1，1が0に変わってしまうことがある。このような誤りにはつぎに示すランダム誤りとバースト誤りがある。

3. 画像通信

表 3.9 マルチメディアに使われるディジタル回線

回線名	特徴
ISDN	公衆回線を使用して，電話，データ通信，テレビ会議など幅広く利用できる回線。
高速ディジタル専用線	公衆回線と違い，特定の相手と常時接続されており高速で大容量伝送ができる回線。音声，データ，映像などの情報を高速で，大量に伝送できる。
ATM 専用線	専用線の一種。すべての情報を53バイトの短いパケットに分けて伝送することにより，音声，データ，映像などの情報を遅延なく，効率よく大量に伝送することができる。
衛星データ回線	BS, CS を使用して音声，データ，映像等の情報を伝送する回線。

誤りの種類
- **ランダム誤り**　1～数ビットの不規則な誤りとして伝送中に発生することがある。訂正はしやすい。
- **バースト誤り**　連続して数十～数百ビットの誤りとして記録中に発生することがある。訂正は難しい。

　信号のビット列に誤りが発生したら，誤りを検出し，正しい信号のビット列に訂正しなければならない。

　ランダム誤りを訂正する方法としては，1.5.4項で学んだパリティ検査方式や，畳込み符号とリードソロモン符号を組み合わせた方式がある。

　数ビット程度のランダム誤りは，パリティ検査方式や畳込み符号とソロモン符号を組み合わせた方式によって誤り訂正ができるが，数十～数百ビットにおよぶバースト誤りは訂正が難しい。そこでバースト誤りが発生しても，ランダム誤りに変換できるように，つぎに示す

規則に基づいてデータのビット列の組換えを行っている。

組換えの規則
① 遅延しない。
② つぎは6ビット遅らす。
③ つぎのつぎは12ビット遅らす。
この過程を繰り返して行う。

図3.44に信号ビットを組み換えている様子を示す。このようにビット列を組み換える方法をインタリービング法という。

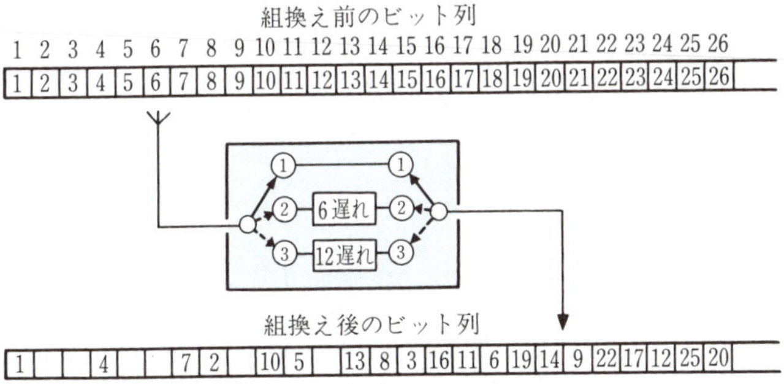

図3.44 インタリービング法

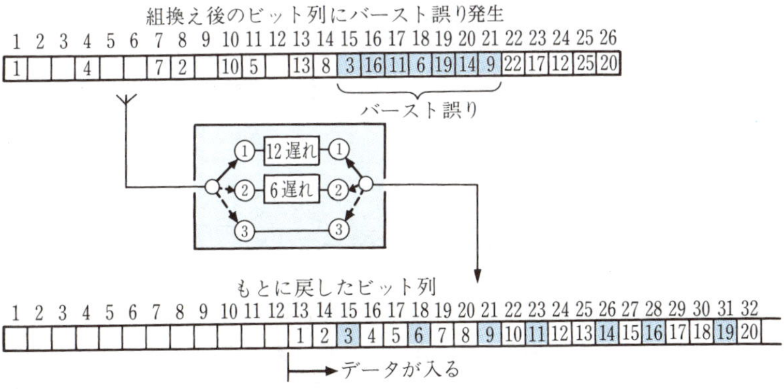

図3.45 ディ・インタリービング

図 3.45 に示すようなバースト誤りが記録中や伝送中に発生し，信号が変化したとする。しかし，図のようにインタリービング法によって組み換えられたビット列をもとに戻す動作を行うと，バースト誤りがランダム誤りに変わり，復元が可能となる。このように組み換えられたビット列をもとに戻す操作をディ・インタリービングという。

3.7.3 マルチメディア通信の利用例

1　インターネット　インターネットは図 3.46 のように世界的規模で接続されたコンピュータの巨大ネットワークであり，使われるプロトコルは TCP/IP[†1] (transmission control protocol/internet proto-

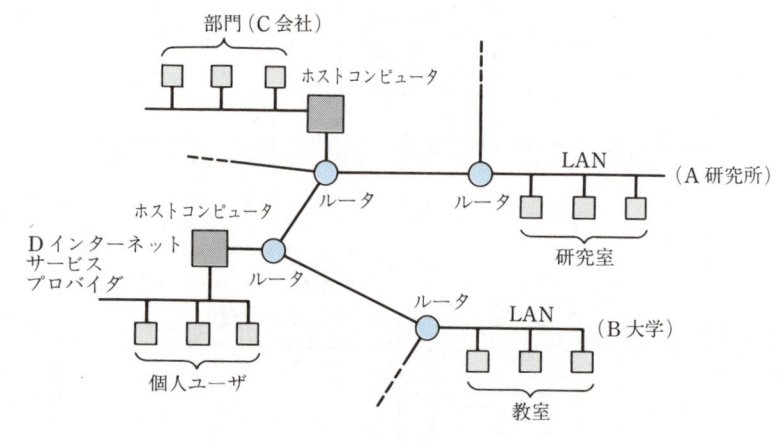

図 3.46　インターネット

[†1] 1970 年，アメリカ合衆国の防衛高等技術研究計画局によって防衛用の通信ネットワーク構築のために開発された通信プロトコルである。現在マルチメディア，パケット通信，テレビ会議，電子メール，ファイル転送などに利用されている。

col) である。インターネットは情報収集，情報発信，コミュニケーションの手段としてたいへん便利であり，ビジネスや個人の間で急速に普及している。

インターネットにはつぎのような機能がある。

(*a*) **データ伝送**　データ伝送には電子メールとファイル転送の二つの伝送方法がある。

　　◇　**電子メール**　ユーザどうしが文字，音，静止画像，動画像などのマルチメディアを利用して，たがいにコミュニケーションをはかる交流手段の一つである。

　　◇　**ファイル転送**　ソフトウェアなどの大きな容量のファイルをインターネットを介して団体や個人から入手するときなどに使用する。

これらのデータ伝送にはユーザが郵便番号，住所に相当する図 3.47(*a*) のようなアドレスを持つ必要がある。図(*b*)は，インターネット上でアドレスを利用した電子メールがどのように行われているかを表している。

(*b*) **情 報 発 信**　**HTML** (hypertext markup language) と呼ばれる言語で記述された **Web ページ**によって，マルチメディア情報は発信される。世界中にはマルチメディア情報を発信する多くの Web ページがあり，これらは **WWW** (world wide web) **サーバ**と呼ばれるコンピュータに記録されている。Web ページにはそれぞれ図 3.48 に示す **URL** (uniform resource locator) と呼ばれるアドレスが付いている。

WWW サーバの Web ページを閲覧するには，HTML が読めるソフトウェアが必要であり，このようなソフトウェアをブラウザソフトという。

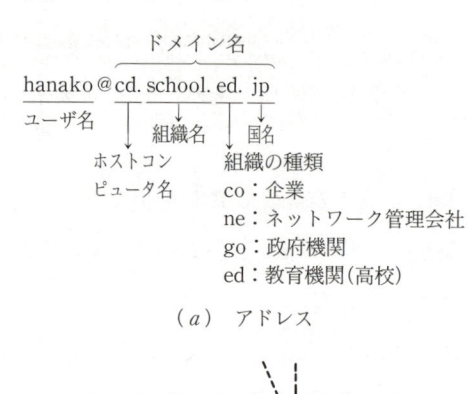

3. 画像通信

```
        ドメイン名
      ┌─────────┐
hanako@cd.school.ed.jp
 ユーザ名  │    │  │
      組織名 │  国名
      ホストコン  組織の種類
      ピュータ名  co：企業
            ne：ネットワーク管理会社
            go：政府機関
            ed：教育機関(高校)
```

(*a*) アドレス

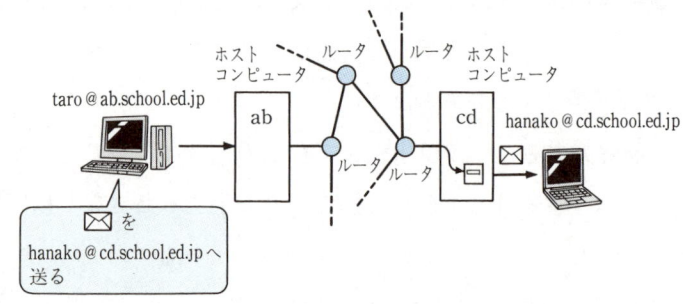

(*b*) 電子メール

図 3.47 電子メールの仕組み

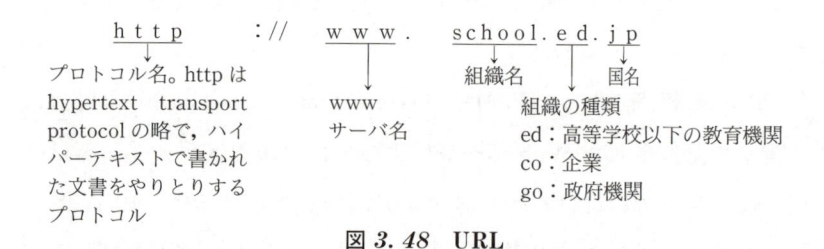

```
http  ://  www.  school.ed.jp
```

プロトコル名。http は hypertext transport protocol の略で，ハイパーテキストで書かれた文書をやりとりするプロトコル

www サーバ名

組織名 │ 国名
組織の種類
ed：高等学校以下の教育機関
co：企業
go：政府機関

図 3.48 URL

ブラウザソフトの中で URL を指定すると，図 3.49 のように指定された WWW サーバが発信しているマルチメディア情報を閲覧することができる。

　Web ページ内のマルチメディア情報は，スイッチを入れると一方的に情報が流れ出すテレビジョンやラジオと違い，受信する側の意思がないかぎり一方的に送信されることはなく，必要とする情報だけを

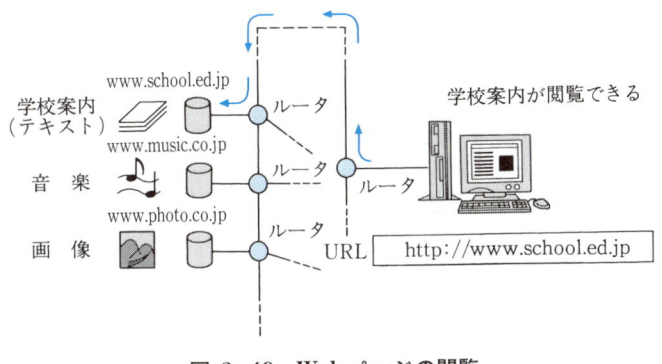

図 3.49 Web ページの閲覧

選択して受信することができる。このようなシステムをオンデマンド型システムという。

(c) 情報検索 マルチメディア情報を発信する Web ページをキーワードで検索し，接続するソフトウェアがある。この機能を持つソフトウェアをサーチエンジン（search engine）という。

URL が不明でもサーチエンジンを使用すると，キーワードから Web ページを見つけ，欲しい情報を得ることができる。

2 双方向性 CATV ISDN の普及と CATV のディジタル化により，多チャネル化とたがいに情報のやりとりができる双方向性が実現された。このような CATV をインタラクティブテレビジョンといい，図 3.50 のようなネットワークを組むことにより，さまざまなサービスが実現可能となる。いくつかのサービスを取り上げる。

(a) テレビ会議 テレビ会議では，図 3.51 のようにたがいがテキスト，グラフィックス，高精細静止画像などを伝送しあい，情報交換をする。また，よりプレゼンテーション効果を高めるために，資料の中で特定な箇所を強調するポインティングや，コメントを付けるライティングも同時に行えるようになっている。

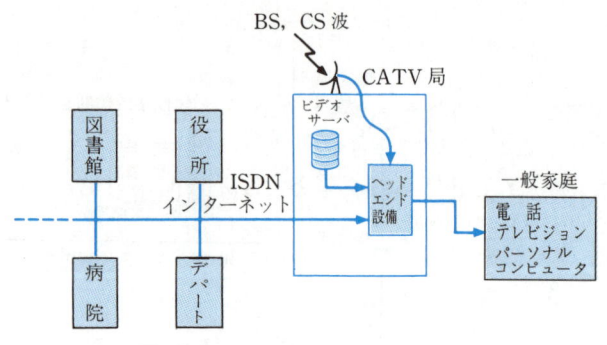

図 3.50 CATV のネットワーク

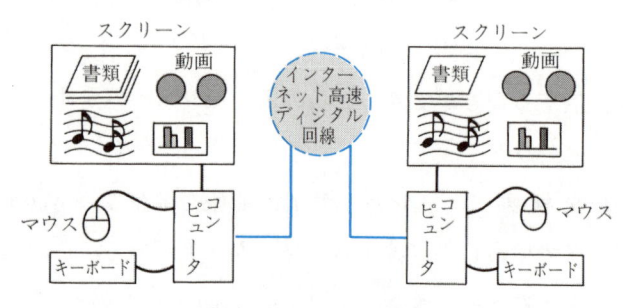

図 3.51 テレビ会議

 (b) **ビデオオンデマンド**　家庭から，ヘッドエンド設備に設備されているビデオサーバの中から見たいビデオを自由に選択し，鑑賞することができる。

 (c) **ホームショッピング**　家庭にいながら商品の写真を参考にしてショッピングしたり，列車などの乗車券，劇場の入場券などを予約したり購入したりすることができる。また，それらの支払いや貯金はホームバンキングサービスでできる。

 (d) **図書館，美術館，博物館巡り**　家庭にいながらにして新刊情報や読みたい本を図書館で検索したり，世界各地にある美術館や博物館の展示物を3次元CGの映像で，あたかもその地に訪れて見て回るような疑似体験ができる。

(e) 医　　療　　多くの専門医のいる都市部の大学付属病院や総合病院と地方の病院や離島の診療所との間を，ディジタル回線網で結ぶ。地方や離島では手に負えない患者の病理部分の画像を都市部の病院に送り，専門医の診察支援を受けることができる。

3.7.4　画像処理の技術

1　空間周波数　音や電波の周波数は図 3.52(a) のように「1秒間に何回振動するか」で表されるが，空間周波数（以後周波数という）は図 (b) のように「単位長さあたり何回明るさの強弱を繰り返すか」で表される。

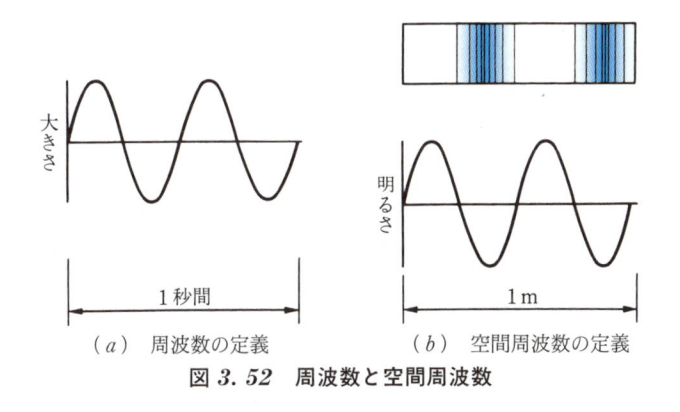

(a) 周波数の定義　　　　(b) 空間周波数の定義

図 3.52　周波数と空間周波数

2　横じまと縦じまの周波数　横じまと縦じまの明るさの濃淡の変化と周波数の関係は図 3.53 のようになる。ここで縦じまの変化は水平方向の周波数 f_H，横じまの変化は垂直方向の周波数 f_V で表される。縦じま，横じまの変化と周波数の関係を表 3.10 に示した。しま模様の領域を画像領域といい，周波数の領域を空間周波数領域という。

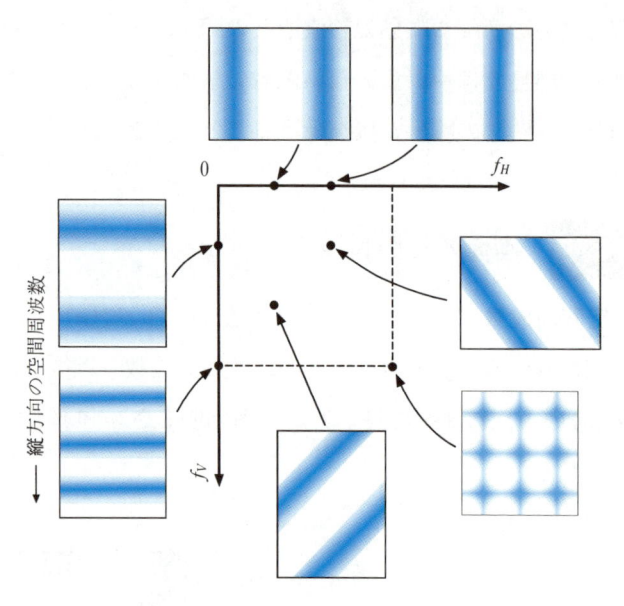

図 3.53 縦じまと横じまの周波数

表 3.10 しま模様と空間周波数の関係

横じまと縦じまの関係	しま模様の状態	空間周波数	
		水平 f_H	垂直 f_V
横じまのみ	横方向に濃淡が変化する	なし	f_V のみ
横じまと縦じま（横じまの方が変化が大きい）	右下がりの斜線模様となる	f_H と f_V の両方の空間周波数を含むが $f_H > f_V$ である	
横じまと縦じま（両方の変化が同じ）	格子模様となる	f_H と f_V の両方の空間周波数を含むが $f_H = f_V$ である	
横じまと縦じま（縦じまの方が変化が大きい）	左下がりの斜線模様となる	f_H と f_V の両方の空間周波数を含むが $f_H < f_V$ である	
縦じまのみ	縦方向に濃淡が変化する	f_H のみ	なし

3　画像と周波数の関係　フランスの科学者のフーリエによって「すべての波形は直流成分，sin または cos の基本波成分，高調波成分から成り立つ」ということがつきとめられた。

ある波形 A は cos で表すと，式（3.5）のように分けられる。

$$A = A_0 + A_1 \cos \omega t + A_2 \cos 2\omega t + A_3 \cos 3\omega t$$
$$+ A_4 \cos 4\omega t + \cdots\cdots \tag{3.5}$$

ここで，右辺第 1 項の A_0 が直流成分，第 2 項の $A_1 \cos \omega t$ が基本波成分であり，それ以降の項が高調波成分となる。

このように，ある波形を直流成分，sin または cos の基本波成分，高周波成分に分解することを**フーリエ変換**するといい，逆に直流成分，基本波成分，高調波成分を重ね合わせてもとの波形に合成することを**逆フーリエ変換**するという。

この原理を画像に適用すると，どんな画像でもしま模様に分解できる。つまり，画像をフーリエ変換すると，式（3.5）のように表され，また反対に式（3.5）を逆フーリエ変換するともとの画像を得ることができる。

画像領域が格子模様の場合，フーリエ変換すると水平周波数 f_{H0} と

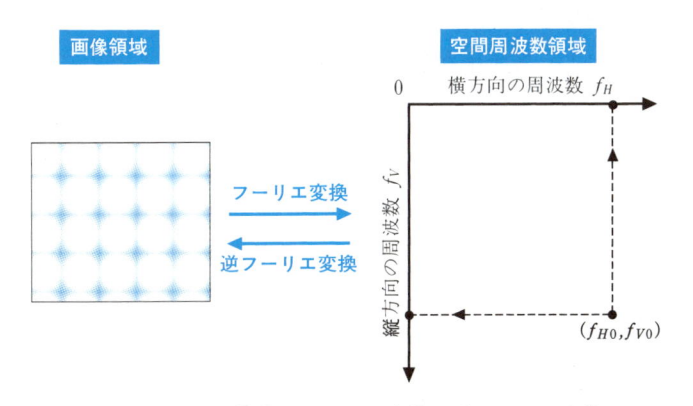

図 3.54　格子模様のフーリエ変換と逆フーリエ変換

垂直周波数 f_{V0} が等しいので図 3.54 のようになる。

　実際の画像の場合，いろいろなしま模様の成分がいろいろな大きさで存在する。これをフーリエ変換すると，多数の周波数が出てくるため，図 3.55 のような領域となる。

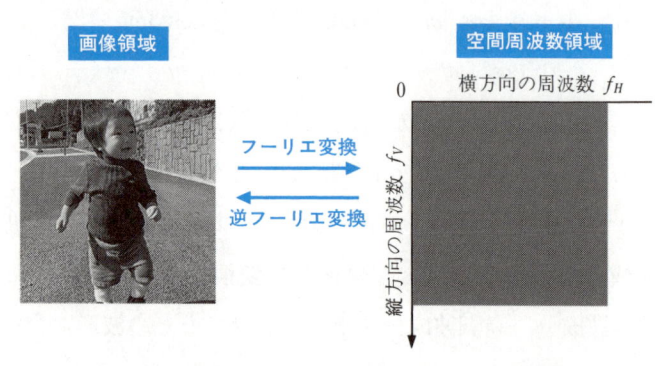

図 3.55　画像のフーリエ変換と逆フーリエ変換

4　離散コサイン変換　　実際はフーリエ変換そのものを利用することはなく，フーリエ変換の一種である**離散コサイン変換**（discrete cosine transform，略して **DCT**）が使われる。DCT はつぎのような特徴を持つため，画像のデータ圧縮に用いられている。

◇人間の視覚特性にあったデータ圧縮ができる。

◇確率的なデータ圧縮ができる。

◇高速の画像処理に適している。

DCT の機能を図 3.56 に示す。

(a)　画像，画素の分割　　1 枚の画像すべてを 1 回の DCT で周

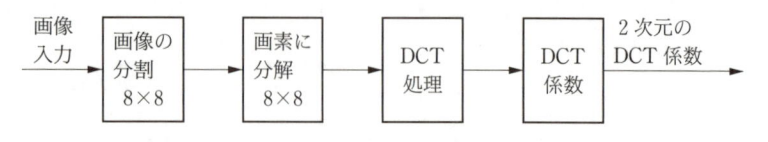

図 3.56　DCT の機能

波数に変換できれば，画像全体のつながりを損なうことなく，理想的な結果が得られる。しかしこれを行うには膨大なメモリ量や，高速演算を行う演算素子の開発といった問題点が出てくる。これらの負担を軽くするため，画像全体またはその一部を図 3.57(*a*)のように 8×8 ブロックに分割し，さらに，個々のブロックを図(*b*)のように 8×8 画素に分割して周波数変換を行っている。

1	2	3	4	5	6	7	8
9	10	11	12	13	14	15	16
17	18	19	20	21	22	23	24
25	26	27	28	29	30	31	32
33	34	35	36	37	38	39	40
41	42	43	44	45	46	47	48
49	50	51	52	53	54	55	56
57	58	59	60	61	62	63	64

(*a*)　画像の分割

8番目のブロック

1	2	3	4	5	6	7	8
9	10	11	12	13	14	15	16
17	18	19	20	21	22	23	24
25	26	27	28	29	30	31	32
33	34	35	36	37	38	39	40
41	42	43	44	45	46	47	48
49	50	51	52	53	54	55	56
57	58	59	60	61	62	63	64

(*b*)　画素に分割

図 3.57　DCT の画像の分析

(*b*)　DCT 処理　　分割してできた個々の画素の明るさはさまざまである。例えば図 3.58 のような変化する明るさは DCT 処理を行うと，直流成分，cos の基本波成分，第 2 高調波成分，第 3 高調波成分…第 n 高調波成分に変換できる。

(*c*)　DCT 係数　　変換されたそれぞれの成分の大きさは DCT 係数と呼ばれ，各成分の電力の大きさを示す。

図 3.59(*a*)のような原画を図 3.57 のように分割し，その一部を図(*b*)のように抜き出し，さらに図(*c*)のように画素に分ける。64 個の画素一つずつに DCT 処理を行う。1 個の画素を DCT 処理すると各周波数成分は図(*d*)のように左上隅に直流成分，さらに，水平方

(a) 画像の明るさ　　(b) 画像の周波数成分

直流成分 A_0
基本波成分 $A_1 \cos \omega t$
第2高調波 $A_2 \cos 2\omega t$
第 n 高調波成分 $A_n \cos n\omega t$

図 3.58　周波数の分割

(a) 原画　　(b) 部分画像　　(c) 画素に分割

(d) 画素の DCT 係数の分布　　(e) 部分画像の電力

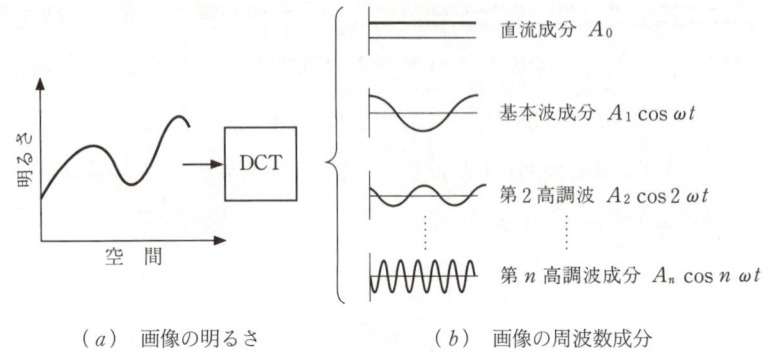

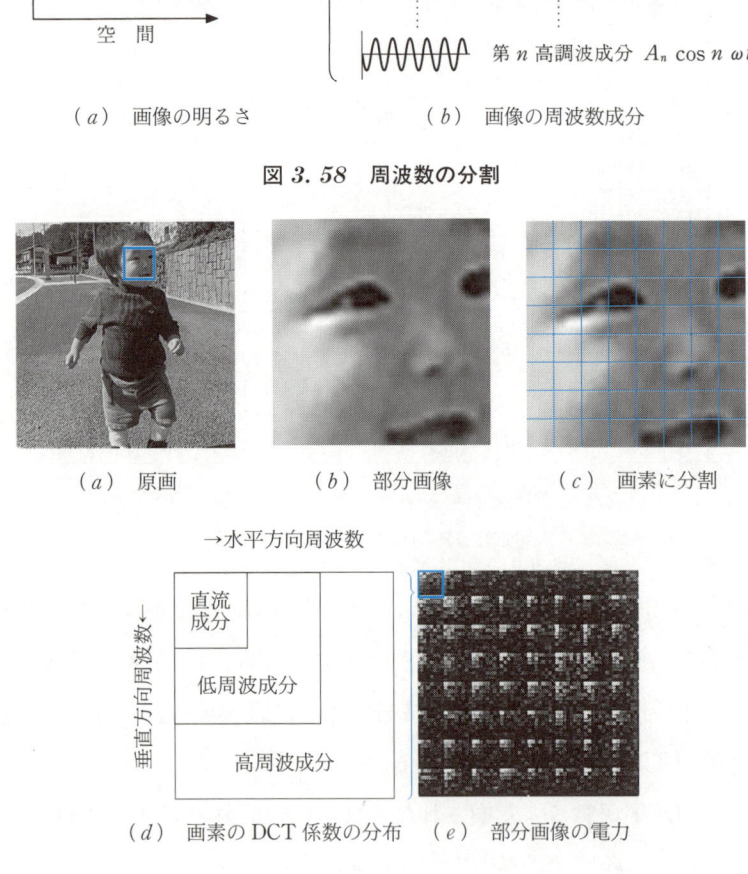

図 3.59　画像の DCT 係数

向，垂直方向にそれぞれ低周波数成分から高周波成分の順に DCT 係数が入り，2 次元の DCT 係数となる。DCT 係数が大きいところでは，電力も大きくなり，その部分は図(e)で白く見える。一般的に，

図(e)のように画像の電力は直流成分，低周波成分に多く，高周波成分は少ない。

3.7.5　JPEG による符号化

JPEG による静止画像の符号化は，図 3.60 に示す手続きで進められる。

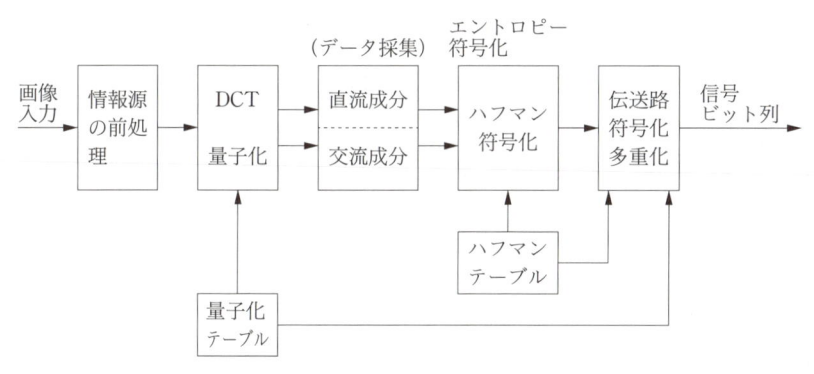

図 3.60　JPEG による符号化方式

1　情報源の前処理　カラー画像を $8×8$ のブロックに分け，それぞれのブロックの色情報は赤，緑，青の3原色の情報に分解されるが，この3原色の情報は輝度信号と色差信号に変換されている。

2　DCT と量子化

(a)　**DCT**　輝度信号と色差信号は DCT 処理され，2 次元の DCT 係数が得られる。図 $3.61(a)$ は DCT 処理された 2 次元 DCT 係数の一例である。

(b)　**量　子　化**　量子化の働きは，原画と見比べても十分実用になる復元画像が得られる範囲内で，情報を空間的圧縮することである。そのため，DCT 係数を対応する量子化テーブルの座標の数値で

71.24	30.31	44.19	38.11	22.11	−19.55	20.74	18.05
26.44	38.88	29.52	15.91	−8.04	−6.59	1.58	0.52
23.68	25.86	−1.81	15.20	2.01	1.17	0.99	−0.54
16.23	10.36	−0.88	0.23	−1.55	3.10	−2.22	1.50
−0.22	0.81	1.45	2.03	−2.51	0.99	1.02	−2.87
1.67	−2.45	1.89	−0.40	0.58	−1.55	2.45	0.54
1.08	1.69	−2.45	1.02	−0.22	1.26	−2.05	1.48
−2.55	0.26	−2.09	0.58	−1.91	0.59	2.66	−1.06

(*a*) 輝度信号の DCT 係数

16	11	10	16	24	40	51	61
12	12	14	19	26	58	60	55
14	13	16	24	40	57	69	56
14	17	22	29	51	87	80	62
18	22	37	56	68	109	103	77
24	35	55	64	81	104	113	92
49	64	78	87	103	121	120	101
72	92	95	98	112	100	103	99

(*b*) 量子化テーブル

図 3.61　DCT 係数の量子化

除算し, 小数点以下を四捨五入して整数化する.

　量子化テーブルの数値は決まった数値ではない. 画像の品質と符号化の効率とのかねあいで決められる. 図(*b*)に示す量子化テーブルはその一例である.

　量子化テーブルの数値によって, 像の明るさに関係する直流成分と低周波数成分は残し, 像の境目や輪郭に関係する高周波成分は像のぼやけが許容される範囲内で 0 にする.

例題 3.

ある画像の輝度信号を DCT 処理したら図 $3.61(a)$ のような DCT 係数が得られた。この DCT 係数を図 (b) に示す量子化テーブルで量子化しなさい。

解答 各 DCT 係数を量子化するには，対応する座標の量子化テーブルの係数で除算し，小数点以下を四捨五入して整数化すればよい。

その結果を図 3.62 に示す。

4	3	4	2	1	0	0	0
2	3	2	1	0	0	0	0
2	2	0	1	0	0	0	0
1	1	0	0	0	0	0	0
0	0	0	0	0	0	0	0
0	0	0	0	0	0	0	0
0	0	0	0	0	0	0	0
0	0	0	0	0	0	0	0

図 3.62　輝度信号量子化の結果

3 画像データの採取

画像データは直流成分と交流成分（基本波成分と高調波成分）を分けて採取している。交流成分は図 3.63 に示すように，圧縮の効果を上げるため 0 が連続になるようにジグザグにスキャンしてデータを採取している。さらにそれぞれ得られた値が統計的にどのくらいの確率で発生するかを調べる。

0 が続く長さを 0 ラン長といい，0 ラン長とそれに続く値との組み合わせを 2 次元ハフマン符号に基づいて符号化する。2 次元ハフマン符号化とは，$3.7.2$ 項で学んだハフマン符号化を 2 次元で行うもの

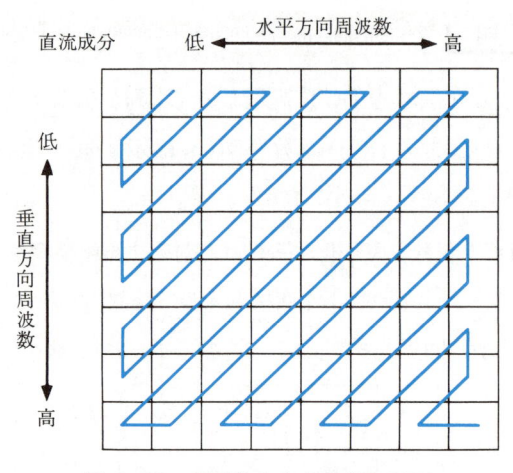

図 3.63　量子化された係数の採取

であり，発生確率の高い組み合わせには短い符号を割り当て，確率の低い組み合わせには長い符号を割り当てる。その結果，大幅な情報の圧縮ができる。

例題 4.

例題 3 で得られた図 3.62 をジグザグスキャンし，表 3.11 に示した 2 次元ハフマン符号を用いて変換しなさい。

解答　例題 3 の量子化の結果をジグザグスキャンするとつぎのようになる。

$$3\ 2\ 2\ 3\ 4\ 2\ 2\ 1\ 1\ 0\ 1\ 0\ 1\ 1\ 0\ 0\ 1\ 0\ \underbrace{\cdots\cdots 0}_{46\text{個}}$$

このデータ長を表 3.11 の 2 次元ハフマン符号で変換する。

1番目の 3 から 9 番目の 1 までは前に 0 がないため，0 ラン長は 0 となる。11 番目の 1 には 0 が前に 1 個あるため，0 ラン長は 1 となる。さらに 17 番目の 1 では 0 が 2 個あるので 0 ラン長は 2 となる。1 番目の 3 は縦軸方向に 3，0 ラン長は 0 なので横軸方向は 0 となり，1110 に変換

表3.11 2次元ハフマン符号

組み合わせの値	0ラン長			以降すべて0になる場合
	0	1	2	
0	―	―	11111110	1111110
1	10	110	11110	（この符号で変換は終了する）
2	0	111111110	111111111110	
3	1110	1111111110	1111111111110	
4	111110	11111111110	1111111111111	

される。11番目の1は0ラン長が1なので，縦軸方向1，横軸方向1となり，信号は110に変換される。

17番目の1については，0ラン長は2となり，同様のことを行うと11110が得られる。18番目以降については0のみとなるので，表より1111110を付けて変換を終了する。変換を終了する符号をEOB（end of block）といい，ここでは1111110である。

以上のように変換をしていくと，つぎのような信号ビット列が得られる。

1110 0 0 1110 111110 0 0 10 10 110 110 10 11110
1111110
(EOB)

0が多ければ信号ビット列が短くなり，圧縮効果が得られる。

参 考（ハフマン符号への変換方法）

表3.8の値をもとに，変換方法を示す。それぞれの信号の発生する確率は表3.12のようになる。

つぎに示す手順で作成する。

1 発生確率が最低の信号二つを選択し，並べて接続する。それぞれの枝に0と1を付け，確率の和を書く。

表3.12 発生確率

信号	発生する確率
0	0.6
1	0.2
2	0.1
3	0.06
4	0.04

2 1で得られた確率の和と，残りの信号の中から発生確率が最低となる信号を二つ選択して，1と同様な操作を行う。

3 確率の和が1となるまで繰り返す。

4 信号の変換符号は図3.64のように逆方向より読み取ればよい。

[5]

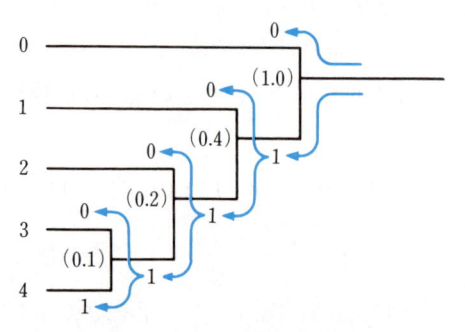

図3.64 ハフマン符号への変換方法

表3.13 ハフマン符号

信　号	変換符号
0	0
1	10
2	110
3	1110
4	1111

以上より，ハフマン符号は表 3.13 のようになる。

4 **エントロピー符号化**　直流成分のデータと交流成分のデータビット列は，ハフマン符号の割り当てを示したハフマンテーブルに基づいて別々に可変長符号ビットに変換される。

5 **伝送路符号化**　エントロピー符号化されたデータビットは量子化テーブル，ハフマンテーブルがないと復号化できないので，データビット，量子化テーブル，ハフマンテーブルを一緒に伝送している。また，伝送中にデータが欠損しても復元できるように，誤り訂正用の冗長ビットを付加した信号ビット列で伝送している。

3.7.6　MPEG による符号化

NTSC 方式のテレビジョンの動画像は，静止画像を 1 秒間に 30 枚送ることで構成されている。動画像を構成する 30 枚の静止画像を，GOP（group of picture）と呼び，1 枚 1 枚の静止画像をフレームと呼ぶ。

1 **MPEG による動画像の圧縮**　画面の中で動き回る像でも，1 枚 1 枚の静止画像に注目すると，その変化は小さい。MPEG では，それを利用して符号化，量子化を行っている。図 3.65 は MPEG による動画像の符号化，そしてデータの圧縮の方法を示している。

　(a)　**情報源の前処理**　JPEG と同様に，3 原色の色情報を輝度信号，色差信号に変換する。

　(b)　**フレーム間 DPCM と動き補償**

　　◇　**フレーム間 DPCM**　図 3.66 に示すように，過去，現在の画像を見比べて見ると，その変化の差はごく一部で非常に小さい。そのため，符号化済みの過去の画像情報（輝度信号，色差信号）

268   3. 画像通信

図 3.65　MPEG による動画像の符号化

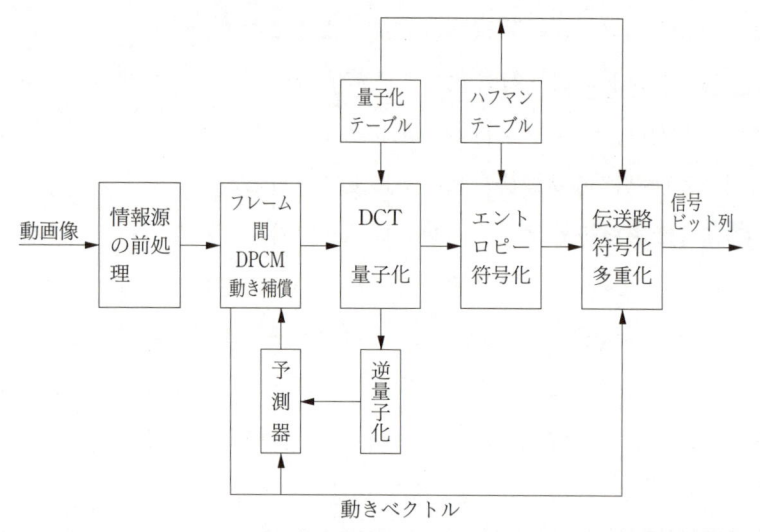

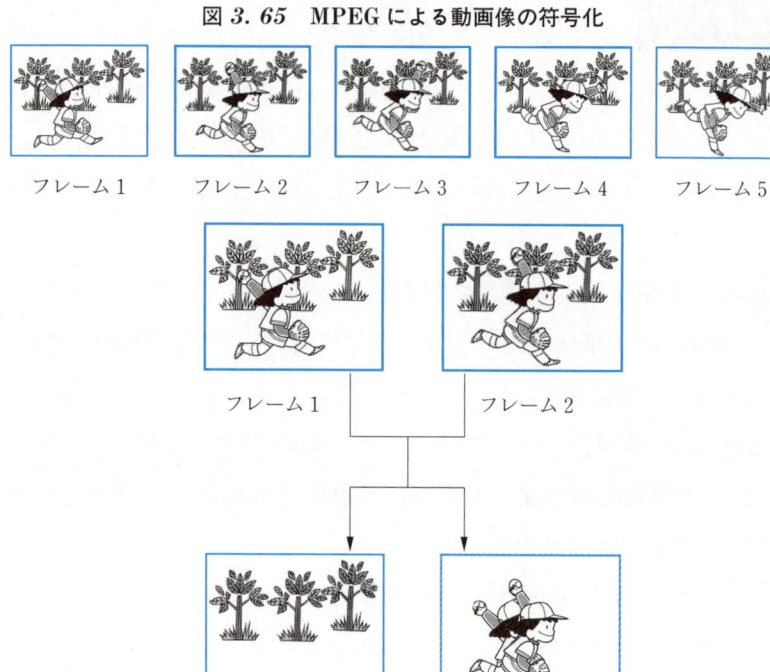

図 3.66　フレーム間 DPCM

に，変化の差分量を重ね合わせれば，現在の画像情報となる。MPEGではこのことを利用し，この変化したごく一部の差分量のみを符号化して，データの時間的圧縮を行っている。このような方法を**フレーム間 DPCM**（differential pulse code modulation）という。

◇ **動 き 補 償**　フレーム間の変化が小さい場合，フレーム間DPCMで対応できるが，動きの激しい画像だと，誤差が大きくなり対応できなくなる。符号化済みの過去のフレームをもとにして，運動体の運動方向を動きベクトルとして計算して予想し，それを予測器と多重化の処理へ送る。予測器では，逆量子化された過去の画像情報に動きベクトルの補正を加えて予想フレームを形成し，現在のフレームと比較する。比較した結果，図 3.67 のような差分量が求まる。このように動きベクトルによる補正によって差分量を求め，データの時間的圧縮する方法を動き補償という。

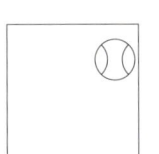

（a）過去フレーム　（b）予想フレーム　（c）現在フレーム　（d）動き補償の差分量

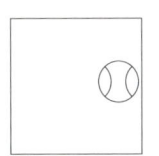

図 3.67　動き補償による差分量

（c）**DCT，量子化，エントロピー符号化**　JPEGと同様に差分量をDCT処理した後，量子化を行い，さらにエントロピー符号化を行って，符号化とデータ圧縮を行う。

（d）**伝送路符号化・多重化**　画像の復号化，伸張に必要なデータをまとめて多重化し，誤り訂正用の冗長ビットを付加して信号ビット列を作る。

2　GOP の画像圧縮　GOPは表 3.14 に示す特徴を持つⅠ画

表 3.14 GOP の画像

種類	特徴
I 画像	I 画像は GOP の一番前に位置し，他のフレームに依存することなく，復元可能な画像である。したがって，この画像の符号化はすべての情報を対象とするため，符号化の効率は最も低い。ビデオでの早送りや CD-ROM でのランダムアクセスのとき，この I 画像が復元される。
P 画像	P 画像は I 画像や先に符号化済みの P 画像をもとにして，フレーム間 DPCM や動き補償により，現在フレームの予測を行い，発生する差分量を DCT で符号化する画像である。したがって中位の圧縮率で符号化が行える。
B 画像	B 画像は符号化済みの過去の画像と未来の画像から，フレーム間 DPCM や動き補償を行い，現在フレームを予測し，発生する差分量を DCT で符号化した画像である。したがって独立した復元はできないが，高い圧縮率で符号化が行える。

像 (intra-coded picture)，P 画像 (predictive-coded picture)，B 画像 (bidirectionally predictive-coded picture) を，図 3.68 に示すように配置した構成になっている。

GOP の符号化，データ圧縮は，図 3.68 (a) に示す順番で行われる。

1番目の I 画像が最初に DCT 処理，量子化され，つぎに4番目の P 画像が処理済みの I 画像の情報をもとにフレーム間 DPCM，動き補償などで予測され，発生する差分量を DCT 処理，量子化を行う。この予測は順方向予測と呼ばれる。つぎに 2, 3 番目の B 画像は 1 番目の I 画像の情報と後の 4 番目の P 画像の情報をもとにして，フレーム間 DPCM や動き補償で予測し，発生する差分量を求め DCT 処理，量子化をして行く。後の画像からの予測を逆方向予測，前後両方向からの予測を双方向予測という。以上の予想が繰り返し行われながら，30 枚の画像まで同じ処理を進めていく。

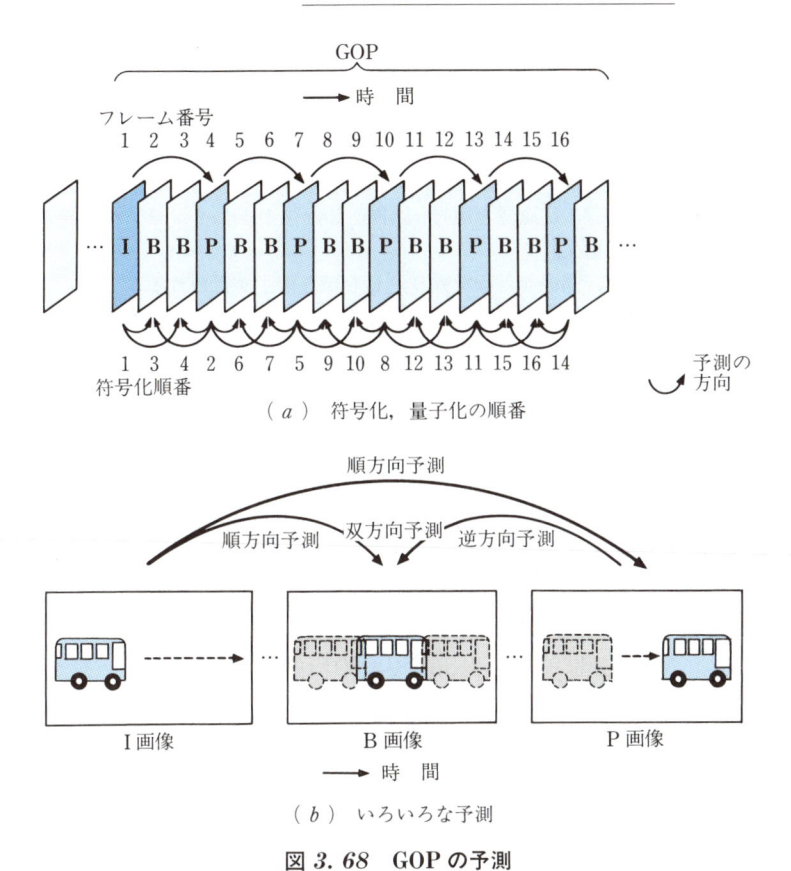

3.7 マルチメディアの通信技術　　*271*

(*a*) 符号化，量子化の順番

(*b*) いろいろな予測

図 *3.68*　GOP の予測

3　**GOP の復元**　　動画像を復元するとき，MPEG では最初の I 画像を復元し，復元した I 画像から P 画像を復元する。復元した P 画像をメモリを通して B 画像の後に入れる。B 画像は復元された前後の画像から双方向予測で復元される。図 *3.69* はこの過程を表し

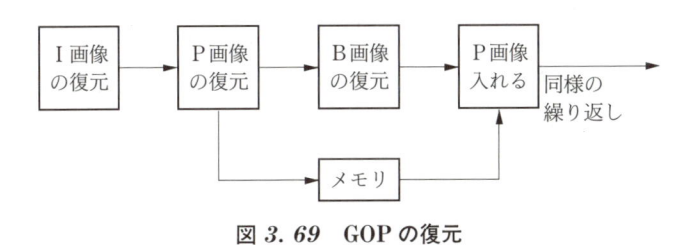

図 *3.69*　GOP の復元

表 3.15 MPEG の再生機能

機能	内容
順再生	順再生は I 画像を復号化・再生し，P 画像を復号化して一時メモリに保存，B 画像を復号化・再生した後 P 画像をメモリから読み出して再生。 以後，同様な行程を繰り返しながら再生が行われる。
早送り再生	I 画像と P 画像の復号化・再生を行う。
逆転再生	I 画像のみ復号化・再生を逆順に行う。

ている。

MPEG による，動画像の再生機能を表 3.15 に示す。

4 MPEG の種類 MPEG は符号化の速度によって 3 種類に分けられる。

MPEG ⎰ MPEG-1　1.5 Mbps 程度の伝送速度を持つディジタル媒体に，画像や音声などを圧縮して符号化する規格

　　　　MPEG-2　16 Mbps 程度の伝送速度を持つディジタル媒体に，放送用画像品質相当の高画質な画像や音声などを圧縮して符号化する規格

　　　　MPEG-4　64 kbps 程度の低速の伝送速度の無線通信路でも動画像を送れるように圧縮して符号化する規格

MPEG-1 は家庭で視聴する程度の画質であり，MPEG-2 は放送局の高品質テレビジョン程度の画像である。また，MPEG-4 は当初無線通信路での使用を想定していたが，現在ではマルチメディア対応の符号化の規格となった。

練習問題

❶ ファクシミリにおいて最も普及している方式は，G3方式である。アナログ方式であるG1，G2が使われなくなったのはなぜか述べなさい。

❷ NTSCテレビジョン方式が飛び越し走査をしているのはなぜか述べなさい。

❸ テレビジョンの映像信号について答えなさい。

(a) R, G, Bの3原色の色信号ではなく，Y, R−Y, B−Yを伝送しているのはなぜか述べなさい。

(b) テレビジョンの映像信号の輝度信号Yと色差信号R−Y, B−Yから色信号R, G, Bを得るにはどのような処理をすればよいか述べなさい。

❹ テレビジョン受像機において，つぎの症状が出た場合，故障の原因として考えられる回路を挙げなさい。

(a) 電源が入らない。

(b) 映像が鮮明でない。

❺ クロマフォーマット4:2:2方式の標準ディジタルテレビジョンにおいて，輝度信号の標本化周波数が13.5 MHz，二つの色差信号の標本化周波数が6.75 MHz，量子化数を8ビットおよび10ビットとしたときのビットレートはそれぞれいくらになるか答えなさい。

❻ 色の3原色の濃淡を表すのに，それぞれ4ビットずつ割り当てた。この3原色を用いるとどのくらいの色を表すことができるか計算しなさい。

❼ 信号1, 2, 3, 4が表3.16に示す確率で発生した。これらの信号

を圧縮するのにハフマン符号を用いた。それぞれの信号はどのような符号になるか調べなさい。

表 3.16

信号	発生する確率
1	0.12
2	0.43
3	0.27
4	0.18

通信装置の入出力機器

4

　通信の目的は，人間の間で情報を伝達したり，情報を保存したりすることである。この目的を達成するためには，発信側の情報を確実に入力し，劣化することなく正確に再現して受信側に出力しなければならない。

　また入出力装置は，人間の感覚に直接働きかけるものである。そのため，「もとの情報と同じ情報が再現できる」，「人間の感覚特性に合った再現ができる」などの条件が必要である。この条件を満たすために，最近では情報の記録・伝送にディジタル技術が用いられている。しかし，人間が発信する情報はアナログであり，人間が感じることのできる情報もアナログである。このため，アナログとディジタルの相互変換が必要となる。

　本章では，音に代表されるアナログの性質を学び，オーディオ装置を中心としたディジタル機器の技術や，これとアナログ再生技術とを組み合わせた入出力装置の構成，特性などについて学習する。

4.1 情報のディジタル化

　人間が目や耳などの感覚器官を通して感じ取れる事象は，すべてアナログである。また，自然界に存在する音や色など，すべての事象もアナログである。通信においては，発信源から発生されたアナログ信号を原形のまま記録したり，再生したりすることが，近年までのテーマであった。しかし，最近ではもとのアナログ信号をディジタル信号に変換してから記録し，再生するときにディジタル信号をアナログ信号に戻す方法がとられている。

　ここでは，通信の基本である音を用いて，アナログ信号とディジタル信号の違いについて学ぶ。

4.1.1　音の性質

　いま，電気エネルギーを機械的な振動エネルギーに変換するスピーカに，図 4.1 に示すような正弦波状の電気信号を加える。スピーカは電気信号に応じて，信号が正のときには空気の圧力を高める圧縮運動を，信号が負のときには空気の圧力を低下させる膨張運動を繰り返す。このようなスピーカの圧縮，膨張の繰り返し運動は，空気の圧力の連続的な変化となり，この圧力の変化が**音波**（sound wave）となる。空気の圧力の変化は，空気密度の疎，密となって現れ，音波は空気密度の疎密を繰り返しながら伝搬していく。そのため，音波を**疎密**

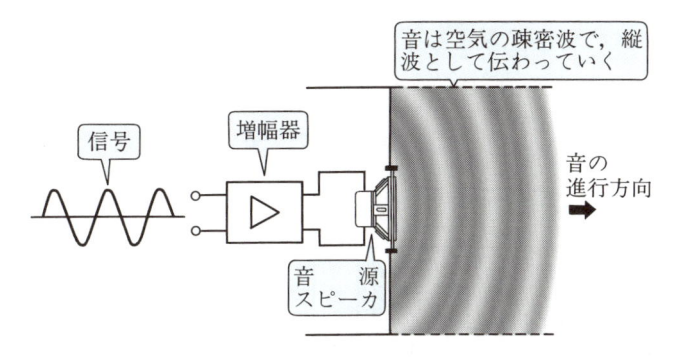

図 4.1 音の伝搬

波 (compressional wave) という。

音波の中でも，特に人間の聴覚で感知できる音波を**音** (sound) という。人間の聴覚で感知できる音波の周波数範囲は，一般に 20 Hz 〜 20 kHz といわれ，この周波数範囲を**可聴帯域** (audio band) という。

4.1.2 アナログとディジタル

1 アナログ信号　音は連続した空気の疎密波として伝わっていく。このように，連続して変化するものをアナログという。電流や電圧のアナログ信号は，図 4.2 のように，振幅 E_M, I_M, 周波数 f,

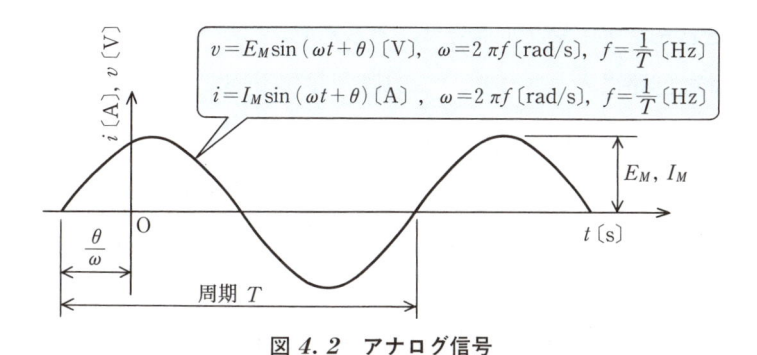

$$v = E_M \sin(\omega t + \theta) \text{ [V]}, \quad \omega = 2\pi f \text{ [rad/s]}, \quad f = \frac{1}{T} \text{ [Hz]}$$

$$i = I_M \sin(\omega t + \theta) \text{ [A]}, \quad \omega = 2\pi f \text{ [rad/s]}, \quad f = \frac{1}{T} \text{ [Hz]}$$

図 4.2 アナログ信号

位相 θ からなる正弦波として表すことができる。

2 **ディジタル信号**　これに対しディジタルとは，離散的で非連続なものをいう。ディジタル信号は，図 4.3 のようなパルス波として表すことができる。

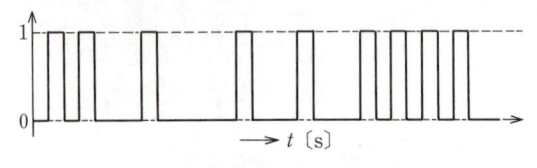

図 4.3　ディジタル信号

3 **ディジタルの利点**　アナログ機器では，入力された信号を必要に応じて増幅したりするが，信号の形は変えずに出力機器に送り込む。この場合，入力された波形と出力される波形が，完全に一致していることが望ましい。しかし，記録・再生機器が発生するモータの音や，電源が発生するハム雑音[†1]，モータ回転のむら，LSI などが発生する高周波ノイズなど，機器の中で発生した雑音が，伝送中の信号に加わる。このため，入力波形に雑音が乗った状態で出力されるので，入力信号の波形を完全に復元することはできない。

　ディジタル機器では，入力された信号をパルス波の列からなるディジタル信号に変換してから伝送する。機器の中で発生した雑音は，アナログ機器のときと同様に，伝送中のディジタル信号に加わる。雑音成分を含んだディジタル信号は，ある基準レベルで「0」，「1」を判定する比較回路に入力される。この比較回路を通すことによって，雑音の影響を受ける前のディジタル信号に整形できる。この整形後のディジタル信号を，アナログ信号に変換し出力するため，ほぼ入力信号の波形を復元することができる。これらを図にまとめると，図 4.4 の

[†1] 整流時に，平滑作用の不完全さで発生する商用周波数の雑音。

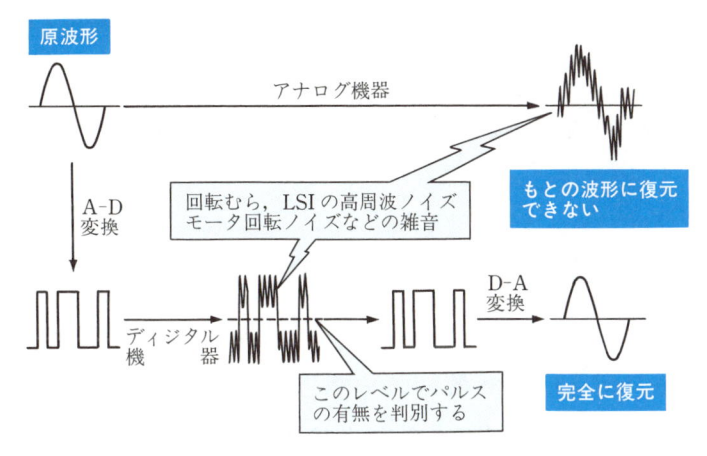

図 4.4　アナログ機器とディジタル機器

ようになる。

　ディジタル信号はアナログ信号に比べ，雑音の影響を受けにくく，品質の良い信号をやりとりすることができる。

4.1.3　A–D 変換と D–A 変換

　ディジタルで記録・伝送を行う場合には，入力側でもとのアナログ信号をディジタル信号に変換する必要がある。これを **A–D 変換**（analog-to-digital conversion）という。出力側では，この逆に，ディジタル信号をアナログ信号に戻す必要がある。これを **D–A 変換**（digital-to-analog conversion）という。

　1　**多ビット A–D 変換**　　一般的な A–D 変換では，1.2.1 項で学んだ PCM 変調を用いて，標本化，量子化，符号化の三つの過程を踏んで，ディジタル信号を得ている。標本化周波数により，記録・伝送する信号の周波数帯域幅が決まり，量子化ビット数により，信号の振幅を表す精度が決まる。n ビットで量子化された場合，2^n 個に

振幅が分割されるので，記録可能な最小信号と最大信号の比を表すダイナミックレンジは，つぎの式で求められる。

$$（ダイナミックレンジ）= 20 \log_{10} 2^n = 20\, n \log_{10} 2 \ [\text{dB}]$$

(4.1)

例題 1.

8ビットで量子化された場合のダイナミックレンジを求めなさい。

解答 8ビットで量子化されるので，$n=8$。したがって

$$20\, n \log_{10} 2 = 20 \times 8 \times \log_{10} 2 = 48.2 \ [\text{dB}]$$

問 1. 16ビットで量子化された場合のダイナミックレンジを求めなさい。また，8ビットで量子化した場合より，ダイナミックレンジは何dB広くなるか求めなさい。

2 オーバサンプリング　1.2.1項で学んだ量子化誤差によって発生する雑音を量子化雑音という。一般的に量子化雑音の電力は，標本化周波数 f_s の半分まで均一に分布する。また，量子化雑音電力の総和は量子化ビット数で決まる一定値になる。つまり，標本化周波数を高くすると，量子化雑音電力は，それに比例して少なくなる。この様子を図に示すと，図4.5のようになる。

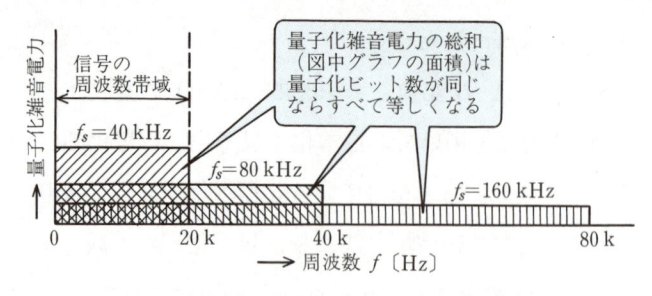

図4.5　標本化周波数による量子化雑音電力の分布

図で，量子化雑音電力の総和はグラフの面積で表される。そのため，標本化周波数を2倍にすると，量子化雑音電力は半分になる。つまり，標本化周波数を高くすると，量子化雑音電力はそれに逆比例して少なくなるので，より小さい音まで記録できるようになり，その分ダイナミックレンジが広くなり，改善されたことになる。

標本化周波数をk倍にしたときの，ダイナミックレンジの改善度は次式で求められる。

$$（ダイナミックレンジの改善度） = 10 \log_{10} k \quad [\text{dB}] \quad (4.2)$$

この性質を利用し，標本化周波数を信号波周波数帯域幅の2倍よりかなり大きくとることにより，ダイナミックレンジを広くする方式をオーバサンプリングという。

例題 2.

16ビット，44.1 kHz で A–D 変換されているディジタル信号がある。量子化ビット数は16ビットのまま標本化周波数を352.8 kHz にした場合，ダイナミックレンジは，何 dB 改善されるか求めなさい。また，改善後のダイナミックレンジは，何 dB になるのか答えなさい。

解答 $\dfrac{352.8 \times 10^3}{44.1 \times 10^3} = 8$ 倍

より，標本化周波数は8倍になるで，$k = 8$

$（ダイナミックレンジの改善度） = 10 \log_{10} 8 = 9.03 \, [\text{dB}]$

$（改善前のダイナミックレンジ） = 20 \times 16 \times \log_{10} 2 = 96.3 \, [\text{dB}]$

$（改善後のダイナミックレンジ） = 96.3 + 9.03 = 105 \, [\text{dB}]$

問 2. ダイナミックレンジ 96 dB のディジタル信号がある。量子化

ビット数を変えずに，標本化周波数を16倍にしたとき，改善後のダイナミックレンジを求めなさい。

問 3. オーバサンプリングとはどういうことか説明しなさい。

3　Δ 変 調

4.3.1項で学ぶCDは標本化周波数が44.1 kHz，量子化ビット数が16ビットである。よって，CDのダイナミックレンジは

$$20 \log_{10} 2^{16} = 16 \times 20 \log_{10} 2 = 96 \,[\text{dB}] \tag{4.3}$$

となる。これを4倍の標本化周波数176.4 kHzでオーバサンプリングした場合

$$10 \log_{10} 4 = 6 \,[\text{dB}] \tag{4.4}$$

であるから，44.1 kHzで標本化するときよりもダイナミックレンジは6 dB改善される。また，1ビットあたりのダイナミックレンジは

$$20 \log_{10} 2^1 = 6 \,[\text{dB}] \tag{4.5}$$

である。つまり，CDと同程度のダイナミックレンジを保つには，サンプリング周波数を4倍するごとに，量子化ビット数を1ビットづつ減らせるということである。これを発展させると，サンプリング周波数を4^{16}倍にすれば，量子化ビット数が1ビットのA-D変換が可能となることになる。このような1ビットのA-D変換の方式をΔ変調という。

例題 3.

16ビット，44.1 kHzでA-D変換されたディジタル信号がある。量子化ビット数14ビットで，同程度のダイナミックレンジを確保するには，何倍のオーバサンプリングが必要か求めなさい。

解答　$16 - 14 = 2 \,[\text{ビット}]$

量子化ビット数を1ビット減らすには，4倍のオーバサンプリングが必要なので

$4^2 = 16$ 倍

問 4. 16ビット，44.1kHzでA-D変換されたディジタル信号がある。16倍でオーバサンプリングし，この信号と同程度のダイナミックレンジを確保する場合，量子化ビット数は何ビット減らすことができるか求めなさい。

問 5. $\varDelta$変調について，簡潔に説明しなさい。

4 $\varDelta\Sigma$ 変調

$\varDelta$変調で標本化周波数の半分まで均一に分布していた量子化雑音電力に，低域で減衰するような周波数特性を持たせることを**ノイズシェーピング**（noise shaping）という。$\varDelta$変調にノイズシェーピングを施したものを，$\varDelta\Sigma$変調という。ノイズシェーピングを行うことで，量子化雑音成分の多くは，信号波の周波数帯域より高い周波数帯域に移動するために，$\varDelta$変調方式に比べ，オーバサンプリング比を低くしても，同様なダイナミックレンジを得ることができる。

問 6. ノイズシェーピングは，どのような目的で取り入れられているのかを，簡潔に説明しなさい。

このようなオーバサンプリングの考え方は，D-A変換の場合も同様に適用できる。$\varDelta\Sigma$方式のD-A変換器では，標本化周波数が高くビット数の少ない量子化器を用い，記録されているPCM波を*1.2.1*項で学んだPWM波に変換し，アナログ低域フィルタを通すことによって，アナログ出力を得ている。

現在のディジタル機器は，ICの高速化にともない，標本化周波数を上げて，量子化ビット数を下げる傾向にある。

4.1.4 音声の圧縮

音声を圧縮するには，圧縮していない音声信号との違いが，人間になるべくわからないように，データの量を減少させることが大切である。このため，音声の圧縮は信号の性質と人間の聴覚の性質をうまく組み合わせて行っている。

1 信号の性質　人間が取り扱う情報の中には，冗長部分が含まれている。冗長とは，情報の中に含まれる余計な部分のことであり，冗長をあらわす尺度として冗長度がある。音声信号に含まれる特定のパターンを予測し，冗長度を小さくすることで，データ量を少なくすることができる。

2 人間の聴覚の性質　ガード下で会話をしているときに，頭上を高速で電車が通過すると，電車の騒音で，話を聞き取ることができなくなる。このように，A音，B音の二つの音があったとき，大きい音A音のために小さい音B音が聞こえなくなる現象を**マスク効果**（masking effect）という。マスク効果は，二つの音の周波数が近い場合にも起こる。

また，人間の耳は，あるレベル以下の音を感じることができない。このレベルを**最小可聴レベル**という。最小可聴レベルは，周波数によって値が変わってくる。

マスク効果でマスクされる信号や，最小可聴レベル以下の信号を間引くことによって，データの圧縮ができる。

4.1.5 立体音響

　音響空間内で，立体的な音源の方向，奥行感，そして臨場感を得ることを**立体音響**（stereophonic sound）という。立体音響は，音源信号間の音圧レベル差や到達時間差などが原因で生じると考えられる。
　図 4.6 のように，二つの音源から発する音を両方の耳で聞くと，二つの音源の間で音が融合して，一つの合成音像が定位する。これを**ステレオ効果**（stereophonic effect）といい，立体音響の基礎となる。スピーカを 2 本用いて，ステレオ効果を出す方式を一般的に，ステレオ方式という。

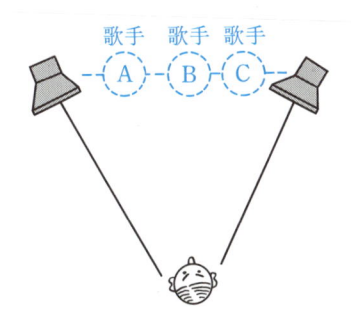

図 4.6　ステレオ効果

　このほかに，立体音響の方式として，スピーカを人間の前方だけではなく，人間の後方や側方にも配置し，より現実に近い音像定位を得るサラウンド方式と呼ばれるものがある。サラウンド方式の中で代表的なものに，視聴者の前方の左右にフロントスピーカと呼ばれるスピーカを 2 本，後方の左右にリアスピーカと呼ばれるスピーカを 2 本，前方の中央にセンタスピーカと呼ばれるスピーカを 1 本配置し，これに低音再生用のサブウーファを加えた 5.1 チャネルサラウンド方式がある。4.3.3 項で学ぶ DVD の普及によって，映画ソフトなどの画像をともなった音響再生に利用されている。この方式を用いると，家庭でも映画館に近い音響効果を再現できる。

4.2 入出力機器

　自然界に存在する事象，人間が感じることのできる事象はすべてアナログ的なものである。ディジタル機器で処理するためには，音声や映像などの事象をアナログのまま電気信号に変換し，正確に取り込む必要がある。また，ディジタルで記録・伝送された情報は，アナログの電気信号に変換した後，必要に応じて増幅し，さらに音や光に変換し，正確に出力される必要がある。
　ここでは，これら入出力機器の原理や構造について学ぶ。

4.2.1　マイクロホン

　図 4.7 は**マイクロホン**（microphone）の外観である。マイクロホンは動作方式により，動電形，静電形，圧電形に分けられる。ここでは，一般によく用いられる動電形と静電形のマイクロホンを取り上げる。

1　**動電形のマイクロホン**　　動電形のマイクロホンは，**ダイナミックマイクロホン**（dynamic microphone）と呼ばれ，図 4.8(a) の

図 4.7　マイクロホンの外観

ように磁石と軟鉄製のヨークによって発生する磁界中に置かれた導体（ボイスコイル）に振動板を取り付けた構造になっている。音圧によって振動板が変位すると，ボイスコイルも同じ速度で変位する。そうすると，フレミングの右手の法則による電磁誘導のため，変位速度に比例した誘導起電力が得られる。

(a) 構造　　(b) 可動コイル形マイクロホン

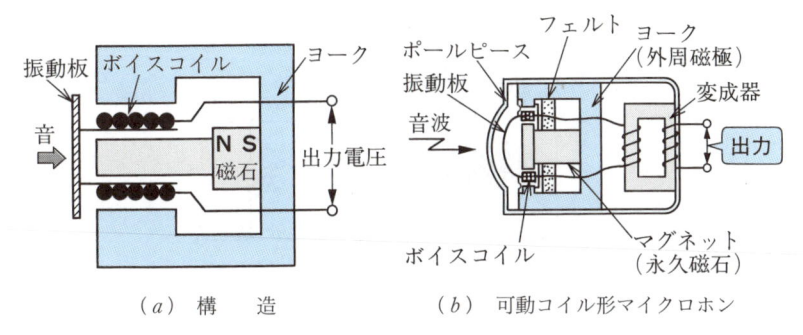

図 4.8　動電形のマイクロホンの構造

代表的なダイナミックマイクロホンには**可動コイル形マイクロホン**（moving-coil microphone）がある。可動コイル形マイクロホンは，図(b)のように，振動板が厚さ数十 μm の合成樹脂フィルムによって球状または円錐状に作られる。ボイスコイルは軽いアルミニウム線によって作られ，振動板と直結されて円筒状のギャップの中（磁界内）に置かれる。

一般に，この形のマイクロホンは，ボイスコイルのインピーダンスが数十 Ω 程度と低いため，十分な感度がとれない。そこで，トランスを用いて感度を上げると同時に，600 Ω や 50 kΩ のインピーダンスに変換している。構造が簡単で丈夫，安価であるという特徴があるため，一般用マイクロホンとして用いられている。

2　静電形のマイクロホン　図 4.9(a)のように，静電形のマイクロホンは，負極を振動板，正極を固定電極として，その電極間に

バイアス用の直流電圧 E を加えている。振動板（負極）は，音圧を受けるとその位置（電極間の距離 d）が変位するため，静電容量が変化し，蓄えられる電荷も増減する。その増減分が電流となって負荷抵抗 R に流れ，出力電圧 v_0 が発生する。

(a) 構　造

(b) コンデンサマイクロホン

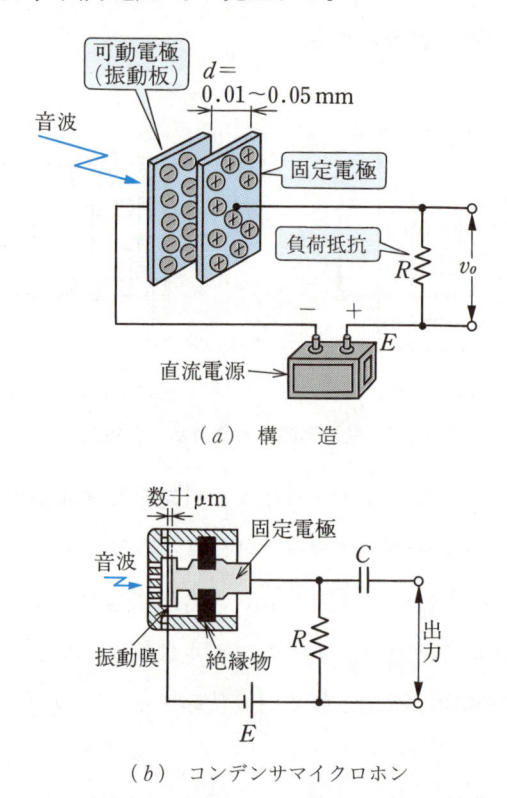

図 4.9　静電形のマイクロホンの構造

　静電形のマイクロホンは出力インピーダンスが非常に高く，そのため入力インピーダンスの高い電界効果トランジスタをドレーン接地で受け，出力インピーダンスを 600Ω や 50kΩ に下げている。
　静電形のマイクロホンの代表的なものに，**コンデンサマイクロホン** (capacitor microphone) がある。コンデンサマイクロホンは，金属を

蒸着した数 μm 程度の合成樹脂フィルムで作られた振動膜を，図(b)のように，固定電極と数十 μm のギャップをはさんで対向させ，静電容量（5～50 pF）を持たせている。

静電形マイクロホンは，高感度で優れた特性を持つため，演奏会の収録や，音響測定の標準マイクロホンとして用いられる。

3 マイクロホンの特性

マイクロホンの特性には，つぎのようなものがある。

◇ **感度レベル**　マイクロホンに加えた音圧と，そのとき出力端子に現れる電圧とを比で表したもの。

◇ **周波数特性**　周波数 1 kHz 入力時のマイクロホンの出力電圧を基準とし，その他の周波数における出力電圧との比を示したもの。

◇ **定格インピーダンス**　出力端子から見たマイクロホン内部のインピーダンスのこと。

◇ **指　向　性**　音源に対しマイクロホンの角度を変えたときの周波数特性で示す指向周波数特性と，周波数を固定してマイクロホンの角度を変えたときの感度レベルを示す指向性パターンの二つがある。

4.2.2　オーディオアンプ

電気音響変換器で変換された電気信号は一般に小さい。これらの小さい信号は，形を変化させることなく増幅し，再生することが重要となる。このために**可聴周波数増幅器**（audio amplifier，**オーディオアンプ**）が用いられる。

1 オーディオアンプの回路

オーディオアンプの性能として

は，つぎのようなことが求められる。

◇可聴帯域において，周波数特性が平坦である。

◇雑音，ひずみが少ない。

◇電源効率がよく，大きな増幅度がある。

これらの条件を満たすために，図 4.10 のように，さまざまな回路方式が用いられている。

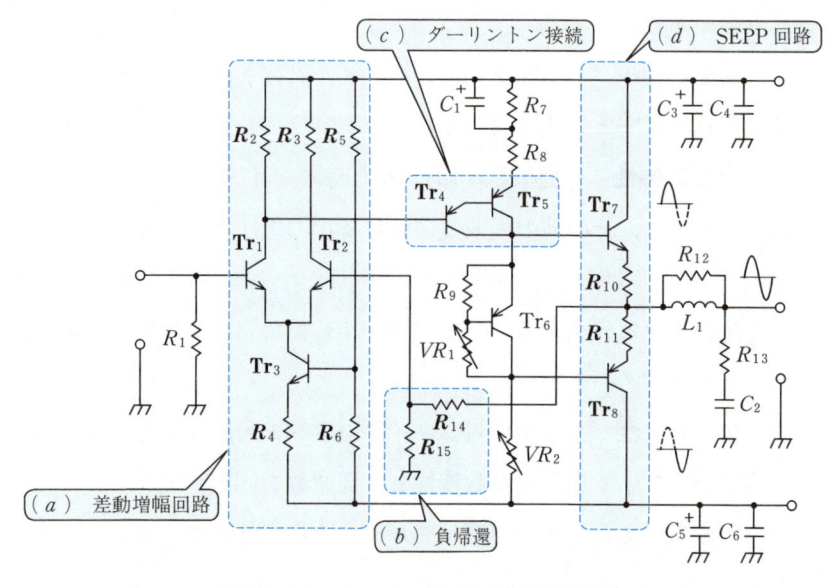

図 4.10　オーディオアンプの基本回路

(a) 差動増幅回路　図 4.10 中の (a) のように，特性が等しい二つのトランジスタを対称に用い，エミッタ電流を定電流にした回路を**差動増幅器**（differential amplifier）という。

差動増幅器は，トランジスタ Tr_1，Tr_2 のベース入力電圧の差を増幅する。雑音のような同位相入力は，両方のトランジスタの入力に同じように入るので，打ち消されて出力を小さくすることができる。

(b) 負帰還増幅回路　図中の (b) のように，出力電圧の一部を

入力に逆位相で加えることを**負帰還** (negative feedback，略して **NFB**) といい，これを用いた増幅回路を**負帰還増幅回路**という。また出力電圧を v_o とし，入力に加える電圧を βv_o と表すとき，β を帰還率という。図 4.10 の回路の場合，帰還率 β はつぎの式で表される。

$$\beta = \frac{R_{15}}{R_{14}+R_{15}} \tag{4.6}$$

ここで負帰還をかけないときの電圧増幅度を A_0 として，$A_0\beta \gg 1$ とすると $1+A_0\beta = A_0\beta$ とみなせるので，負帰還をかけた場合の電圧増幅度 A はつぎのようになる。

$$A = \frac{A_0}{1+A_0\beta} = \frac{A_0}{A_0\beta} = \frac{1}{\beta}$$

$$= \frac{R_{14}+R_{15}}{R_{15}} = 1 + \frac{R_{14}}{R_{15}} \tag{4.7}$$

負帰還をかけると，負帰還をかけないときに比べ，電圧増幅度が $\dfrac{1}{\beta}$ に小さくなる。その代わり，β が周波数の影響を受けないことから周波数特性が改善でき，雑音やひずみを低減できる。

このように，諸特性を改善できるため，オーディオアンプには負帰還増幅回路が多く用いられている。

> **問 7.** 図 4.10 の回路で，$R_{14}=27\,\mathrm{k\Omega}$，$R_{15}=1\,\mathrm{k\Omega}$ とすると，帰還率 β はいくらになるか求めなさい。また，$A_0\beta \gg 1$ とすると，電圧増幅度 A は何倍になるか，また電圧利得[†1] G は何 dB になるか求めなさい。

(*c*) **ダーリントン接続**　電流容量が大きいトランジスタは，一般に電流増幅率 h_{FE} が小さい。そのため，必要に応じて，図 4.10

[†1] 電圧増幅度が A の場合，電圧利得 G は次式で求められる。
　　$G = 20\log_{10} A$ 〔dB〕

中の (c) のようにトランジスタどうしを直接接続し，総合的に大きな h_{FE} を得ている．このような接続を**ダーリントン接続**（Darlington connection）という．

Tr_4 の電流増幅率を h_{FE1}，Tr_5 の電流増幅率を h_{FE2} とすると，ダーリントン接続時の電流増幅率 h_{FE} は

$$h_{FE} = h_{FE1} h_{FE2} \tag{4.8}$$

となる．この回路を使用すると，小さなベース電流 I_B で，大きなコレクタ電流 I_C の駆動が可能になる．

問 8. 図 4.10 中の (c) のダーリントン接続で，Tr_5 のコレクタに 10 A の電流を流したい．Tr_4 のベース電流をいくらにすればよいか求めなさい．ここで，$h_{FE1}=100$，$h_{FE2}=40$ とする．

(d) **SEPP 回路**　図 4.10 中の (d) のように，npn 形トランジスタと pnp 形トランジスタを組み合わせた回路を **SEPP**（single-ended push-pull）**回路**という．

SEPP 回路では，信号の正の半サイクルで Tr_7 が導通し，負の半サイクルで Tr_8 が導通し，出力端子でこの正負の半サイクルが合成され，一つの信号となる．このため，出力が大きく，電源効率がよい．

また，エミッタホロワのために出力インピーダンスが小さく，出力トランスが不要なために位相特性に優れている．

2　オーディオアンプの種類　オーディオアンプには，アナログ増幅器とディジタル増幅器がある．

(a) **アナログ増幅器**　**アナログ増幅器**（analog amplifier）の外観および構成の例を図 4.11 に示す．**プリアンプ**（preamplifier）**回路**は，音量調整回路，**トーンコントロール**（tone control）**回路**，電圧増

4.2 入出力機器

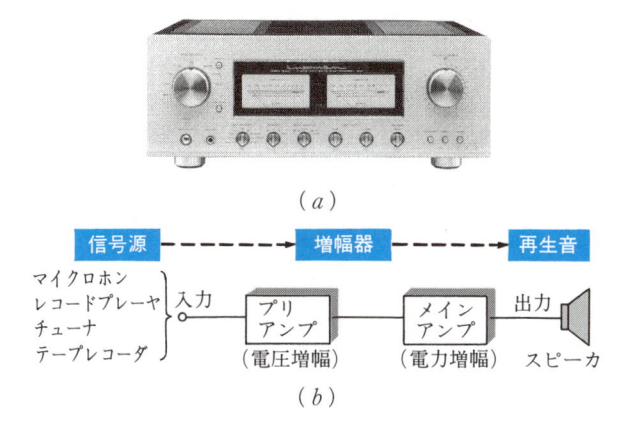

(a)

(b)

信号源 - - - → 増幅器 - - - → 再生音

マイクロホン　入力　プリ　　　メイン　出力
レコードプレーヤ　　　アンプ　　アンプ
チューナ　　　　　　（電圧増幅）（電力増幅）　スピーカ
テープレコーダ

図4.11　アナログアンプの外観と構成

幅回路から構成される．トーンコントロール回路は，耳の感度の低い低音と高音の電圧利得を調整できるようにしたものである．プリアンプ回路で電圧増幅された信号は，**メインアンプ**（main amplifier）に送られる．

一般にメインアンプは，電圧増幅回路，位相反転回路，電力増幅回路から構成されている．電圧増幅回路の初段には，入力インピーダンスを大きくするために差動増幅回路が用いられ，スピーカに接続される電力増幅回路の出力段には，出力インピーダンスを小さくするためにSEPP回路が用いられる．このSEPP回路に用いられるトランジスタには，大きなコレクタ電流が流れて熱を発生するので，放熱器を取り付けたり，温度補償回路を追加したり，熱暴走をおさえる工夫が必要になる．

このようなオーディオアンプを，**プリメインアンプ**（pre-main amplifier）という．このほかに，プリアンプとメインアンプが別々になっている**セパレートアンプ**（separate amplifier）や，映像入力端子や圧縮信号を解読するデコーダおよび，数チャネル分のメインアンプを持ち，音声のサラウンド再生のデコーダを内蔵した**AVアンプ**

(audio-visual amplifier) がある。

(**b**) **ディジタル増幅器**　いままで学んだアンプは，アナログ信号を増幅していた。これに対し，増幅時にアナログ信号を用いず，ディジタル信号を用いて増幅するものを**ディジタル増幅器**（digital amplifier）という。ディジタル増幅器の構成を図 4.12 に示す。

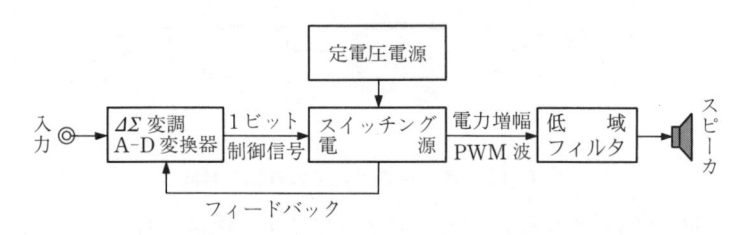

図 4.12　ディジタル増幅器の構成

　ディジタル増幅器は，$4.1.3$ 項で学んだ $\Delta\Sigma$ 方式の A-D 変換器を用いて，アナログ入力信号を 1 ビットのディジタル信号に変換する。この 1 ビットのディジタル信号を用いて，定電圧電源を ON，OFF することによって，アナログ波の振幅をパルス幅で表す PWM 波を作り出す。1 秒間に ON，OFF を繰り返す回数をスイッチング周波数といい，このような電源を**スイッチング電源**という。スイッチング電源で作られた PWM 波は，アナログ入力信号に比例したパルス幅になる。そのため，低域フィルタを通過させることにより，アナログ信号に変換でき，これによってスピーカを駆動する。このような方式を D 級増幅という。D 級増幅器には，つぎのような特徴がある。

　◇スイッチング周波数が高いので，トランスを小さくでき，電源回路が小形軽量になる。

　◇フィードバックで出力電圧が一定に保たれるため，電源インピーダンスを下げることができ，瞬発的な電流供給ができる。

　◇ OFF 状態のときは，出力段素子に電流が流れないため，電力損

失や素子の発熱が少なく，電源効率がよい。

◇最終段まで，ディジタルのままで処理できる。

ディジタル増幅器は，高周波雑音の輻射をシールドすることによって，大きい，重い，電源効率が悪い，というアナログ増幅器の問題点を解決することができる。

3 **オーディオアンプの特性**　オーディオアンプの役割は，入力電圧を増幅して大きな出力電圧を得ることであるが，原音の信号成分を損なうことなく限りなく原音に近い音を再現するためには，入力電圧波形とまったく同じ出力電圧波形を得ることが重要となる。また，このような再生を**高忠実度**（high fidelity）**再生**といい，この条件を満たすためには，つぎのような特性が重要になる。

(*a*)　**周波数特性**　オーディオアンプの周波数特性は，周波数の変化に対して，電圧増幅度がどのように変化するかを表したものである。

高忠実度再生するには，可聴帯域に含まれるすべての信号成分を平等に増幅することが大切である。そのためにオーディオアンプの周波数特性は，可聴帯域よりも広い周波数帯域を有するとともに，この間の増幅度がつねに一定になるようにしている。

(*b*)　**全高調波ひずみ率**　オーディオアンプは，トランジスタの持つ非直線性や，動作の不均衡によるクロスオーバひずみなどによって，出力信号の中に，基本波成分のほかに高調波成分も含む。これによって発生するひずみを全高調波ひずみといい，高調波成分の合計が基本波成分に対してどのくらいあるかを百分率で表したものを**全高調波ひずみ率**（total harmonic distortion，略して THD）という。

入出力特性の直線性をよくすると，入力と出力が比例関係になり，ひずみの少ない出力電圧を得ることができる。

(c) **SN 比** 信号電圧と雑音の比を **SN 比** (signal to noise ratio) という。オーディオアンプの場合、規定入力レベルで得られる出力電圧を S〔V〕、無信号時の雑音出力電圧を N〔V〕とすると、SN 比はつぎの式で求められる。

$$(\text{SN 比}) = 20 \log_{10} \frac{S}{N} \quad \text{〔dB〕} \qquad (4.9)$$

信号電圧を一定とすると、SN 比が大きいほど、雑音電圧は小さくなる。そこで、高忠実度再生するには SN 比を大きくする必要があり、そのためには、雑音の少ない部品を使用したり、回路に負帰還を利用するなどして、できるだけ雑音の発生を抑えることが重要となる。

問 9. 信号電圧 0.5 V、雑音電圧 10 mV のとき、SN 比を求めなさい。

4.2.3 スピーカ

スピーカにとっても、高忠実度再生することは最も重要なことである。スピーカは動作方式によって、電磁形、動電形、圧電形、静電形などのものがあるが、ここでは、高忠実度再生に用いられる一般的なスピーカとして、動電形を取り上げる。

1 動作原理 動電形のスピーカは、**ダイナミックスピーカ** (dynamic loudspeaker) と呼ばれ、図 4.13 (a) のように、ボイスコイルを巻いたボイスコイルボビンに、紙と金属からなる振動板（コーン）を取り付けたものである。そして、ボイスコイルに音声信号電流を流すと、ボイスコイルはフレミングの左手の法則によって発生する電磁力を受け、前後方向に振動する。振動板の振動は空気の疎密波を

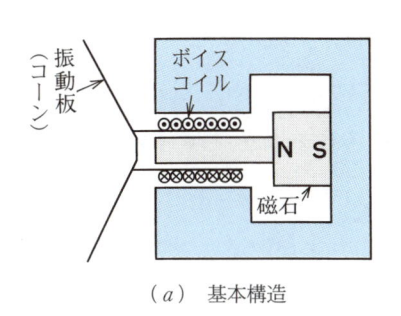

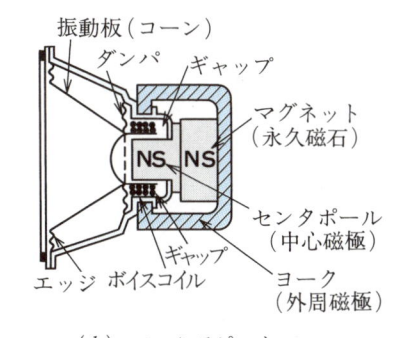

図 4.13 ダイナミックスピーカ

生み,音となって空間に放出される。

　ダイナミックスピーカの代表的なものに,振動板の振動を直接空中に伝える**コーンスピーカ**(cone loudspeaker)がある。コーンスピーカの振動板には,炭素やアラミドなどの繊維を木材のパルプに配合して作られたコーン紙を用いている。コーンスピーカは振動系と磁気回路系から構成されている。

　振動系は,駆動用の電磁力を発生させるボイスコイル,音を放出する振動板,そして振動板を支え,円滑な運動を保つため適度な柔軟性を持ったエッジ,およびボイスコイルを最適な位置にセットするダンパからなる。

　磁気回路系は,円形の永久磁石とその磁束を通すヨークからなる。ボイスコイルを置くギャップに,強力な平等磁界を発生させる。

　2 **ダイナミックスピーカの種類**　スピーカの再生音域は,可聴帯域以上あることが望ましい。しかし,コーンスピーカは,低音の音域を広げるためには,重くて大きいコーン紙が必要であるが,反対に高音の音域を広げるには,軽くて小さいコーン紙が必要である。

　そこで,再生音域を,図4.14のように,低域と高域,または低域,中域,高域に分割し,複数のスピーカで分担させる方式ができ

た。この方式を**マルチウェイ方式**という。マルチウェイ方式において，高域用スピーカを**ツィータ**（tweeter），中域用スピーカを**スコーカ**（squawker），低域用スピーカを**ウーファ**（woofer）という。また，一つのスピーカで広帯域をカバーしたスピーカを**フルレンジ**（full-range）という。

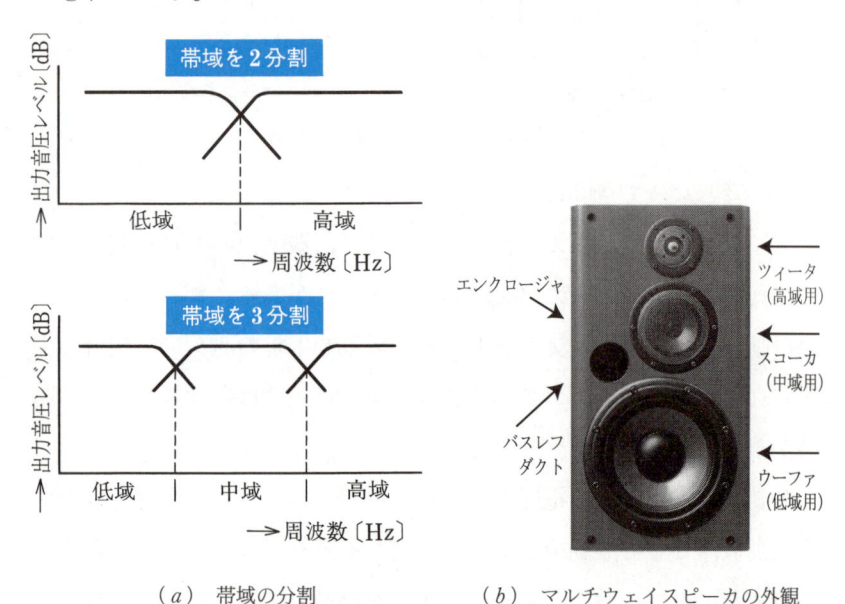

（a）帯域の分割　　　　　（b）マルチウェイスピーカの外観

図 4.14　マルチウェイ方式

3　エンクロージャ　　スピーカから発生する音波は，スピーカの前面だけでなく，後面にも発生する。この前後に発生する音波は，大きさが同じで，逆位相の関係になる。このため，前後の音がたがいに打ち消しあい，音波が小さくなる。

この現象を防ぐために，スピーカは図（b）のような，**エンクロージャ**（enclosure）と呼ばれる木製の箱に取り付けられる。

エンクロージャには，スピーカを完全に囲む密閉形と，エンクロージャの一部にダクトを開けるバスレフ形がある。ダクトは，後面の音

を特定の周波数で共振させ，位相反転して出力する。そのため，低音再生帯域を広めることができる。

4 **スピーカの特性**　スピーカの役割は，電気信号を音圧に変換することである。このため，つぎのような特性が重要になる。

(a)　**出力音圧レベル**　出力音圧レベルは，スピーカに1Wの入力電力を加えたとき，どのくらいの音圧が空気中に放射されるかを表す。したがって，出力音圧レベルが大きいスピーカほど，同じ入力電力を加えた場合，大きな音圧を放射させることができる。

(b)　**周波数特性**　スピーカに，信号として1Wに相当する一定の電圧を加えながら，その周波数を変化させる。そのときの出力音圧レベルの変化を周波数特性という。広い周波数範囲にわたって平坦であることが，高忠実度再生に必要な条件となる。

(c)　**公称インピーダンス**　スピーカの入力端子から見たインピーダンスは誘導性インピーダンスであり，そのため，加えられる入力周波数によって変化する。図 4.15 はその一例である。

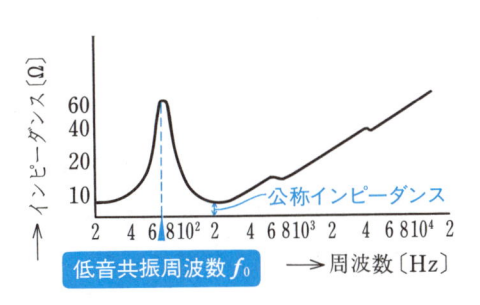

図 4.15　スピーカのインピーダンス特性

このグラフにおいて，低域で最初にインピーダンスがピークとなる周波数を低音共振周波数 f_0 という。f_0 以下の周波数では，音圧が周波数の二乗に反比例して低下するため，f_0 は低音再生の限界を意味する。また，f_0 を過ぎてインピーダンスが最小となる値を**公称イン**

ピーダンス (nominal impedance) といい，スピーカの持つ抵抗分を示している。このため，公称インピーダンスが大きいと，スピーカにおける電力損失が大きくなる。逆に，この値が小さいと，アンプの出力端子間が短絡に近づき，大きな電流が流れ，アンプを破損する。一般的な公称インピーダンスの値として，4Ω，6Ω，8Ωのものが，多く用いられている。

4.2.4 画像入力機器

画像入力装置は，光を電気信号に変換して取り込み，それをディジタル信号に変換した後，記録したり外部機器に出力したりする。

1 画像入力装置 画像を機器に取り込むためには，光を電気信号に変換し，その電気信号を蓄積して機器に転送する，という二つの過程を経る。このために，つぎのようなものが用いられる。

◇ **ホトダイオード** 1.6.1項で学んだように，ホトダイオードとは，光のエネルギーによって，電荷を発生する光電素子である。

◇ **CCD** ホトダイオードで発生した電荷を蓄積し転送する素子として，3.7.2項で学んだCCDがある。

2 イメージスキャナ イメージスキャナとは，写真や原稿など平面的な画像を入力するための装置である。イメージスキャナの代表的なものに，図4.16に示すフラットベットスキャナがある。

フラットベットスキャナは，透明な原稿台の上に，原稿を下向きに載せ，内部にあるキャリッジを動かすことによって，画像を入力する。キャリッジから入力された画像は，A-D変換器でディジタル信号に変換され，インタフェースを通してコンピュータに送られる。

4.2 入出力機器

(a) 外観　　(b) キャリッジの構造

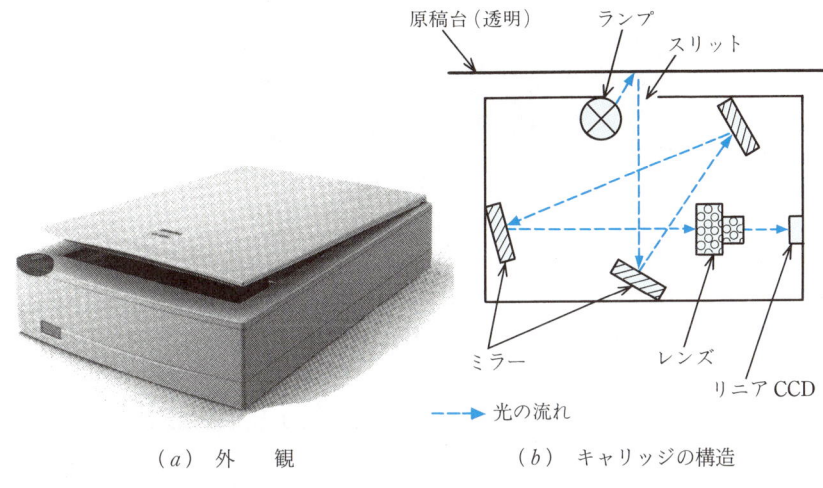

図 4.16　フラットベッドスキャナ

　キャリッジとは，スキャナの光学的な部品が収まっている部分であり，構成はつぎのようになる。

　　◇　**スリット**　　原稿を読み取るために，キャリッジの上部には，細長い溝がある。これをスリットという。

　　◇　**ランプ**　　原稿を明るく照らすための蛍光管である。イメージスキャナは，原稿が反射した光を読み取っている。

　　◇　**ミラー**　　原稿が反射した光をレンズに導くための鏡である。

　　◇　**レンズ**　　原稿の像を小さくして，3.7.2 項で学んだリニア CCD に結像させるためのレンズである。

　　◇　**リニア CCD**　　原稿が反射した光を読み取るために，リニア CCD を用いる。

　　3　**ディジタルカメラ**　　ディジタルカメラは，レンズから入ってきた光を電気信号に変換し，その電気信号をディジタル信号にして，圧縮など必要な処理を施した後，電気的に記録するものである。

図 4.17 ディジタルカメラの外観

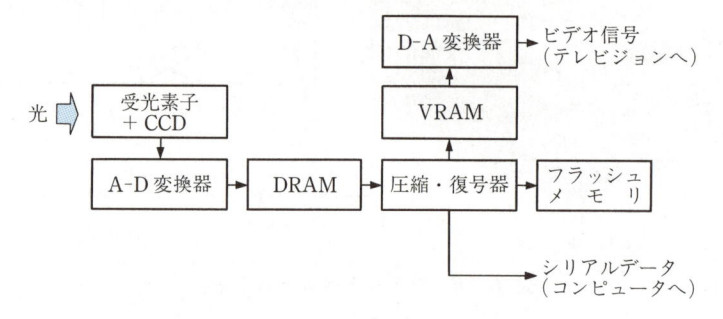

図 4.18 ディジタルカメラの構成

ディジタルカメラの外観を図 4.17 に，構成を図 4.18 に示す。

(a) **エリア CCD** ディジタルカメラは，レンズから入ってきた光を一瞬で記録する必要がある。そのため，3.7.2 項で学んだエリア CCD を用いる。

(b) **A-D 変換器** エリア CCD によって取り込まれた画像を A-D 変換器でディジタル信号に変換する。

(c) **DRAM** DRAM とは，**ダイナミック RAM**（dynamic RAM）のことである。DRAM は，トランジスタとコンデンサから構成されるメモリであり，コンデンサが充電状態か放電状態かで 1 ビットを記憶することができる素子である。

DRAM は，非圧縮のディジタル画像データを一時保管するために用いられる。

例題 4.

640×480 ドットのカラーディスプレイと同品位の画像を，3 原色フィルタを用いた CCD で取り込み，1 画素につき 8 ビットのデータとして記録するのに必要なメモリ容量を求めなさい。

解答　(CCD 画素数) = 640×480×3 = 921 600 画素

1 画素につき 8 ビットのデータにするので

　　　(メモリ容量) = 921 600×8 = 7 372 800 ビット

1 バイト = 8 ビット，1 キロバイト = 1 024 バイトなので

　　　(メモリ容量) = 7 372 800÷8÷1 024 = 900 キロバイト

問 10. 320×240 ドットのカラーディスプレイと同品位の画像を，4 色フィルタを用いた CCD で取り込み，1 画素につき 8 ビットのデータとして記録するのに必要なメモリ容量を求めなさい。また，これと同品位の画像は，1 メガバイトのメモリに何枚記録できるか求めなさい。

(d) **圧縮・復号器**　圧縮・復号器は，ディジタル信号を圧縮してデータ量を小さくしたり，圧縮してあるデータをもとのディジタル信号に復号したりする装置である。

静止画像の圧縮には，3.7.5 項で学んだ JPEG 方式が用いられる。JPEG で圧縮することにより，データ量を 10 分の 1 程度にする。

(e) **フラッシュメモリ**　フラッシュメモリは，電気的に書き換え可能な ROM である **EEPROM** (electrically erasable programmable ROM) の一種である。DRAM と比べて，バックアップ電源が不要，小形で耐久力に優れているという利点がある。

フラッシュメモリは，圧縮されたデータの記録に用いられ，必要に応じて取り外すことができるようになっている。

(*f*) **VRAM**　VRAM は，画面に表示するデータを格納するメモリである。

(*g*) **D-A 変換器**　テレビジョンなどに画像を出力するために，D-A 変換器でディジタル信号をアナログ信号に変換する。

4.2.5　画像出力機器

　画像出力機器の代表的なものとして，プリンタがある。プリンタは，ドットワイヤを用いて機械的衝撃により印字する**インパクトプリンタ**（impact printer）と，機械的衝撃を伴わない印刷方式の**ノンインパクトプリンタ**（non-impact printer）がある。

　ノンインパクトプリンタは，騒音が低く，高速印刷ができ，図形の印刷もできるなどの特徴がある。このため，現在のプリンタのほとんどが，ノンインパクトプリンタである。ノンインパクトプリンタには，熱転写プリンタ，インクジェットプリンタ，レーザプリンタがある。

　1　**熱転写プリンタ**　図 4.19 に熱転写プリンタの原理を示す。熱転写プリンタの印刷は，発熱素子を先端につけた熱記録ヘッドで行う。印刷したい文字や画像の情報が入力されると，それぞれに対

(*a*) 感熱紙を用いた印刷　　　　(*b*) インクリボンを用いた印刷

　　(*a*) 感熱プリンタ　　　　　　(*b*) 熱転写プリンタ

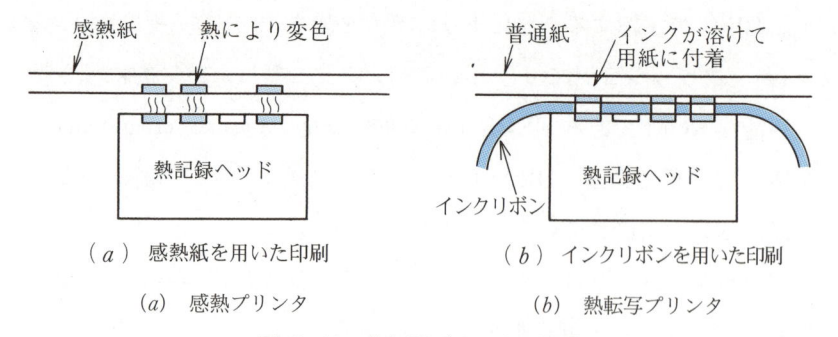

図 4.19　熱転写プリンタの原理

応した電気信号に変換される。この電気信号に応じて，プリンタは熱記録ヘッドを加熱する。熱記録ヘッドの熱により，インクリボンのインクが溶け，用紙に付着することで，印刷ができる。

　印字品質がよく保存性がよいこと，感熱紙を用いればインクリボンがなくても印刷できることが特徴である。

　2　**インクジェットプリンタ**　　インクジェットプリンタ（ink jet printer）は，ノズルからインクを噴射させ，それが紙に当たることで，印刷するものである。

　図 4.20 に示すように，圧電素子に電圧を加えると，圧電素子が収縮してインク室の体積が変化する。これにより，電圧に比例したインクの量が，ノズルから噴出する。

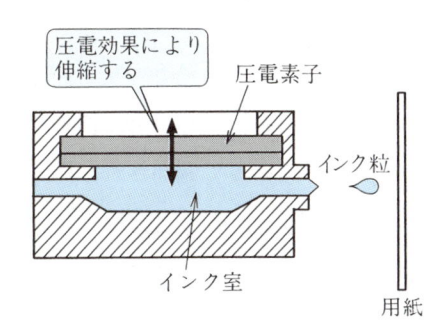

図 4.20　インクジェットプリンタの原理

　インクジェットプリンタは，ノズルの目詰まり対策や，インクのにじみ対策が必要になるが，印刷が静かで美しい，高速印刷が可能，コストが低い，簡単にカラー化できるなど，多くの利点を持っている。

　3　**レーザプリンタ**　　レーザプリンタ（laser printer）は，文字情報制御回路から送られた文字情報で，光変調器と回転多面鏡を用いた文字発生機構により，レーザビームの文字パターンを作り，これを電子複写機と同じ方法で印刷する。図 4.21 に構成と外観を示す。

　感光ドラムの表面は，光の照射によって導電性を持つ半導体が塗布

(a) 構成　　　　　　　　　(b) 外観

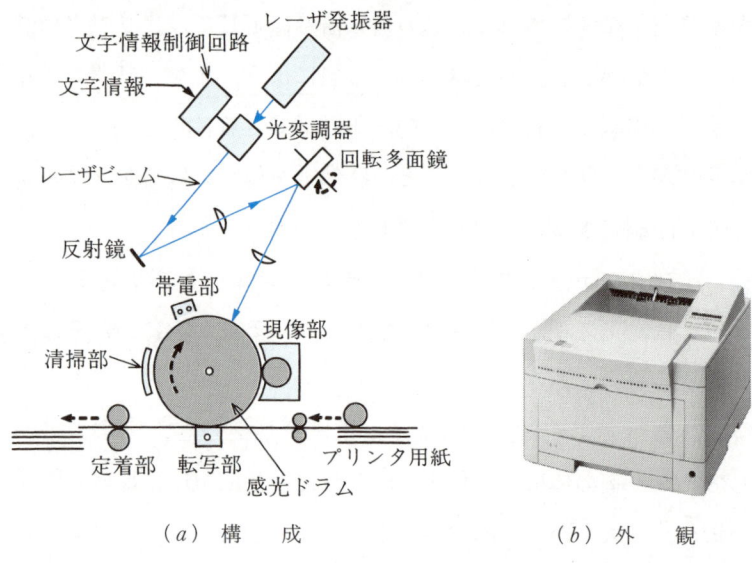

図 4.21　レーザプリンタ

されており，光があたらないときには不導体となっている。レーザ発振器から出たレーザビームの連続光は，光変調器に入り，文字情報に対応した断続光に変換されると，回転多面鏡によって偏向され，感光ドラムの感光面を走査して文字パターンを作る。その後，現像，転写，定着を行うことで，粉状の乾式インクであるトナーを紙に出力させ，印刷を行う。

　レーザプリンタは，1ページ単位で印刷を行うため，**ページプリンタ**（page printer）とも呼ばれている。

4.3 録音・再生機器

音声や音楽などの情報をディジタル信号として記録するためには，アナログ信号をディジタル信号に変換して記録する必要がある。また，ディジタル信号で記録したものを再生するには，ディジタル信号を取り出し，これをアナログ信号に変換して原音を再生することになる。この方法は，アナログ信号で記録・再生する方法に比べ，ひずみ，雑音，ダイナミックレンジをはじめ，数多くの特性がたいへん優れている。

ここでは，ディジタル録音・再生機器の概要について，コンパクトディスクなどを例に取り上げて学ぶ。

4.3.1 コンパクトディスク

コンパクトディスク（compact disc，略してCD）は，ディジタル信号を，その表面に作られた**ピット**（pit）と呼ばれるくぼみに置き換えた円盤である。

1 CDの形式　図 4.22 に，CDの形状とピットの形状を示す。

（*a*）**外　　形**　一般的な外形は，図 (*a*) のように，直径 120 mm，厚さ 1.2 mm の円盤であり，その反射面はポリカーボネートという透明なプラスチックで覆われている。

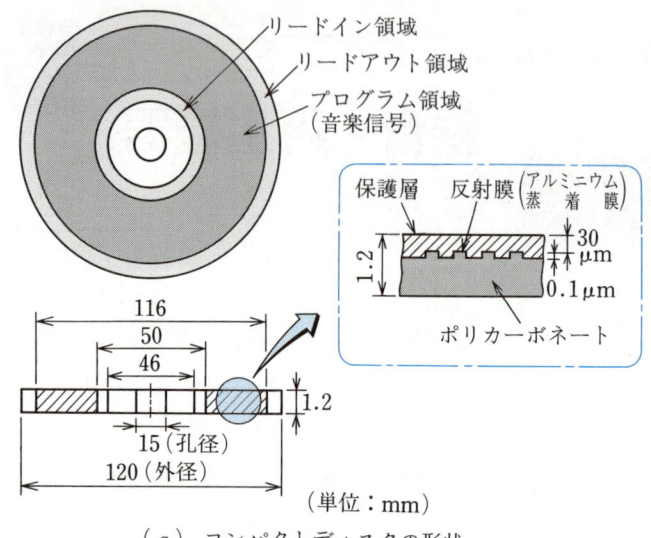

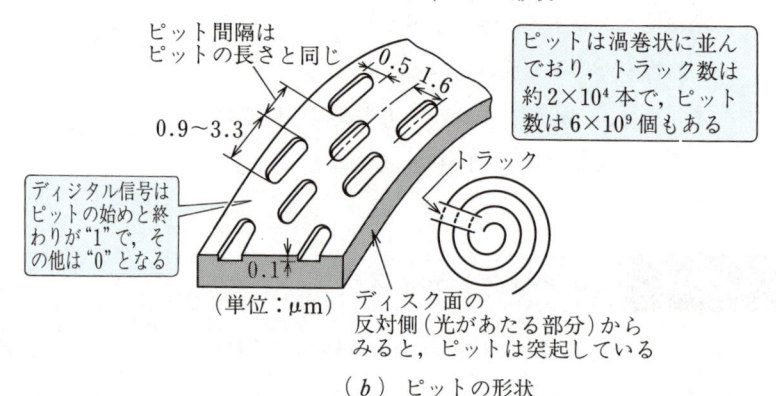

図 4.22 コンパクトディスク

(b) 構　造　ピットの反射をよくするため，図 (a) のようにアルミニウムの蒸着膜がポリカーボネートと保護層の間に形成されている。また，図 (b) に示すように，ピットは長さ $0.9 \sim 3.3\,\mu\mathrm{m}$，幅 $0.5\,\mu\mathrm{m}$，深さ $0.1\,\mu\mathrm{m}$ のくぼみであり，$1.6\,\mu\mathrm{m}$ の間隔で配列されている。このピットの列をトラックという。CD 1 枚に約 2 万本のトラックを記録できる。

(**c**) **信 号 分 布**　　信号分布は，図 (*a*) に示すように，CD の内側から順に，曲数や演奏時間などの情報が記録されているリードイン領域，音楽情報が記録されているプログラム領域，すべての終了を示す情報が記録されているリードアウト領域とに分けられている。

2　CD の動作

(**a**) **回 転 方 式**　　読取り装置が 1 秒あたりに読み取るピットの長さを線速度という。CD の内・外周では円周が異なるので，記録されるピットの数が異なる。そこで，線速度をつねに一定となるようにするために，CD の内周と外周では回転数が変化する。このような方式を**速度一定**（constant linear velocity，略して CLV）**形**という。

(**b**) **ピットの読取り**　　図 4.23 (*a*) のように，CD の表面にレーザビームをあてたとき，表面にピットがないと反射光が戻り，ピットがあるとレーザビームは回折されて，ほとんど戻らない。このように，反射光の有無で信号の読取りが行われる。図 (*b*) に反射出力の状態を示す。

3　CD のデータ形式

CD は，アナログ信号を PCM によっ

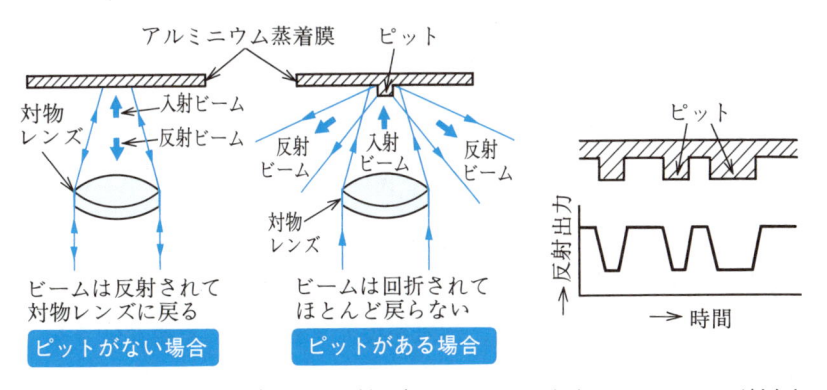

(*a*)　ピットの有無による反射の違い　　(*b*)　ピットによる反射出力

図 4.23　ピットの働き

てディジタル信号に変換し，その出力信号をディスク上にピットという形で記録する。音楽再生の持つ特徴とディジタル機器の持つ特徴から，つぎのようなデータ形式を用いている。

 (**a**)　**標本化周波数**　　1.2.1項で学んだように，染谷・シャノンの標本化定理より，標本化周波数 f_s は，原音に含まれる最高周波数の2倍以上が必要である。音楽信号の再生帯域は約20kHzなので，f_s は最低40kHz必要となる。CDでは標本化周波数44.1kHzが採用されている。

 (**b**)　**量子化ビット数**　　アナログ記録機器のダイナミックレンジは，約70dB前後である。量子化ビット数によって，ダイナミックレンジが決まるので，これよりも広いダイナミックレンジを得るために，量子化ビット数は16ビットが用いられている。

 (**c**)　**誤り訂正符号**　　PCMは，アナログ信号を2進符号に変換するため，雑音やひずみの影響を受けにくい。しかし，2進符号で表したディジタル信号の信号ビットが，なんらかの原因で欠落すると，読取りエラーが発生し，もとのアナログ信号に復元できなくなるばかりか，大きな雑音が発生する。

 CDでは，製造時に発生する信号ビットの欠落や，表面の汚れや傷によって，信号ビットの誤りを生じることがある。そこで，誤り訂正処理回路で信号ビットの誤り箇所を見つけ，もとの信号ビットに復元する。

 (**d**)　**同期信号とサブコード**　　同期信号は，信号の始めや，信号と信号の間の区切りを表し，信号を復元するときに重要な働きをする。

 サブコードには，曲目の番号指定，曲の頭出しなどの動作用の情報や，曲の演奏時間，曲自身の経過時間などの表示用の情報が入ってい

る。

(*e*) **EFM** ディジタル信号そのもので CD にピットを形成すると，0 または 1 が多数連続して，ピットが長くなったり，ピットのない領域が続いたりすることがある。その結果，ピットの信号を読み取ったとき，直流成分が長く発生して，信号ビットの復元に必要なビットクロックが取りづらくなり，もとの信号の再現に支障をきたす。

これを防ぐために CD では，8 ビットのデータを，1 と 1 の間に 0 が 2 〜 10 個入った 14 ビットのデータと対応させて変換している。この変換を **EFM** (eight to fourteen modulation) という。

EFM の変換表は，日本工業規格（JIS）で決められている。変換表の一部を表 *4.1* にあげる。これを見ると，00000000 という 8 ビット信号も，01001000100000 という 0 や 1 が多数連続しない 14 ビットの信号に変換されることがわかる。

表 *4.1* EFM の変換表の一部

10 進数	8 ビット	14 ビット	10 進数	8 ビット	14 ビット
0	00000000	01001000100000	8	00001000	01001001000000
1	00000001	10000100000000	9	00001001	10000001000000
2	00000010	10010000100000	10	00001010	10010001000000
3	00000011	10001000100000	11	00001011	10001001000000
4	00000100	01000100000000	12	00001100	01000001000000
5	00000101	00000100010000	13	00001101	00000001000000
6	00000110	00010000100000	14	00001110	00010001000000
7	00000111	00100100000000	15	00001111	00100001000000

しかし，EFM した複数のデータをそのまま並べてしまうと，1 と 1 の間に 0 が 2 〜 10 個入らなくなることがある。そのため，図 *4.24* のように，データのつなぎ目に 0 が 11 個以上続かないように 3 ビットを挿入する。

```
        3 ビット
EFM データ 1  （結合ビット）    EFM データ 2
┌─────────────────┐ ┌───┐ ┌─────────────────┐
│ 0 0 1 0 0 1 0 0 0 0 0 0 │ │1 0 0│ │0 0 0 0 0 0 0 1 0 0 0 0 0 0│
└─────────────────┘ └───┘ └─────────────────┘
```
直接二つのデータを結合すると 0 が 15 個連続してしまう

```
        3 ビット
       （結合ビット）
┌─────────────────┐ ┌───┐ ┌─────────────────┐
│ 0 1 0 0 1 0 0 0 1 0 0 0 0 1 │ │0 0 0│ │1 0 0 0 0 1 0 0 0 0 0 0 0 0│
└─────────────────┘ └───┘ └─────────────────┘
```
直接二つのデータを結合すると 1 が連続してしまう

図 4.24　結合ビット

　この 3 ビットを結合ビットという。これによって得られた信号は，1 で極性反転，0 で変化なしという規則でピットに記録される。

　4　**CD プレーヤ**　　CD プレーヤの外観と構成を図 4.25 に示す。CD プレーヤとは，PCM によって，CD 上に記録された信号をもとのアナログ信号に戻す再生装置である。ここでは，CD プレーヤのおもな部分を取り上げる。

　（a）　**光ピックアップ**　　光ピックアップは，レーザビームを使用して CD 上の信号を読み取る装置であり，レーザダイオードと光検出器，ハーフミラーおよびレンズから構成されている。

　レーザダイオードから発生したレーザビームは，CD にあたり反射される。光検出器は，この反射光の強弱を電気信号に変換し，高周波出力信号として出力する。光ピックアップからは，高周波出力のほかにフォーカス誤差信号，トラッキング誤差信号が出力される。

　（b）　**フォーカスサーボ**　　回転中の CD は，わずかであるが上下運動をし，そのために焦点がずれる。それを変換した電気信号がフォーカスの誤差信号となる。

　この誤差信号が 0 になるように，対物レンズを上下方向に制御して

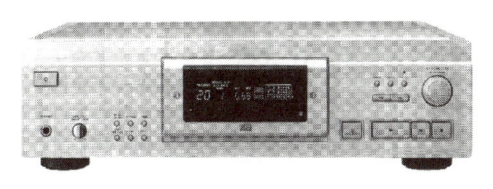

(a) 外観

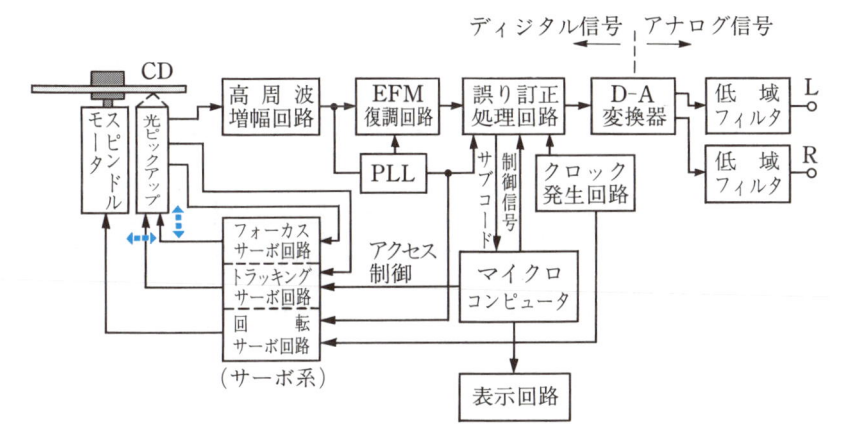

(b) 構成

図 4.25　CD プレーヤ

いるのがフォーカスサーボである。

　(c)　**トラッキングサーボ**　　高速で回転する CD は，わずかであるが偏心する。そのために，レーザビームのトレースがずれる。これを電気信号に変換したものが，トラッキングの誤差信号となる。
　このトラッキング誤差信号が 0 になるように，光ピックアップを左右方向に制御しているのがトラッキングサーボである。

　(d)　**高周波増幅回路**　　光ピックアップで図 4.26(a) のピットを読むと，出力は図 (b) に示す高周波のアナログ信号となる。アナログ信号は小さいため，高周波増幅回路で増幅される。

　(e)　**クロック再生**　　アナログ信号から CD 記録信号を再生するには，タイミングを合わせるためのビットクロックが必要である。そ

```
(a) ピット
(b) アナログ信号
(c) 波形成形
(d) エッジ検出
(e) ビットクロック
(f) EFMデータ     0 1 0 0 0 0 0 1 0 0 0 0 0 0 1 0 0
```

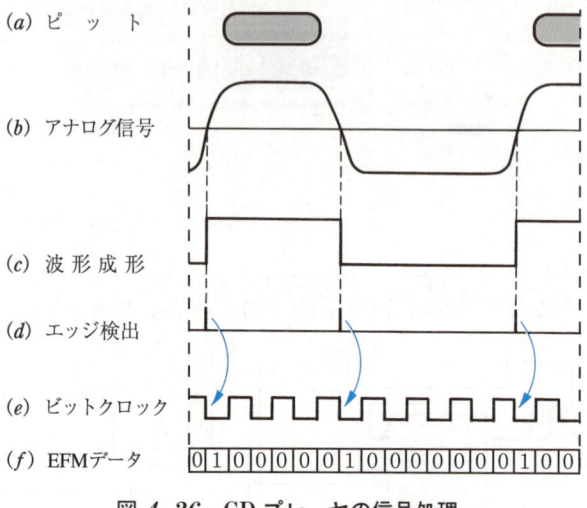

図 4.26　CD プレーヤの信号処理

のために，図 (c) のようにアナログ信号を波形整形し，図 (d) のように，その信号をもとにエッジを検出する。水晶振動子の発振によって，PLL 回路を動作させて図 (e) のように必要なビットクロックを再生し，求めたエッジをこのビットクロックに同期させる。エッジのある場合は 1 を，その他はすべて 0 を入れると，図 (f) に示す EFM データが得られる。

(f)　**EFM 復調回路**　　EFM 復調回路は，再生された EFM データを復調して，変調前のもとのデータに戻す働きをする。図 (f) の EFM データは，表 4.1 を用いて変調と逆の操作をすれば，01000001000000 はもとのデータ 00001100 となる。

(g)　**誤り訂正処理回路**　　EFM 復調回路の出力データには，CD 表面の汚れや傷などにより発生したランダム誤りが含まれている。

　誤り訂正処理回路は，発生したランダム誤りを見つけ出し，訂正を加えてもとの信号ビットに復元する。

(*h*) **D-A 変換器**　16 ビットの符号化されたディジタル信号は，D-A 変換器によって符号に見合う電圧に変換される。これによって，PAM 信号の形になる。

(*i*) **低域フィルタ**　44.1 kHz でサンプリングを行うと，目的とする信号成分のほか，高い周波数成分も含まれてくる。低域フィルタは，この高い周波数成分を除去するとともに，D-A 変換後の PAM 信号を滑らかにするために補間を同時に行う。これによって，もとのアナログ信号が復元できる。

5　**CD の特徴**　CD は，以下のような特徴がある。

◇周波数特性，SN 比，高調波ひずみ率など，電気的諸特性がアナログ録音・再生機に比べて非常によい。

◇操作性に優れている。置き場所の制限なく使用できるほか，調整しなくても使用することができる。

◇回路の IC 化，LSI 化などの高集積化により，消費電力が少なく，信頼性も高い。

◇ピットの長さ，間隔が非常に小さいので，密度の高い記録ができ，多くの情報を記録できる。

◇ディスクに保護層があり，データの読取りが非接触なため，ディスクの長期保存ができる。

◇再生時間の表示，曲名などのディスク情報の表示，その他さまざまな付加機能がある。

4.3.2　書込み可能なディスク

通常の CD は，工場において CD 内にデータのピットがプレス整形されており，そのデータをプレーヤで読取ることしかできない。これ

に対し，1回だけ書込みが可能な **CD-R**（CD-recordable）と，複数回データの書換えが可能な **CD-RW**（CD-rewritable）がある。

1　CD-R　　CD-R は記録層に有機色素を用い，1回だけ書込みが可能な CD である。CD-R に特定の書式で記録した音楽情報は，原則として CD プレーヤで再生することができる。

(*a*)　**ディスクの構造**　　形状や大きさは，CD と同じである。普通の CD と異なる点は，図 4.27 に示すように，データを記録するための有機色素でできた記録層を持つことと，記録層の下にグルーブと呼ばれる案内溝を持つことである。

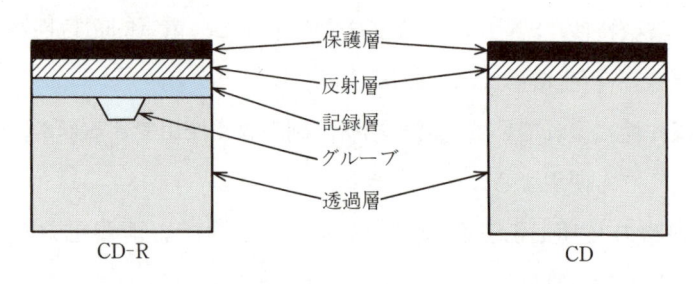

図 4.27　CD と CD-R のディスク断面の比較

グルーブは，ディスクの書込み時のガイドとして用いられるだけでなく，データの記録場所としても用いられる。データを表すピットは，CD-R プレーヤの書込み操作によって，グルーブに刻み込まれる。また，ピットが何も書き込まれていないディスクを，ブランクディスクという。

(*b*)　**書込み原理**　　CD を再生するときよりも，約 27～40 倍の強さのレーザビームを CD-R 上に集光させる。記録層の中で，レーザビームに照射された部分は，加熱溶融され，化学変化を起こす。これにより記録層と透過層の境界付近が変形し，グルーブ内にピットが形成される。

レーザビームの強さをデータと同じパルス信号の有無で制御すれば，CD のピットと同形のピットをグルーブ内に形成することができる。

2 **CD-RW**　CD-RW は，記録層に反射率の異なる二つの状態を持った物質を用いることで，書換えを可能にしたものである。

(*a*)　**ディスクの構造**　CD-RW も外観上の形状や大きさは，CD と同じであるが，内部の構造が異なる。図 4.28 に示す二つの誘電帯層とその間の相変化記録層が，CD-R の記録層に相当する部分である。この中で重要な働きを持つものが，銀（Ag），インジウム（In），アンチモン（Sb），テルル（Te）の合金からなる相変化記録層である。この合金は，照射されるレーザビームの強さにより，結晶状態と非結晶状態のどちらかの状態になる。

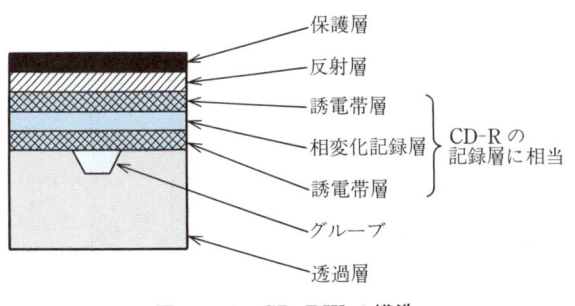

図 4.28　CD-RW の構造

(*b*)　**書換え・読取り原理**　強いレーザビームを照射して，融点以上に加熱した後，急激に冷却することにより，相変化記録層はアモルファスと呼ばれる非結晶状態に変化する。これを記憶させたいデータと連動して行えば，CD-RW にデータを書き込むことができる。

すでに書き込んであるデータを消去する場合は，弱いレーザビームを照射し，結晶化温度まで加熱した後，徐々に冷却する。これにより，

非結晶部分が結晶状態に転移し，データが消去されたことになる。

結晶部分は反射率が高く，非結晶部分は反射率が低い。この2か所の反射率の違いを読み取ることで，データの読取りができる。

4.3.3　DVD

DVDは，いくつかの高密度記録技術の組み合わせによって，CDと同じ形状・大きさのディスクの中に，CDの数倍ものデータを記録することができるものである。

1 ディスクの構造　一定の大きさのディスクに，より多くのデータを記録させるには，ピットの幅を小さくし，トラックの間隔を狭めればよい。図 4.29 に示すように，DVDのピット幅および，トラック間隔はCDに比べ半分前後にまで狭くなっている。

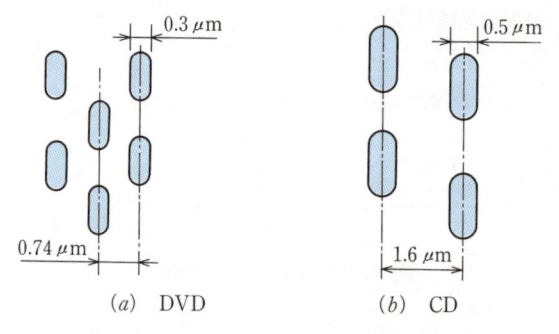

(a) DVD　　(b) CD

図 4.29　ピット幅とトラック間隔の比較

このような高密度に記録されているディスクからデータを読み取るには，光ピックアップに使用されるビームスポットを小さくする必要がある。DVDでは，図 4.30 に示すように，ディスクの厚さをCDの半分に薄くすることで，ビームスポットを小さくしている。また，ディスク自体に強度を持たせるためと，CDと外形上での互換をとる

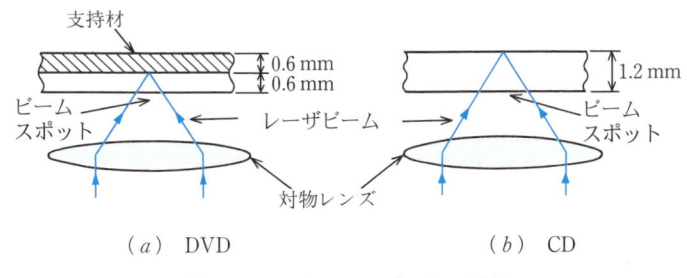

図 4.30　ビームスポットの比較

ために，厚さ 0.6 mm の支持材を張り合わせている。

　また，より大きなデータ量を記録するために，片面 1 層構造のもののほかに，片面 2 層構造のものがおもに用いられている。

　2　信号の圧縮　　映画などの動画を高画質で記録すると，データは膨大な量になる。これを決められた大きさのディスクに記録するために，見かけ上の品質を保ちながらデータ量を減らす圧縮が行われる。DVD の場合，映像と音声を別々な方式で圧縮している。

　(a) 映像の圧縮　　映像の圧縮は，3.7.2 項で学んだ空間的圧縮，時間的圧縮，確率的圧縮の操作を行うことで，データ量をもとの約 $\frac{1}{30} \sim \frac{1}{80}$ に圧縮することができる。

　(b) 音声の圧縮　　マスク効果など，聴感特性を考慮したビット数を割り当てて，再量子化することで，データ量をもとの約 $\frac{1}{7}$ に圧縮することができる。

　3　DVD プレーヤ　　DVD プレーヤは，圧縮してある信号をもとの状態に戻して出力する必要があるため，映像・音声の圧縮信号に対応したデコーダを搭載している。また，CD の再生も行えるよう工夫がされている。

　(a) 光ピックアップ　　CD と DVD では，ビームスポットの大きさが異なるため，DVD 用の光ピックアップでは CD のデータを読

み取ることができない。そこで，つぎのような方法で解決する。

◇ DVD 用と CD 用の二つの対物レンズを用意する。

◇対物レンズに遠近両用のものを用いる。

◇対物レンズの，見かけ上の開口率を変える。

これらの方法により，DVD プレーヤで，CD の再生が可能となる。

(*b*) **信号処理の原理**　　DVD プレーヤが行っている，信号処理の原理図を図 4.31 に示す。

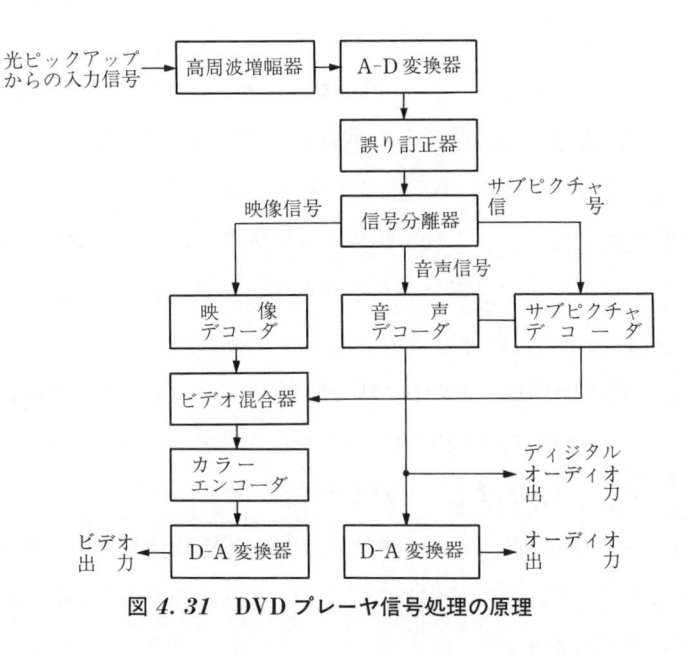

図 4.31　DVD プレーヤ信号処理の原理

1)　**高周波増幅器**　　光ピックアップで読み取った再生信号を高周波増幅器で増幅する。さらに，波形の整形も行う。

2)　**A-D 変換器**　　基準クロックと同期を取りながら，増幅・整形された光ピックアップからの信号を A-D 変換器でディジタル信号に変換する。

3)　**誤り訂正器**　　パリティビットが付いたデータから，データ

に誤りがあるかどうかを調べ，あれば，誤り訂正器で正しいデータに訂正する。

　4）**信号分離器**　　データを信号分離器で映像信号，音声信号，サブピクチャ信号に分離し，それぞれのデコーダに分配する。

　5）**映像系の信号処理**　　映像信号とサブピクチャ信号はそれぞれのデコーダに送られ，もとの信号が再現される。再現された信号は，カラーエンコーダにより，カラーテレビジョン放送規格に対応したディジタル信号に変換されたあと，D-A 変換器でアナログ信号に変換され，ビデオ出力端子から出力される。

　6）**音声系の信号処理**　　音声信号もデコーダにより，もとの信号に復元される。この信号を出力するものが，ディジタルオーディオ出力である。また，この信号を D-A 変換器でアナログ信号に変換して出力するものが，オーディオ出力である。ディジタルオーディオ出力として，マルチチャネル方式に対応した信号を得ることができる。

　(*c*)　**片面2層ディスクへの対応**　　片面1層ディスクの場合，ディスクの内側から外側に向かって再生していく。片面2層式のディスクを再生する場合，まず1層目の信号を内側から外側に向かって再生し，続けて2層目の信号を外側から内側に向かって再生する。

4.3.4　ミ ニ デ ィ ス ク

　ミニディスク (mini disk，略して MD) は，アナログのテープレコーダの代替品として，開発されたものである。そのため，ディスクとテープレコーダの特徴を兼ね備えている。

　1　**MD の構造**　　図 *4.32* は，録音用 MD を示したものである。

322   4. 通信装置の入出力機器

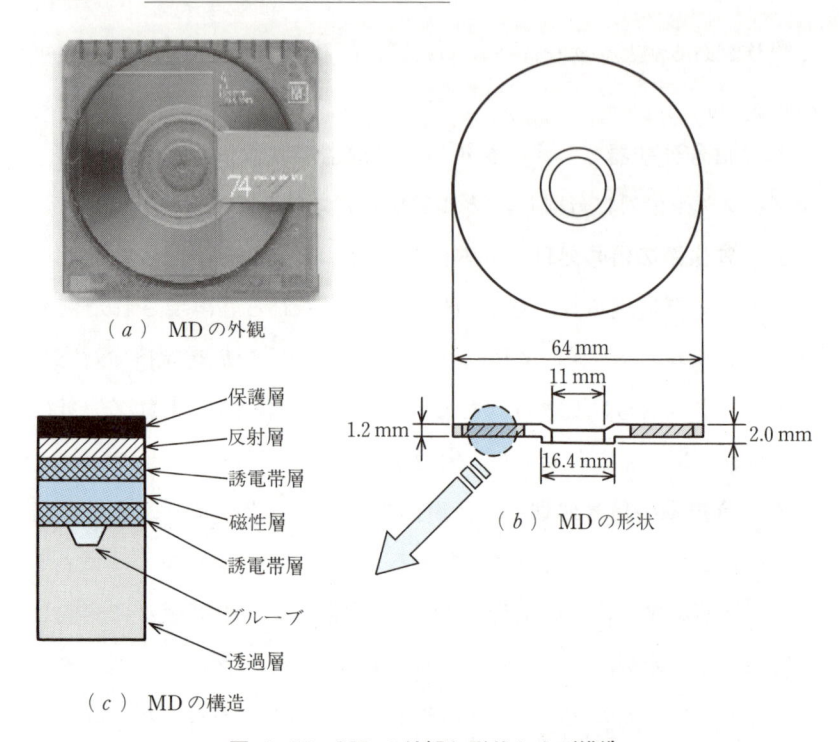

（a）MDの外観

（c）MDの構造

保護層
反射層
誘電帯層
磁性層
誘電帯層
グルーブ
透過層

（b）MDの形状

図 4.32　MDの外観と形状および構造

（a）カートリッジ　　MDは，図(a)のように，シャッタ付きで，72×68×5 mm という大きさのカートリッジに収められている。シャッタは，内側よりロックされており，MDプレーヤにセットしたときだけ，ロックがはずれてシャッタが開くような仕組みになっている。このため，MDは傷や汚れに強く，耐熱性に優れている。

（b）ディスクの形状　　直径 64 mm，厚さ 1.2 mm のポリカーボネート製の円盤である。中心部には，プレーヤの回転部分に装着する磁性金属板を置くために，図(b)のようなへこみがついている。へこみの部分を含めた中心部の厚さは 2.0 mm になる。

（c）構　　造　　図(c)のように，CD-RWと同じような構造をしている。CD-RWと異なる点は，MDは磁気によって信号を記

録するため，二つの誘電帯層の間には，テルビウム（Tb），鉄（Fe），コバルト（Co）を主成分とした磁性層があることである。

（d）**信号分布**　信号分布は，MDの内側から順に，ディスク自体に関する情報が記録されているリードイン領域，ディスクに録音したデータに関する情報が記録されている **UTOC**（user table of contents）**領域**，音楽情報が記録されているプログラム領域，終了を示す情報が記録されているリードアウト領域に分けられる。

2　**記録・再生方式**　MDにデータを記録させるには，磁界変調オーバーライト方式を用いる。これは，「磁性体をある一定温度まで加熱すると，保磁力がなくなる」という性質を利用したものである。

レーザビームを一定の強さで照射し，ディスクを回転させると，ビームのあたった部分は加熱され，データは消去される。その部分に，磁気ヘッドで磁界を加えると，データに対応した磁気が記録される。回転が続き，ビームがあたらなくなると，温度が下がり磁化が固定されるので，データが記録される。この様子を図 4.33 に示す。

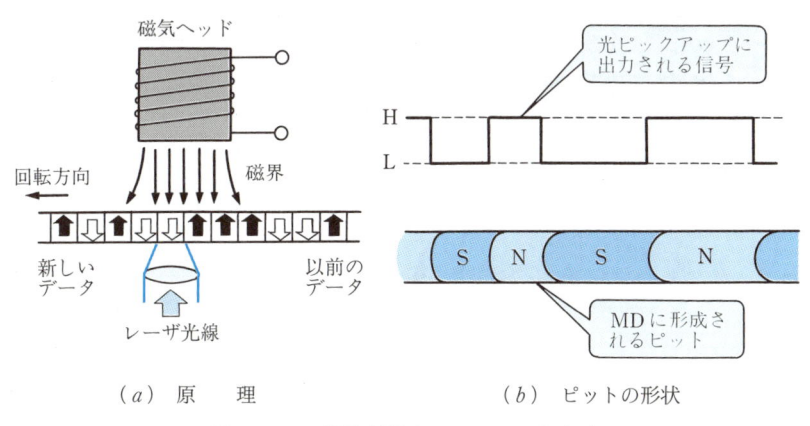

（a）原　理　　　　　　　　（b）ピットの形状

図 4.33　磁界変調オーバーライト方式

この磁気信号にレーザビームを照射すると，N，Sに対応して反射光の偏向面がわずかに回転する。MDは，この偏向面の差をピックアップで検出することで，データの再生を行っている。

3　MDのデータ形式　　標本化周波数，量子化ビット数，誤り訂正符号，EFMなど，基本的なデータ形式は，CDと同じものが用いられている。大きな相違点は，小さなディスクにCD以上の情報量を記録させるために，データの圧縮を行っていることである。

MDに用いられる圧縮方式の一つに，**ATRAC**（adaptive transform acoustic coding）がある。音楽の信号は，大きさと周波数信号がつねに変化している。このため，つねに一定間隔の量子化ステップで量子化すると，効率が悪くなる。ATRACでは入力されたディジタル信号を，周波数成分に変換する。その周波数成分をいくつかの帯域に分け，帯域ごとに適切な量子化ステップを割り当て，再量子化を行う。このとき，4.1.4節で学習したマスク効果によって聴こえなくなる信号を省略するなどの処理も同時に行っている。

4　MDプレーヤ　　MDプレーヤの外観を図4.34に，構成を図4.35に示す。

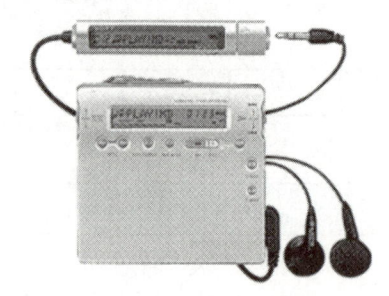

図4.34　MDプレーヤの外観

（a）**A-D・D-A変換回路**　　録音される入力信号を，A-D変換回路で44.1kHz，16ビットのディジタル信号に変換する。再生時には，ディジタル信号をD-A変換回路でもとのアナログ信号に変換す

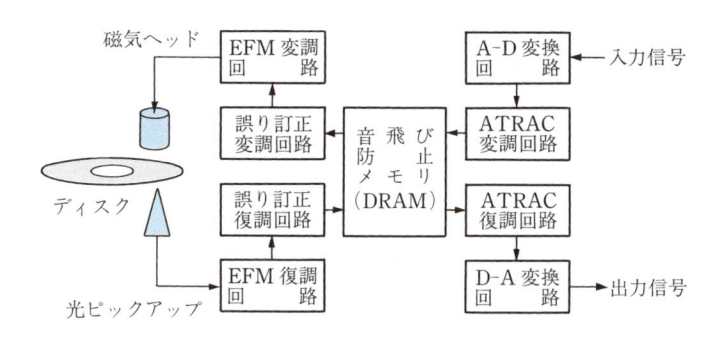

図 4.35 MD プレーヤの構成

る。

(**b**) **ATRAC 変調・復調回路** 　ATRAC 変調回路は，ATRAC 方式に従って圧縮を行う。これにより，ディジタル信号の量をもとの約 $\frac{1}{5}$ に圧縮できる。再生時には，圧縮データからもとのディジタル信号に ATRAC 復調回路で復調する。

(**c**) **誤り訂正変調・復調回路** 　誤り訂正変調回路は，圧縮後のデータに，誤り訂正符号を追加する。誤り訂正復調回路は，誤り訂正符号から誤りがあるかどうか判断し，誤りがあれば修正する。

(**d**) **音飛び防止メモリ** 　携帯用MDプレーヤは，振動のためにピックアップがデータの読取り位置からずれる場合がある。このようなことがあるとデータの連続性が失われ，音飛びの原因になる。そこで音飛びを防ぐために，MD プレーヤでは読み取ったデータを一時保存しておくメモリを用意している。

音飛び防止メモリは，録音データの保存場所としても用いられる。録音する際は，このメモリにある一定量のデータが蓄積してから，一度に書き込む。このメモリを使用することで，携帯中の録音が可能になっている。なお，音飛び防止メモリには，DRAM が用いられている。

4.3.5　半導体オーディオ

　機器本体に内蔵された半導体メモリ，もしくは半導体メモリチップ内蔵のカードやスティックに，音声情報を記録し再生するものを半導体オーディオという。外観の例を図 $4.36(a)$ に示す。

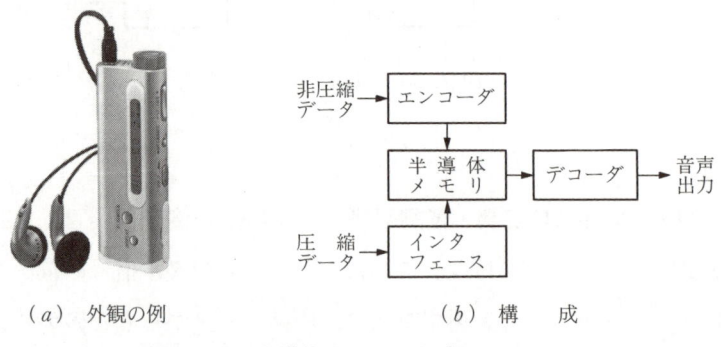

（a）外観の例　　　　　　　　（b）構　　成

図 4.36　半導体オーディオプレーヤ

　CD や DVD などに比べ，記憶容量の小さな半導体メモリに記録するため，データを圧縮する必要がある。このため，図 (b) に示すように，圧縮されたデータをコンピュータから入力するためのインタフェースを持っている。また，録音機能のある機種は，データを圧縮するためのエンコーダを持っている。再生時には，デコーダを通すことにより，アナログ信号に復元される。

　半導体オーディオは，圧縮率を大きくしてデータを小さくするため，音質の劣化が大きい。しかし，機器を非常に小さくできる，機械駆動する部分がなく振動による音飛びがないなどの利点があるため，携帯用に用いられる。また，ディジタルカメラや時計，携帯電話などの付属機能としても用いられている。

練習問題 4

❶ 人間の聴覚で感知できる周波数の範囲はどのくらいか。また，その範囲のことを何というか答えなさい。

❷ ディジタル信号を用いる利点を述べなさい。

❸ 16ビット，48kHzのディジタル信号を同品質の14ビットのディジタル信号にする場合，標本化周波数を求めなさい。

❹ 音声データを圧縮するときの着目点は何か述べなさい。

❺ 2本のスピーカから出る音を聞くと，二つの音が融合して，一つの合成音像が定位する。この現象を何というか答えなさい。

❻ 動電形のマイクロホンと静電形のマイクロホンの用途を述べなさい。

❼ 電圧増幅度が100 000倍の増幅器に5％の負帰還をかけた。負帰還後の電圧利得を求めなさい。

❽ スピーカエンクロージャの役割を説明しなさい。

❾ スキャナとディジタルカメラに用いられるCCDの種類をそれぞれ答えなさい。

❿ ノンインパクトプリンタには，どのようなものがあるか述べなさい。

⓫ EFM変調がCDに用いられる目的を述べなさい。

⓬ CD-RとCD-RWの違いを説明しなさい。

⓭ DVDに高密度記録をするために，どのような工夫がされているか述べなさい。

⓮ 磁性体をある一定の温度まで加熱すると，保磁力がなくなる性質を利用した，MDの記録・再生方式を説明しなさい。

⓯ 半導体オーディオの利点を述べなさい。

付　　　録

1. ディジタル放送の概要

〔1〕 なぜディジタル放送か

　ディジタル放送には，地上ディジタル放送，BS (broadcasting satellites) ディジタル放送，CS (communication satellites) ディジタル放送がある。このディジタル放送は，アナログ放送ではできない MPEG-2（高度なデータ圧縮技術＋画像処理技術），多重化技術（いろいろな情報を一緒にする），伝送中の信号の誤り訂正技術などができるようになった。2011年に地上放送はアナログ放送から完全にディジタルへ移行した地上ディジタル放送になり，つぎに述べるような数々の特徴がある。

・**高画質・高音質放送サービス**　ゴーストの影響を受けない美しい画像，CD 並みの音声，さらにはハイビジョンと 5.1 ch サラウンド（後述）で劇場のような臨場感が味わえる。

・**多チャネルサービス**　ハイビジョン 1 ch，または標準テレビ（NTSC 方式）では別々な番組を 3 ch 同時に見ることができ，さらに携帯端末用（携帯電話，PDA など）の放送もできる。

・**データ放送サービス**　地域に密着したニュース，気象情報，交通情報などきめ細かい情報の提供ができる。

・**双方向の放送サービス**　家庭でいま見ている番組や放送局へ電話またはインターネットを通じて情報を発信することができる。

・**電子番組サービス**　電子番組サービスを EPG (electronic program guide) といい，テレビ画面上で 1 週間分の各放送局の番組を見ることができる。また番組・録画などの予約がリモコン操作で簡単にできる。

〔2〕 日本のディジタル放送

　一般的にディジタル放送は大きく分けると，付図 *1* のように地上ディジ

付図 1　ディジタル放送

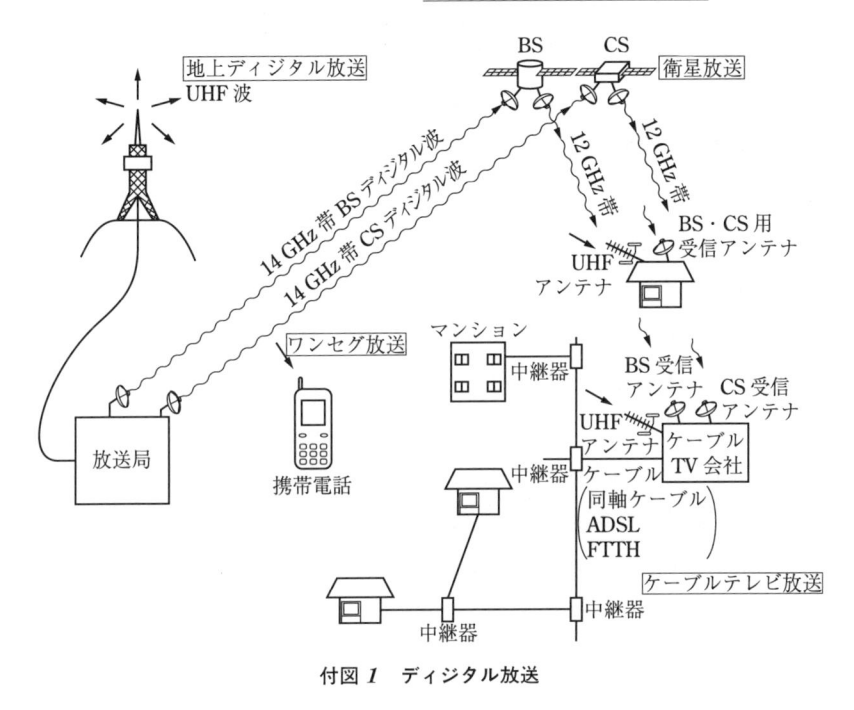

タル放送，衛星放送，ケーブルテレビ放送に分けられる．

ここでは地上ディジタル放送について述べることにする．

2. 地上ディジタル放送

〔1〕　なぜ地上ディジタル放送か

① **家庭の IT 化**　　国は 2010 年までに「いつでも，どこでも，だれでも」が簡単にネットワークにアクセスして，必要な情報が得られる社会，ユビキタスネット社会の実現を目指している．しかし現実は，お年寄り，子供，主婦などは急速なパソコン，携帯電話，PDA（personal digital assistants）端末などのディジタル機器の発達に十分対応することが難しく，必要な情報が得られないという情報格差（ディジタルデバイド）が発生する．

この格差を是正するため家庭のディジタルテレビを総合情報端末として

位置づけ，ここからいつでも，だれでもが簡単に必要な情報を地上ディジタル放送を介して入手し活用できるようにする。

② **周波数の有効利用** ここ近年携帯電話の急速な普及によって周波数が足りなくなってきた。NTSC方式のアナログ放送は占有周波数帯域幅は6MHzであるが，地上ディジタル放送に切り替えると，占有周波数帯域幅は4セグメント（後述）約1.7MHzですむ。

地上ディジタル放送に変換するだけで大幅な周波数の節減となり，周波数の有効な利用が可能となる。

〔2〕 **地上ディジタル放送の特徴**

地上ディジタル放送はユビキタスネット社会実現の中心として，視聴者へ多様な情報サービスを，放送を通じて提供していく使命がある。

その一方で地上に設置された送信アンテナからUHF帯の電波を使用して放送されるため，衛星放送では考慮しなくてもよいマルチパス障害，隣接するチャネル同士の混信・干渉といった障害が存在する。

多様な情報の提供，障害の防止をするため日本では，国際的にISDB-T (integrated services digital broadcasting-terrestrial，地上波による総合ディジタル放送）と呼ばれる方式で行っている。

ISDB-Tにはつぎのような特徴がある。

① **多様なサービス** 地上ディジタル放送はハイビジョン，標準テレビ，携帯端末，音声など多様なソースをいろいろと組み合わせて番組を編成し放送することができる。

・**周波数帯域幅の分割** 地上ディジタル放送では各チャネルに与えられる使用可能帯域幅は6MHzであり，これを付図2のように14分割している。分割された一つは約0.429MHzとなり，これをセグメントと呼ぶ。14個のセグメントのうち13個は本来の放送に使用し，残り1個を隣接するチャネルとの混信を防ぐ目的のため使用する。

・**階層伝送** 各セグメントごとにディジタル信号の変調方式，異なるデータ伝送速度（ビットレート），誤り訂正の強度などを設定することが

付　　　　　　録　　　331

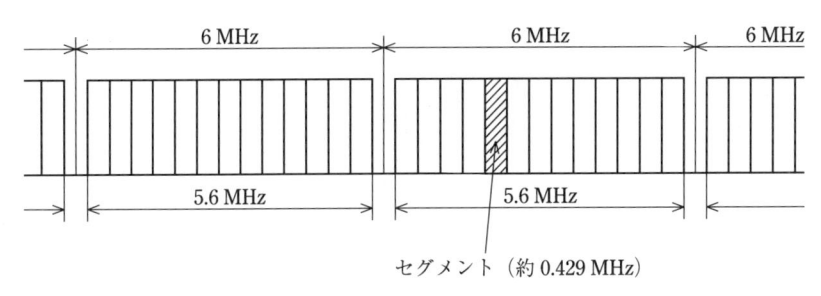

付図2　帯域とセグメント

できる。これを階層伝送といい，地上ディジタル放送では付図3（a）のように異なる階層の番組を三つ同時に同じ帯域内で伝送することが可能である。

　ディジタル信号の変調方式には位相偏移変調（phase sift keying，略してPSK）と直交振幅変調（quadrature amplitude modulation，略してQAM）の2種類がある。

　PSKはディジタル信号に応じて搬送波の位相を変化させる変調方式である。1ビットの変調はBPSK（binary PSK）と呼ばれ，2ビットの変調はQPSK（quadrature PSK）と呼ばれる。QPSKは位相45°と位相135°の直交する二つの搬送波の位相を合成して円周上に四つのポイントをつくる。それぞれ付図3（b），（c）に示す。

　QAMはディジタル信号に応じて搬送波の振幅と位相を変化させる変調方式である。具体的にはQAMは位相0°の搬送波と，位相90°の搬送波が直交していて，ディジタル信号に応じて二つの搬送波の振幅，位相をそれぞれ変化させて合成する方式である。位相0°の搬送波はI軸，90°の搬送波はQ軸と呼ばれている。

　地上ディジタル放送では4ビットの変調ができる16 QAM，6ビットの変調ができる64 QAMが使用されている。それぞれ付図3（d），（e）に示す。

・**いろいろな組み合わせ**　ハイビジョンは12セグメント，標準テレビは4セグメント，音声放送は1〜3セグメント，携帯端末用は1セグメン

(a) 3階層の例

(b) BPSK

(c) QPSK

(d) 16 QAM

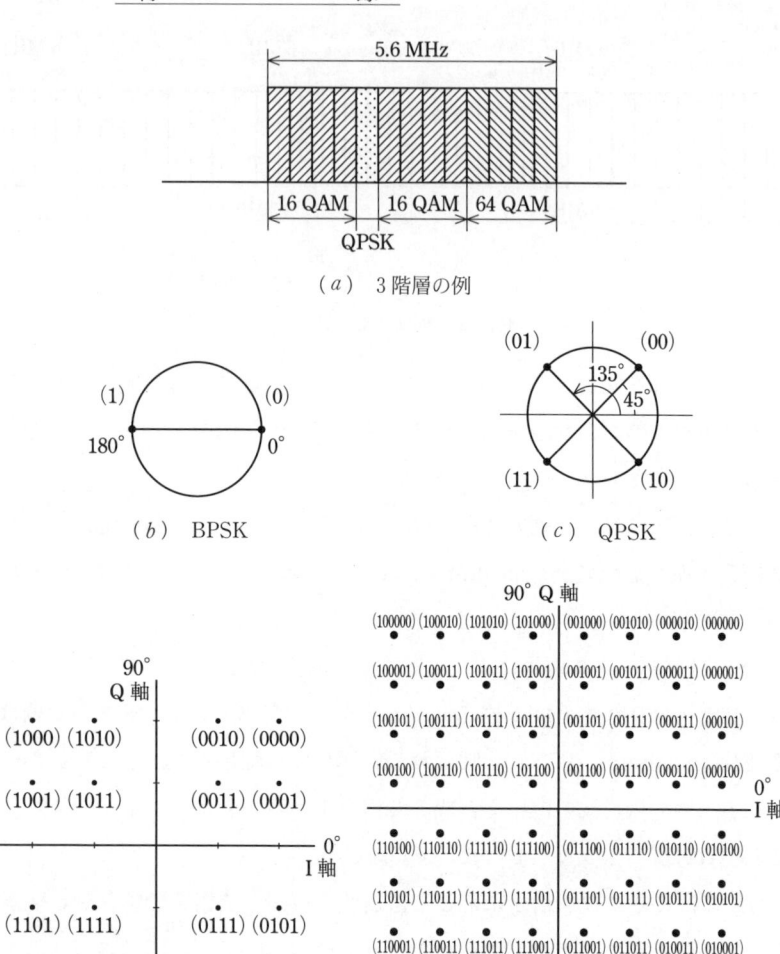

(e) 64 QAM

付図 3　階層伝送の例

ト使用する。地上ディジタル放送は13セグメントの範囲内で付図4に示すようにいろいろな組み合わせが可能で，多様な番組編成ができる。

② **マルチパス障害の防止**　地上ディジタル放送で使用するUHF帯の電波は直進性が強いため，アンテナには直接入射する電波以外に建物な

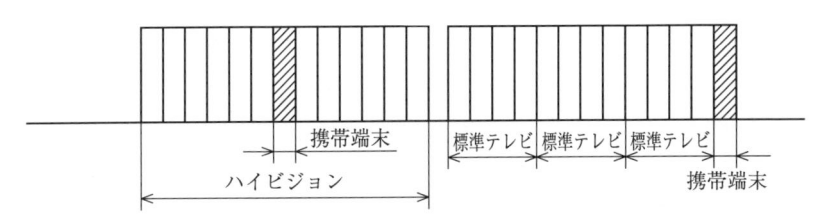

付図 4　多様な組み合わせ

どこで反射して，時間だけが遅れたまったく同じ電波が進入するマルチパスが発生する．アナログ放送では像が2重，3重に見えるゴースト現象となるが，ディジタル放送では映像を復元できない原因となる．

・**OFDM**　日本の地上ディジタル放送は OFDM (orthogonal frequency division multiplexing, 直交周波数分割多重) という方式を使用している．この方式は帯域幅 5.6 MHz に含まれるデータを一つの搬送波で直交振幅変調するのではなく，付図 5 (*a*) のように多数の搬送波でデータを分割

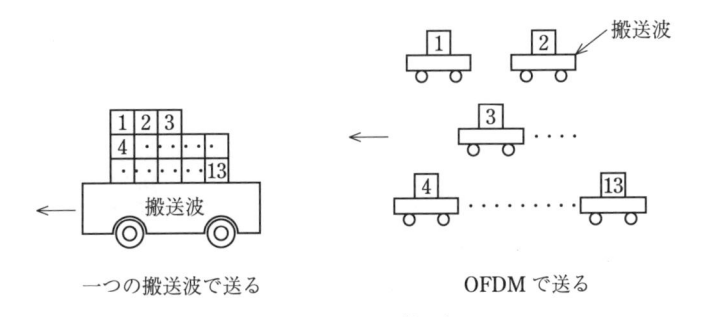

(*a*)　OFDM の考え方

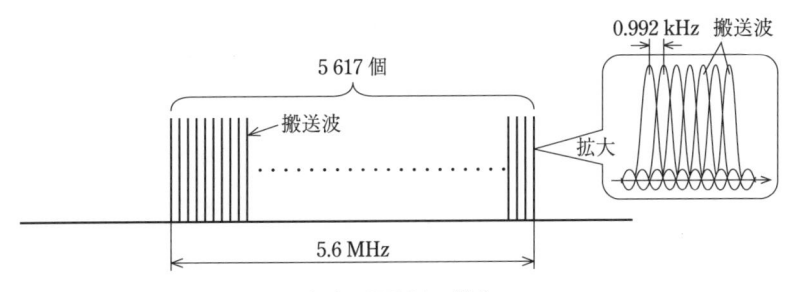

(*b*)　OFDM の構成

付図 5　OFDM

しながら直交振幅変調し，あわせてすべてのデータを伝送する方式である。

日本ではデータの分割に使用する搬送波数は5617個であり，付図5(b)のようになる。また，データの構成はつぎのとおりである。

搬送波の間隔はつぎのようになる。

$5.6\,\mathrm{MHz} \div 5617\,個 = 0.992\,\mathrm{kHz}$

データを送るために必要な時間 $T\,[\mathrm{ms}]$ はシンボル長といい，搬送波の間隔の逆数となるためつぎのようになる。

$T = 1/0.992\,\mathrm{kHz} = 1.008\,\mathrm{ms}$

OFDMでは，映像の再現ができない原因となるマルチパス対策に，シンボル長の1/8または1/4の時間をもうけている。この時間をガードインターバルといい，現在0.126msまたは最大0.252msにしている。

以上よりガードインターバルを最大に取ったシンボル長は付図6のようになる。

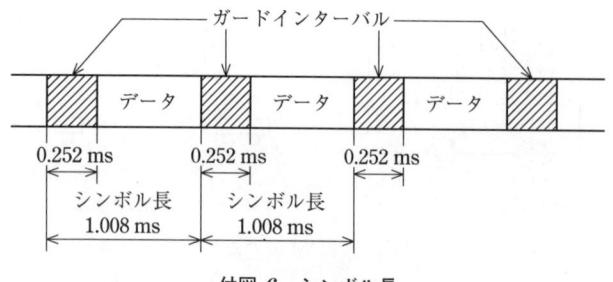

付図6 シンボル長

なぜガードインターバルがあると，マルチパスに強くなるのか。

付図7は本来の信号波(a)と，ガードインターバル内に反射して入ってきた反射波(b)，(c)，そしてガードインターバルを越えて入ってきた反射波(d)を表す。ディジタルテレビは(a)を記憶して残し，つぎに(a)のガードインターバル内にある反射波(b)，(c)を無視するのでマルチパスの影響を受けないですむ。しかし(d)のようにガードインターバルを越えた反射

付図7 ガードインターバル

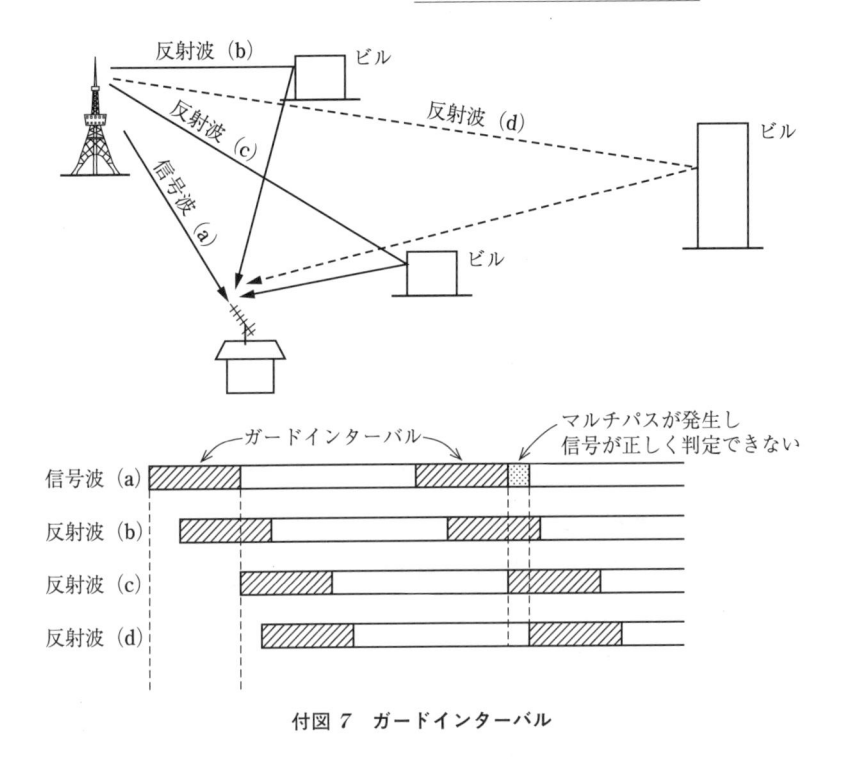

波については，マルチパスの影響を受けるので，正しい信号の読み取りができなくなり，映像の再生が不可能になる。

シンボル長 T が一定なため，ガードインターバルを大きくすればマルチパスに対して強くなるが，その反面送れるデータが少なくなる。

③ **単一周波数ネットワーク**　アナログ放送では付図8（a）のように親局のチャネルと中継局・地方局のチャネルを変えて放送している。これを多重周波数ネットワークという。これは親局の送信チャネルと中継局・地方局の送信チャネルが同じだと，中継局・地方局において，自分が発した送信波が自分の受信アンテナに回り込んで入る"回り込み波"が発生し，放送に悪影響を及ぼすからである。わが国は起伏が激しいため多数の中継局が必要となり，使用するチャネルが自然と多くなる。

しかし，OFDMではガードインターバルを設定するため，付図8（b）

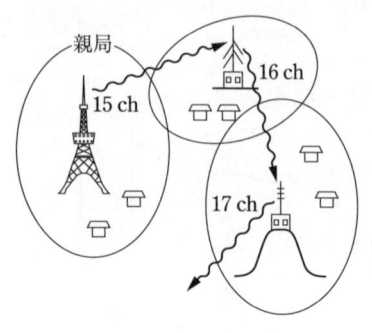

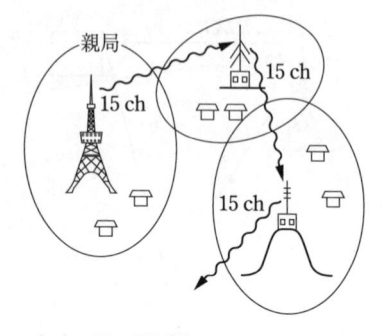

(a) 多重周波数ネットワーク　　　(b) 単一周波数ネットワーク

付図 8　周波数ネットワーク

のように同一チャネルを使用しても，回り込み波の影響を受けることなく正常な放送が行える。これを単一周波数ネットワークといい，チャネルの節減につながり，チャネルの有効利用ができる。

④ 音　　声　　音声はMPEG-2-AAC（advanced audio coding）という音声符号化方式を使用している。この方式はデータの圧縮効率が非常によく，CDと同等の音質が得られるとともに，5.1サラウンドなどマルチチャネルにも対応している。BSディジタル放送や110°CSディジタル放送もこの方式が使われている。

この方式の特徴は音のマスク効果を巧みに利用することである。例えば付図9のように音声の中で大きな音があった場合，この音が及ぼすマスク効果のレベルを曲線で表し，このレベル曲線以下の音声は聞こえないので

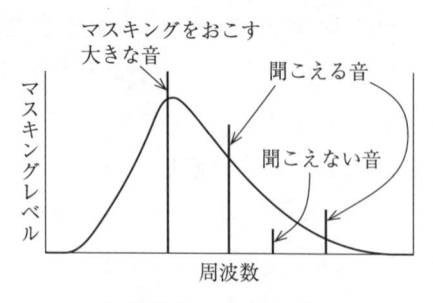

付図 9　マスキング

無視し，レベル曲線以上は聞こえるので信号としてディジタル化していく．こうすると高能率なデータ圧縮ができる．

ディジタル化のサンプリング周波数は 48 kHz であるが，移動・携帯端末では 32 kHz，24 kHz が使われる．

⑤ **5.1 サラウンド**　地上ディジタル放送ではマルチチャネルとして 5.1 サラウンドが可能である．この名前の由来は，中央・左前・右前で 3 ch，左後方・右後方それぞれ 1 ch ずつで 5 ch となり，最後に情報量の少ない重低音は狭帯域ですむため 0.1 ch としているところからきている．5.1 サラウンドは 2 チャネルステレオに比べると音像の左右・前後の定位が明瞭で，さらに音場が広く臨場感溢れる音楽が味わえる．付図 10 は 5.1 サラウンドのスピーカ配置である．

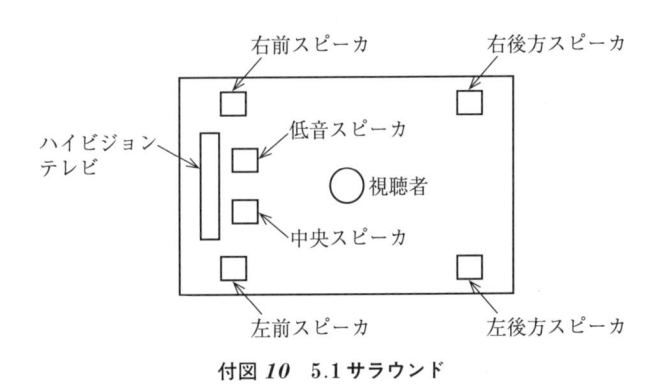

付図 10　5.1 サラウンド

⑥ **ワンセグ放送**　付図 4 では移動体専用として 1 セグメントが設定されている．この 1 セグメントを利用して，移動体の一種である携帯電話でも地上ディジタル放送が受信できるようにした．1 セグメントでの放送のためワンセグ放送といわれる．

ワンセグ放送の受信エリアは地上ディジタル放送と同じであるが，移動体はつねに移動するため，地域や周囲の環境に影響されて満足に受信できない場合がある．どこにいても周囲の環境に影響されることなくクリアなディジタル放送を受信するためには，高い送信アンテナが必要であり，第

2東京タワーの建設が待たれる。

⑦ **著作権** 地上ディジタル放送，BSディジタル放送には，著作権を保護する目的でスクランブルをかけており，受信チューナをつけても正常に受信できない。

・**B-CAS カード** 正常に受信するためには，スクランブルを解除する付図 11 のような B-CAS カードが必要である。B-CAS カードはメーカで製造された正規のディジタルテレビに添付されている。

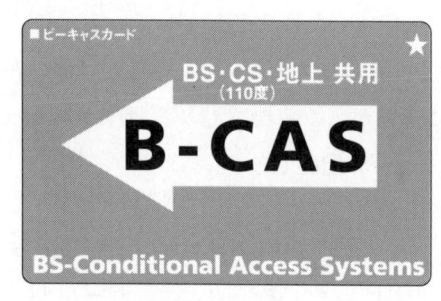

付図 11 B-CAS カード

・**コピーワンス** 不正コピーによる著作権侵害を防ぐためコピーワンスという機能を設けてある。この機能は付図 12 に示すように放送内容を1回だけコピーを許可される。2回目のコピーを行うと，コピーはできるが，1回目に記録されたデータは消去される。

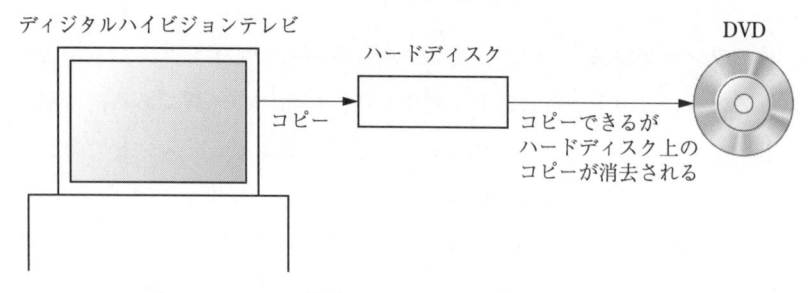

付図 12 コピーワンス

3. 通信ネットワークの仕組み

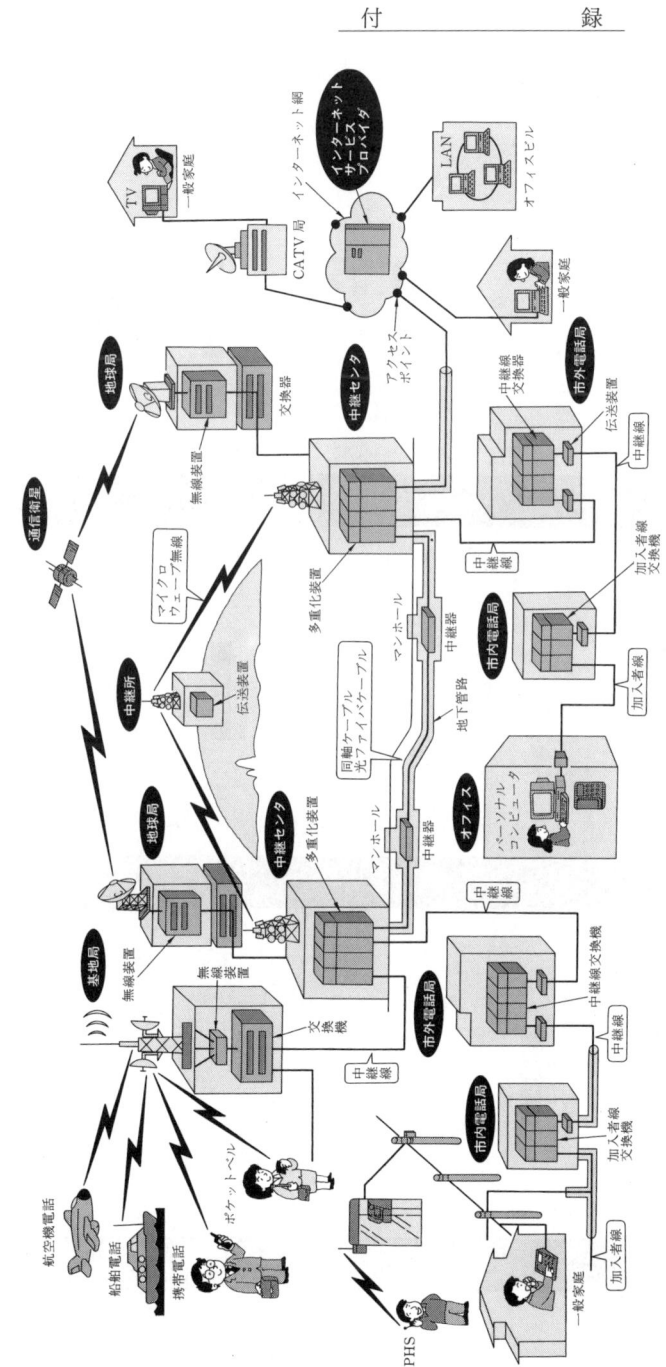

4. わが国の周波数区分の大略

帯域	周波数	用途
EHF	3 000 ~ 248 GHz	宇宙研究, アマチュア無線
	142 ~ 75	アマチュア無線
	50 ~ 47	簡易無線局, アマチュア無線
	30 GHz	
SHF	29 ~ 27	宇宙通信 空港用レーダ, アマチュア無線
	24 ~ 21	公衆通信, 宇宙通信, 電波天文
	17 ~ 14	宇宙通信, 公衆通信
	12	テレビジョン放送の中継 建設, 鉄道, 水道 テレビジョン (60~80チャネル, 衛星波)
	11 ~ 10	公衆通信, 宇宙通信 テレビジョン放送の中継, 距離測定器 航空用・船舶用レーダ
	3 GHz	
UHF	9 ~ 6	電力, 鉄道, 建設, 消防, 海上保安 宇宙通信, 船舶, 気象, テレビジョン放送の中継, テレビ
	5.7	雷レーダ
	5.6	アマチュア無線
	4 ~ 3	宇宙通信, 公衆通信, 船舶 テレビジョン放送の中継
	3 000	航空用レーダ, 気象用レーダ, 宇宙研究
	2 400	アマチュア無線, 無線LAN
	2 290	公衆通信, 建設, 鉄道, 電力, 警察, 無線局, ガス, 航空用レーダ, 携帯電話
	2 167 ~ 2 115	PHS, 携帯電話
	1 977 ~ 1 893	携帯電話
	300 MHz	
VHF	1 500	
	1 429 ~ 1 280	アマチュア無線 ワイヤレスマイクロホン, 携帯電話, パーソナル無線
	900 ~ 800	産業用テレビジョン, テレビジョン (13~63チャネル)
	770 ~ 470	警察, 鉄道, 電力, ガス
	435 ~ 350	航空機国際緊急波 テレビジョン (4~12チャネル)
	243 ~ 222	
	30 MHz	
HF	170 ~ 156	船舶国際VHF アマチュア無線
	145 ~ 137	気象衛星, 宇宙速隔測定 テレビジョン (1~3チャネル)
	108 ~ 90	FM音声放送
	76 ~ 52 ~ 40	アマチュア無線 ラジコン, ワイヤレスマイクロホン
	28.9	アマチュア無線
	27	市民ラジオ, ラジコン, 26.1
	26	漁業用無線
	24.94	アマチュア無線
	21.2	アマチュア無線
	18.118	アマチュア無線
	14.2	アマチュア無線
	10.125	アマチュア無線
	7.05	アマチュア無線
	3.798	アマチュア無線
	3.5375	アマチュア無線, 5.95 短波放送 AMラジオ
	3 MHz	
MF	2 187.5	船舶遭難通信 (F1B)
	2 182	船舶遭難通信 (電話)
	2 091	アマチュア無線
	1 910	船舶遭難通信 (電信)
	1 605 ~ 525	AMラジオ放送
	500	船舶遭難通信 (電信)
	300 kHz	
LF	129 ~ 70	無線航行 (デッカ)
	60	標準電波
	30 kHz	
VLF	40.0 ~ 9	標準電波
	14	無線航行 (オメガ)

5. 通信技術の歴史

年	出　来　事
1837	電信機の発明　モールス（米）
1856	印刷電信機の発明　ヒューズ（英）
1857	大西洋横断海底電線の敷設事業の開始
1864	電磁界の理論から光と同じ性質の電波の存在を示す関係式を導き出し、電波の存在を予言　マクスウェル（英）
1876	電話の発明　ベル（米）
1888	実験により電波の存在を確認　ヘルツ（独）
1890	東京－横浜間　電話開通
1895	無線電信機の発明　マルコーニ（伊）
1920	アメリカでラジオ放送開始
1925	日本でラジオ放送開始
1926	イギリスでテレビジョン公開実験（機械的走査）ベアード・宇田アンテナの発明　八木，宇田（日）ニポー円板による撮像とブラウン管による表示方式で「イ」の字の表示に成功　高柳（日）
1933	テレビジョン撮像管の発明（電子的走査）ツォルキン（米）
1939	日本でテレビジョン実験放送開始（戦争で翌年停止）
1940～1945 第二次世界大戦	イギリス、アメリカ、ドイツでパルス技術が発達アメリカで自動制御およびコンピュータの原形の開発
1948	点接触形トランジスタの発明（翌年、接合形の発明）ショックレー（米）ら
1953	日本で白黒テレビジョン放送開始

年	出　来　事
1955	日本でケーブルテレビサービス開始
1956	日本でテレックスサービス開始
1960	日本でカラーテレビジョン放送開始
1964	東京オリンピックの衛星中継放送実施
1965	アメリカでパルス技術（PCM方式）による火星表面写真の自動電送
1966	インテルサットによる日米間無線通信開始
1969	アメリカでARPAネットワークの開発
1972	日本でポケットベル販売開始
1973	日本で電話網によるファクシミリサービス開始
1976	アメリカでイーサネットによるLANの開発
1978	日本で電信電話公社と電力会社が光ファイバケーブルの現場試験
1980	日本で移動通信自動車電話サービス開始
1984	日本で放送衛星によるアナログ衛星放送開始
1987	日本で携帯電話サービス開始
1988	日本でISDNサービス開始
1989	日本で高精細度テレビジョン（ハイビジョン）の試験放送開始
1992	日本でインターネットサービスプロバイダ誕生
1995	日本でPHSサービス開始
1996	日本で通信衛星によるディジタル放送開始
2000	日本で放送衛星によるディジタル放送開始

問題の解答

✣ 1. 有 線 通 信 ✣

[問] 4. 11.6〜14.7 kHz [問] 5. 20 kHz [問] 7. 12 チャネル
[問] 14. 10 dB [問] 15. $\sqrt{2} : 1$ [問] 16. 50 dB
[問] 21. 400 bps

練習問題
❷ 24 kHz ❺ 5 000 チャネル ❼ 1 200 baud ❽ 1 600 baud
⓰ 2 dB ⓱ 近端漏話減衰量：30 dB 遠端漏話減衰量：50 dB

✣ 2. 無 線 通 信 ✣

[問] 1. 国際電気通信連合 [問] 2. 300 m [問] 3. 0.67 m
[問] 4. 300〜3 000 MHz 1 m〜10 cm [問] 5. 26 km
[問] 6. 34.4 m [問] 7. 50 MHz [問] 8. 0.33 m
[問] 9. 半波長アンテナの長さ：2.5 m 実効長：1.6 m [問] 11. 10 dB
[問] 12. 39.8 W [問] 13. 1 045〜2 075 kHz
[問] 14. 11 000 km/h

練習問題
❶ 100 kHz の波長：3 000 m 5 MHz の波長：60 m 10 GHz の波長：0.03 m ❷ 波長 50 m の周波数：6 MHz 波長 4 m の周波数：75 MHz 波長 0.2 m の周波数：1.5 GHz ❻ 30 km ❼ 25 MHz 3.8 m
❾ 15.8 W ❿ 1

✣ 3. 画 像 通 信 ✣

[問] 1. 1 680 画素 [問] 3. 15 750 本 6.35×10^{-5} 秒
[問] 5. 4 608 000 bps [問] 6. 16 777 216 色

練習問題
❺ 216 Mbps 270 Mbps ❻ 4 096 色

4. 通信機器の入出力機器

[問] *1*. 96.3 dB   48.1 dB   [問] *2*. 108 dB   [問] *4*. 2ビット
[問] *7*. $\beta=0.036$ $A=28$倍 $G=29$ dB   [問] *8*. 2.5 mA
[問] *9*. 34 dB   [問] *10*. 300キロバイト 3枚

練習問題

❶ 20 Hz～20 kHz 可聴帯域   ❸ 768 kHz   ❹ 信号の性質 人間の聴覚の性質   ❺ ステレオ効果   ❻ 動電形マイクロホン：一般用 静電形マイクロホン：演奏会の収録用, 測定の標準用   ❼ 26 dB   ❾ スキャナ：リニアCCD ディジタルカメラ：エリアCCD   ❿ 熱転写プリンタ インクジェットプリンタ レーザプリンタ   ⓮ 磁界変調オーバライト方式

索引

あ

アクティブマトリクス
　方式 …………… 216
アスペクト比 ……… 204
アップリンク ……… 176
アナログ回線 ……… 62
アナログ交換機 …… 43
アナログ増幅器 …… 292
アバランシ
　ホトダイオード …… 99
アプリケーション層 … 88
誤り制御 …………… 78
アンテナ …………… 134
アンテナ定数 ……… 135
アンテナ利得 ……… 138

い

位相定数 …………… 50
位相比較器 ………… 148
位相偏移変調 ……… 24
位相変調 …………… 16
1次定数 …………… 50
位置の線 …………… 184
色信号 ……………… 208
色副搬送波 ………… 210
インクジェットプリンタ
　………………… 305
インコヒーレント光方式
　………………… 107
インパクトプリンタ … 304
インピーダンス整合 … 52
インマルサットシステム
　………………… 178

う

動き補償 …………… 269
ウーファ …………… 298

え

衛星通信 …………… 176
衛星放送 …………… 179
映像信号 …………… 201
液晶 ………………… 215
エリアセンサ ……… 196
エルビウムドープ
　光ファイバ増幅器 … 109
エンクロージャ …… 298
遠端漏話 …………… 54
エントロピー復号化 … 200
エントロピー符号化 … 198

お

オーディオアンプ … 289
音 …………………… 277
音声信号 …………… 201
音波 ………………… 276
オンラインシステム … 62

か

回線交換方式 ……… 65
回線交換網 ………… 65
解像度 ……………… 195
開放型システム間
　相互接続 ………… 86
拡張MR方式 ……… 199
角度変調 …………… 16
確率的圧縮 ………… 246
画信号 ……………… 194
下側波帯 …………… 17
画素密度 …………… 194
可聴周波数増幅器 … 289
可聴帯域 …………… 277
カッド ……………… 56
可動コイル形
　マイクロホン …… 287
加入区域 …………… 10
加入者線 …………… 40
加入者線交換機 … 10, 40
可変周波数分周器 … 148
加法減色の3原色 … 208
カラーテレビジョン信号
　………………… 211
カラー同期信号 …… 210
カラーバースト …… 210
緩衝増幅器 ………… 148
間接FM …………… 159
感度 ………………… 168

き

技術基準 …………… 116
帰線 ………………… 205
帰線消去信号 ……… 205
輝度信号 …………… 208
基本形データ伝送
　制御手順 ………… 81
逆転層 ……………… 132
逆フーリエ変換 …… 259
給電線 ……………… 141
狭帯域ISDN ……… 93
強度変調 …………… 106
局階位 ……………… 10
局部発振器 ………… 153
記録変換 …………… 196
近端漏話 …………… 54

索　　　引　　　345

く

空間スイッチ …………… 47
空間的圧縮 …………… 246
くし形フィルタ …… 220
クラスタ …………… 172
グレーデッド形 …… 103
クロマフォーマット　227
群　局 ……………… 10
群変調 ……………… 26

け

携帯電話システム … 171
減衰定数 …………… 50

こ

交換回線 …………… 64
広帯域 ISDN ……… 93
高忠実度再生 ……… 295
光電変換 …………… 196
高電力変調方式 …… 150
高能率符号化 ……… 225
光波通信 …………… 107
国際海事衛星機構 … 178
固体走査方式 ……… 196
コヒーレント ……… 97
コヒーレント通信 … 107
コヒーレント光方式　107
コマンド …………… 84
固有周波数 ………… 134
固有波長 …………… 134
混合器 ……………… 153
コーンスピーカ …… 297
コンデンサマイクロホン
　　　……………… 288
コンパクトディスク　307
コンポーネント信号　227

さ

サイクリック符号方式　79
最高映像周波数 …… 207

最小可聴レベル …… 284
差動増幅器 ………… 290
サービス総合
　ディジタル網 …… 8
3 次元 Y/C 分離 …… 222
サンプリング周波数　20
散乱波 ……………… 133

し

市外ケーブル ……… 57
時間スイッチ ……… 45
時間的圧縮 ………… 245
磁気あらし ………… 133
色差信号 …………… 208
指向性 ……………… 137
指向性アンテナ …… 140
指向特性 …………… 137
実効インダクタンス　135
実効長 ……………… 136
実効抵抗 …………… 135
実効容量 …………… 135
自動利得調節 ……… 155
市内ケーブル ……… 56
時分割交換 ………… 45
時分割多元接続 …… 173
時分割多重方式 …… 28
従　局 …………… 12, 184
終段電力増幅器 …… 149
周波数インタリービング
　　　……………… 212
周波数インタレース　212
周波数逓倍器 ……… 147
周波数分割多重方式　25
周波数分割多元接続　173
周波数分周器 ……… 147
周波数偏移変調 …… 24
周波数変調 ………… 16
主　局 ……………… 184
受信機 ……………… 5
受信者 ……………… 5
上空波 ……………… 130

消失現象 …………… 133
上側波帯 …………… 17
冗長度抑圧符号化 … 198
情報源 ……………… 4
シリアル伝送 ……… 68
シングルモード形 … 103
信号増幅器 ………… 150
振幅位相変調 ……… 25
振幅偏移変調 ……… 23
振幅変調 …………… 15

す

水晶発振器 ………… 146
垂直帰線 …………… 205
垂直走査 …………… 203
垂直同期信号 ……… 206
垂直パリティ検査方式　78
垂直偏波 …………… 128
スイッチング電源 … 294
水平帰線 …………… 205
水平走査 …………… 203
水平同期信号 ……… 206
水平パリティ検査方式　78
水平偏波 …………… 128
スケルチ …………… 163
スコーカ …………… 298
スタートビット …… 76
スター網 …………… 9
ステップ形 ………… 102
ステレオ効果 ……… 285
ストップビット …… 76
ストリーム ………… 229
ストレート方式 …… 152
スーパヘテロダイン方式
　　　……………… 152
スプリアス放射　149, 166
スポラジック E 層 … 131

せ

静止衛星 …………… 177
静止画像通信 ……… 192

346　索　引

星状網 …………………… 9
セション層 …………… 88
絶対利得 …………… 138
セットトップボックス
　………………………… 235
セパレートアンプ … 293
セル ………………… 171
全高調波ひずみ率 … 295
選択度 ……………… 168
センタ装置 …………… 61
全地球測位システム　184
せん頭電力 ………… 168
全二重伝送 …………… 70
線密度 ……………… 195
占有周波数帯幅 …… 165
専用回線 ……………… 63

　　　　そ

層 …………………………… 57
走　査 ……………… 193
走査線 ……………… 193
送信機 ………………… 5
相対利得 …………… 138
側　音 ………………… 34
速度一定形 ………… 309
側波帯 ………………… 16
疎密波 ……………… 276
ソリトン …………… 111

　　　　た

帯域制 ………………… 10
帯域フィルタ ………… 16
ダイオード検波器 … 154
ダイナミック RAM　302
ダイナミックスピーカ
　………………………… 296
ダイナミック
　マイクロホン …… 286
タイムスロット ……… 29
対流圏波 …………… 129
ダウンリンク ……… 176

多元接続 …………… 173
多重化 ………………… 15
多重通信 ……………… 4
多相 PSK …………… 24
畳込み符号 ………… 231
多段変調 ……………… 26
ダーリントン接続 … 292
単位局 ………………… 11
単側波帯振幅変調 …… 25
単側波帯伝送 ………… 17
単方向伝送 …………… 70
端　末 ………………… 62
端末装置 ……………… 62

　　　　ち

チェーン …………… 184
地上波 ……………… 129
チャネル ……………… 26
中間周波数 ………… 153
中間周波増幅器 …… 154
中継局 ………………… 10
中継線交換機 …… 10, 40
忠実度 ……………… 168
中波無線標識 ……… 182
調歩式同期 …………… 76
直接 FM …………… 159
直列伝送 ……………… 68
直角変調 …………… 210
直交周波数分割多重　229

　　　　つ

対 ……………………… 56
対　形 ………………… 57
ツィータ …………… 298
通信規約 ……………… 85
通信制御装置 ………… 62

　　　　て

定在波比 …………… 141
ディジタル回線 ……… 62
ディジタル交換機 …… 43

ディジタル増幅器 … 294
ディジタルノイズ
　リダクション …… 222
低電力変調方式 …… 151
データ回線 …………… 61
データ交換網 ………… 65
データ信号速度 ……… 71
データ端末装置 ……… 61
データ通信 …………… 61
データ転送速度 ……… 72
データ網 ……………… 64
データリンク ………… 80
データリンク層 ……… 87
デリンジャー現象 … 133
電圧制御発振器 …… 147
電界面 ……………… 128
電気通信 ……………… 2
電気通信事業法 …… 114
電源回路 …………… 221
電子メール ………… 251
電　信 ………………… 2
伝送制御手順 ………… 79
伝送制御方式 ………… 76
伝送路 ………………… 5
電　波 ……………… 128
電波の窓 …………… 176
電波法 ……………… 125
電離層 ……………… 130
電離層波 …………… 130
電　話 ………………… 2
電話交換 ……………… 40
電話交換機 …………… 40
電話網 ………………… 7

　　　　と

動画像通信 ………… 192
同　期 ………………… 28
同期信号 …………… 206
同期方式 ……………… 77
同軸ケーブル ………… 58
同軸方式 …………… 235

導波管 ………………… 142
特性インピーダンス … 51
特定中継局 …………… 11
飛越し走査 ………… 204
トランスポート
　ストリーム ……… 229
トランスポート層 …… 87
トランスポンダ …… 176
トランスモジュレー
　ション方式 ……… 237
トレリス8相PSK … 229
トーンコントロール回路
　…………………… 292

に

2次定数 ……………… 50
2相PSK ……… 24, 229
入射波 ………………… 52

ね

ネットワークアーキ
　テクチャ …………… 86
ネットワーク層 ……… 87

の

ノイズシェーピング　283
ノンインパクトプリンタ
　…………………… 304

は

ハイアラーキ ………… 27
ハイウェイ …………… 30
ハイウェイスイッチ … 47
ハイレベルデータ
　リンク制御手順 …… 81
薄膜トランジスタ … 217
パケット交換方式 …… 66
パケット交換網 ……… 65
パススルー方式 …… 237
バースト誤り ……… 247
8相PSK ……………… 24

発光ダイオード ……… 97
パラレル伝送 ………… 68
パルス位相変調 ……… 18
パルス振幅 …………… 18
パルス幅変調 ………… 18
パルス符号変調 ……… 19
パルス変調 …………… 18
反射波 ………………… 52
搬送色信号 ………… 210
搬送波 ………………… 3
搬送波電力 ………… 168
搬送波発振器 ……… 146
半二重伝送 …………… 70
半波長アンテナ …… 134
半波長ダイポール
　アンテナ ………… 134

ひ

光増幅器 …………… 109
光ソリトン伝送 …… 111
光同軸方式 ………… 235
光の3原色 ………… 208
光ファイバ …………… 59
光ファイバケーブル … 60
非共振給電線 ……… 141
ピット ……………… 307
非同期方式 …………… 76
標本化 ………………… 20
標本化周波数 ………… 20
標本化定理 …………… 21

ふ

ファイル転送 ……… 251
ファクシミリ ……… 194
フィールド周波数 … 205
フィールド走査 …… 204
フェージング ……… 131
負帰還 ……………… 291
負帰還増幅回路 …… 291
複局地 ………………… 12
副走査 ……………… 194

復調 …………………… 4
符号化 ………………… 21
符号分割多元接続 … 173
符号分割多重方式 … 174
不整合 ………………… 52
物理層 ………………… 87
フライバックトランス
　…………………… 221
ブラウン管 ………… 214
フラグシーケンス …… 83
プラズマディスプレイ
　…………………… 217
フラッシュメモリ … 303
プリアンプ回路 …… 292
フーリエ変換 ……… 259
プリメインアンプ … 293
フルレンジ ………… 298
プレエンファシス … 157
プレゼンテーション層　88
フレーム …………　30, 83
フレーム間DPCM … 267
フレーム周波数 …… 205
フレーム走査 ……… 205
フレームチェック
　シーケンス ………… 84
ブロック ……………… 82
プロトコル …………… 85
分局 …………………… 12
分離符号化 ………… 227

へ

平均電力 …………… 167
平衡対ケーブル ……… 56
並列伝送 ……………… 68
ベーシック手順 ……… 81
ヘッドエンド設備 … 234
偏向 ………………… 223
偏向系回路 ………… 222
変調 …………………… 3
変調速度 ……………… 71
変調波 ………………… 16

変復調装置 ……………… 63

ほ

放送衛星 ……………… 179
防側音回路 …………… 34
星形カッド …………… 57
ホームターミナル … 235

ま

マイクロホン ………… 286
マスク効果 …………… 284
マルチメディア …… 240

み

見通し距離 …………… 132
ミニディスク ………… 321
ミューティング ……… 163

む

無指向性アンテナ … 140
無線通信 ………………… 3

め

メインアンプ ………… 293
メッシュ網 …………… 9
メートルアンペア … 136

も

網状網 …………………… 9
網制御装置 …………… 74
モディファイドハフマン
　符号方式 …………… 198
モディファイド READ
　符号方式 …………… 199
モデム …………………… 63

ゆ

有機 EL 素子 ………… 218
有機 EL ディスプレイ
　………………………… 218
有線通信 ………………… 3
ユニットケーブル …… 57

よ

4 相 PSK ……… 24, 229

ら

ライン倍速変換 …… 222
ラジオダクト ………… 132
ラスタ ………………… 205
ランダム誤り ………… 247
ランレングス ………… 198

り

離散コサイン変換 … 258
立体音響 ……………… 285
リードソロモン符号 231
リニアセンサ ………… 196
リマックス方式 …… 237
リミタ ………………… 160
量子化 ………………… 21
量子化誤差 …………… 21
両側波帯伝送 ………… 17

れ

励振増幅器 …………… 148
レーザダイオード …… 97
レーザプリンタ …… 305
レスポンス …………… 84
レーダ ………………… 180
連続同期伝送 ………… 77

ろ

漏話 …………………… 54
64 値直交振幅変調 … 238
ロラン ………………… 183

A

AAC …………………… 228
A-D 変換 ……………… 279
AGC …………………… 155
AM ……………………… 15
AM 復調器 …………… 154
AM 変調器 …………… 150
ATM …………………… 93
ATRAC ……………… 324
AV アンプ …………… 293

B

BC ……………………… 228

B-ISDN ………………… 93
BPF ……………………… 16
BPSK ………………… 229
BS ……………………… 179

C

CCD …………………… 244
CCU …………………… 62
CD ……………………… 307
CD-R ………………… 316
CD-RW ……………… 316
CRT …………………… 214

D

D-A 変換 ……………… 279
DCT …………………… 258
DCT 係数 …………… 259
DGPS ………………… 186
DME ………………… 183
DM カッド …………… 57
DRAM ……………… 302
DSB …………………… 17
DSU …………………… 63
DTE …………………… 61
DVD ………………… 318

索引

E
- EDFA ······················ 109
- EEPROM ················ 303
- EFM ······················· 311

F
- FDM ························ 25
- FM ·························· 16
- FM 変調器 ················ 158

G
- GI 形 ······················ 103
- GPS ······················· 184

H
- HDLC ······················ 81
- HTML ···················· 251
- HW ························· 30

I
- IF ·························· 152
- IM ·························· 106
- ISDN ···················· 8, 88
- I 信号 ····················· 209

J
- JBIG 方式 ················ 199
- JPEG 方式 ··············· 200

L
- LD ··························· 97
- LED ························· 97

M
- MD ························ 321
- MODEM ···················· 63
- MPEG-2 ·················· 228
- MPEG-2 オーディオ 228
- MPEG-2 システム ··· 228
- MPEG-2 ビデオ ······· 228

N
- NCU ························ 74
- NFB ······················· 291
- N-ISDN ····················· 93

O
- OFDM ···················· 229
- OSI ·························· 86

P
- PAM ························ 18
- PCM ························ 19
- PDP ······················· 217
- PHS ······················· 174
- PIN ホトダイオード   99
- PLL 検波方式 ··········· 220
- PLL 発振器 ·············· 147
- PM ·························· 16
- PPM ························ 19
- PWM ······················· 18

Q
- QPSK ····················· 229
- Q 信号 ···················· 209

S
- SAW フィルタ ······· 219
- SEPP 回路 ··············· 292
- SI 形 ······················ 102
- SM 形 ····················· 103
- SN 比 ····················· 296
- SSB ··················· 17, 155
- SWR ······················ 141

T
- TC 8 PSK ················ 229
- TDM ························ 28
- TFT ······················· 217
- TN 形 ····················· 215

U
- URL ······················· 251
- UTOC 領域 ············· 323

V
- VCO ······················ 147
- VOR ······················ 182
- VOR/DME ·············· 183
- VRAM ···················· 304

W
- Web ページ ············· 251
- WWW サーバ ········· 251

Y
- Y/C 分離 ················· 220

Δ
- Δ 変調 ···················· 282
- ΔΣ 変調 ··················· 283

(別記著作者)

梅　澤　　　晃
河　崎　隆　一
小　坂　貴美男
田　口　文　明
竹　内　正　年
(五十音順)

わかりやすい 通信工学

Ⓒ Hatori, Sugawara, Yatsugi, Kobayashi, Izumi,
　　Umezawa, Kawasaki, Kosaka, Taguchi, Takeuchi　2006

2006年10月27日　初版第1刷発行
2018年 6 月20日　初版第9刷発行

検印省略	著 作 者	羽　鳥　光　俊
		菅　原　健　彪
		矢　次　健　志
		小　林　一　夫
		和　泉　　　勲
		ほか5名(別記)
	発 行 者	株式会社　コロナ社
		代 表 者　牛来真也
	印 刷 所	新日本印刷株式会社
	製 本 所	有限会社　愛千製本所

112-0011　東京都文京区千石 4-46-10
発 行 所　株式会社　コロナ社
CORONA PUBLISHING CO., LTD.
Tokyo Japan
振替00140-8-14844・電話(03)3941-3131(代)
ホームページ　http://www.coronasha.co.jp

ISBN 978-4-339-00790-9　C3055　Printed in Japan　　(楠本)

JCOPY <出版者著作権管理機構 委託出版物>
本書の無断複製は著作権法上での例外を除き禁じられています。複製される場合は，そのつど事前に，
出版者著作権管理機構(電話 03-3513-6969, FAX 03-3513-6979, e-mail: info@jcopy.or.jp)の許諾を
得てください。

本書のコピー，スキャン，デジタル化等の無断複製・転載は著作権法上での例外を除き禁じられています。
購入者以外の第三者による本書の電子データ化及び電子書籍化は，いかなる場合も認めていません。
落丁・乱丁はお取替えいたします。